U0291252

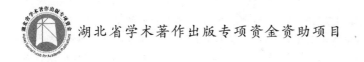湖北省学术著作出版专项资金资助项目

太阳电池

——从理论基础到技术应用

陈凤翔　　汪礼胜　　赵占霞　编著

武汉理工大学出版社

·武　汉·

内 容 简 介

本书在介绍太阳能和太阳电池基本原理的基础上,系统地介绍了太阳与太阳能、太阳电池基本原理、晶体硅太阳电池的制备、薄膜太阳电池、太阳电池的基本测试、太阳电池的模拟技术、新型太阳电池及技术、光伏发电系统的设计及应用等内容,力图向读者提供太阳能光伏技术与应用领域较全面的知识。

本书可作为高等院校的半导体材料与器件、光伏科学与工程领域的高年级本科生、研究生的教材或参考用书,也可作为从事太阳能光伏及相关技术领域的科研人员与工程技术人员的指导手册。

图书在版编目(CIP)数据

太阳电池——从理论基础到技术应用/陈凤翔,汪礼胜,赵占霞编著. —武汉:武汉理工大学出版社,2017.12
 ISBN 978-7-5629-5710-2

Ⅰ. ①太… Ⅱ. ①陈… ②汪… ③赵… Ⅲ. ①太阳能电池-基本知识
Ⅳ. TM914.4

中国版本图书馆 CIP 数据核字(2017)第 315003 号

项 目 负 责 人:陈军东　彭佳佳　　　　　　责 任 编 辑:雷红娟
责 任 校 对:张明华　　　　　　　　　　　封 面 设 计:付　群
出 版 发 行:武汉理工大学出版社
地　　　　址:武汉市洪山区珞狮路 122 号
邮　　　　编:430070
网　　　　址:http://wutp.com.cn
经　　　　销:各地新华书店
印　　　　刷:湖北恒泰印务有限公司
开　　　　本:787×960　1/16
印　　　　张:21.25
字　　　　数:310 千字
版　　　　次:2017 年 12 月第 1 版
印　　　　次:2017 年 12 月第 1 次印刷
定　　　　价:98.00 元

凡购本书,如有缺页、倒页、脱页等印装质量问题,请向出版社发行部调换。
本社购书热线:027 – 87515778　87515848　87785758　87165708(传真)

前　　言

太阳能具有充分的清洁性、绝对的安全性、资源的相对广泛性和充足性,是一种具有独特优势和巨大开发利用潜力的能源。太阳电池是从太阳获得能源的主要途径之一,利用太阳电池发电对解决人类能源危机和环境问题具有重要的意义。在过去的 10 年里,全球太阳能光伏电池年产量增长约 6 倍,年均增长 50% 以上。2013 年以来,中国的光伏发电应用进入了快速发展时期,截至 2016 年底,中国光伏发电新增装机容量 3454 万千瓦,累计装机容量 7742 万千瓦,新增和累计装机容量均为全球第一。2020 年,光伏发电装机容量则将可能突破 1 亿千瓦,2030 年突破 4 亿千瓦,这将标志着我国走向光伏技术规模化应用时代。

为适应光伏产业的快速发展,不少高校已开设可再生能源学院或光伏科学与工程专业来加紧培养专业人才,但光伏技术涉及的知识领域非常宽泛,与半导体物理、光学、电子学、化学、材料科学等密切相关,而且太阳电池种类繁多,大部分的专业书籍过于艰深和繁复,不适合刚接触太阳电池领域的初学者。本书从太阳电池的基本原理出发,围绕几种典型太阳电池的性能、制备、测试、仿真及光伏系统设计、应用进行详细阐述,以期帮助读者快速掌握太阳电池的基础理论和技术应用。

全书共分 8 章,由武汉理工大学的陈凤翔博士、汪礼胜博士和上海大学的赵占霞博士共同编著。其中第 1 章由赵占霞撰写,主要介绍了太阳的运动规律及我国太阳能的资源分布。第 2 章由陈凤翔撰写,主要内容为太阳电池的物理基础,包括半导体物理基础知识、太阳电池等效电路及各参数对电池性能的影响、太阳电池的极限效率等,该章为后续章节提供了必要的物理理论基础。第 3 章由赵占霞撰写,主要介绍了晶体硅太阳电池的生长、制备,以及高效晶体硅太阳电池的发展方向。第 4 章由汪礼胜撰写，主要叙述了非晶硅薄膜电池、微晶、纳米硅太阳电池以及碲化镉、铜铟镓硒化合物薄膜太阳电池。第 5 章由陈凤翔撰写，系统地介绍了从半导体材料到成品太阳能电池生产过程中的测试工艺、原理和相关的设备。第 6 章由陈凤翔撰写，重点介绍了在太阳电池的模拟中常用的几款软件，包括 PC1D、Afors-Het、AMPS、SCAPS 等，并结合实际应用，给出了有意义的示例。第 7 章由汪礼胜撰写，介绍了近年来的新型太阳电池和新技术，包括染料敏化太阳电池、钙钛矿太阳电池和在各类太阳电池中得到广泛应用的表面等离激元技术。第 8 章由汪礼胜和赵占霞共同完成，其中汪礼胜撰写第 8.1 节，主要介绍了太阳能光伏发电系统的组成；赵占霞撰写第 8.2～8.4 节，介绍了太阳能光伏发电系统设计的一般原则及应用，并对不同地区讨论了光伏发电系统的收益。

　　我们特别感谢上海交通大学徐林博士，中国科学院上海微系统与信息技术研究所孟凡英研究员，太阳能光伏行业资深技术总监吴浩工程师，南昌大学袁吉仁博士，上海敏皓电力投资有限公司总经理洪紫州先生、副总经理罗培青博士，以及上海交通大学光伏校友会的各位校友在本书撰写过程中提供的各种支持与鼓励。我们也感谢华中科技大学光学与电子信息学院曾祥斌教授、南昌大学光伏研究院周浪院长在本书撰写过程中提出的有益建议。此外，本书的出版工作得到了湖北省学术著作出版专项基金的资助，特此感谢。

　　本书可作为太阳电池领域工作者和相关专业学生的参考用书，也可作为从事太阳能光伏行业系统研究、设计和管理等工作的专业技术人员的指导手册。

　　由于写作时间有限，以及作者的研究经历和知识面的限制，本书难免存在疏漏和不足，敬请读者批评指正。

陈凤翔

2017 年 5 月

目　　录

1 太阳与太阳能

1.1 太阳的基本参数

1.1.1 阳光的来源

来自太阳的辐射能对地球的生命是必不可少的,它决定了地球表面的温度,而且提供了地球表面和大气层中自然过程的全部能量。我们生活中所使用的电力,比如水力发电、风力发电、帆船等都是利用由太阳光照引起的水、空气循环的能量。生物质能发电和生物酒精利用的是太阳光照下生长的植物,而太阳能电池则是直接利用太阳光发电的设备。

太阳是位于太阳系中心的恒星,它几乎是热等离子体与磁场交织着的一个理想球体。太阳直径大约是 1.392×10^6 km,相当于地球直径的 10^9 倍;体积大约是地球的 130 万倍;其质量大约是 2×10^{30} kg,是地球的 33 万倍。从化学组成来看,现在太阳质量的大约四分之三是氢,氧、碳、氖、铁和其他的重元素质量少于 2%,剩下的几乎都是氦,太阳采用核聚变的方式向太空释放光和热[1]。

由太阳的体积和质量,可以计算出太阳的平均密度为 1.409 g/cm³,约为地球平均密度的 26%。太阳表面的重力加速度为 2.7398×10^4 cm/s,约为地球表面重力加速度的 28 倍。太阳表面的逃逸速度约 617.7 km/s,任何一个中性粒子的速度必须大于这个值,才能脱离太阳的吸引力而跑到宇宙空间中去。

1.1.2 太阳的结构

太阳是一个靠内部核聚变反应产生热量的气体球,它没有像固态行星一样明确的界线,且球体外围的气体密度随着离中心距离的增大呈指数下降。然而太阳也有明确的结构划分，从内到外主要可以分为三层：核心区、辐射层、对流层(图 1-1)。对流层之外就是太阳的大气层，由光球、色球和日冕三层构成。一般定义太阳的半径就是从它的中心到光球边缘的距离。

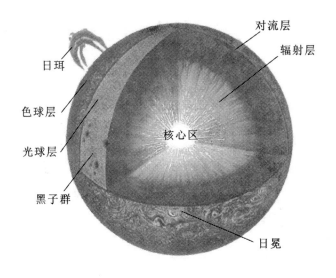

图 1-1　太阳的内部结构

　　太阳核心是太阳唯一能进行核聚变而产生巨大能量的区域，其温度高达 4×10^6 K。热核反应释放的能量先后通过辐射和对流向外转移，温度也随之降低。能量到达光球层后，重新向外辐射，我们平时眼睛看到的其实就是太阳的光球层。整个光球层厚度在 500 km 左右，与约 70 万 km 的太阳半径相比，光球层的厚度很小。光球层的温度在 6000 K 左右，太阳的光和热几乎全是从这一层辐射出来的，因而可以说太阳的光谱实际上就是光球的光谱。

　　太阳自身也在不断地运动和变化，如太阳表面有黑子(温度较低的区域)和耀斑(温度较高的区域)活动。太阳黑子的活动周期大约是 11 年，活跃时会对地球的磁场产生影响，严重时会对各类电子产品和电器造成损害。除了太阳活动相对强度的变化外，太阳、地球的相对位置也在时刻变化着。

1.1.3 太阳光谱

太阳光谱强度从 300 nm 左右开始增大,在 500 nm 左右达到最大值,之后在很大范围内,光谱强度随着波长的增大上下波动,并逐渐减弱。肉眼能看到的光称为可见光,其波长范围为 380~780 nm。波长小于 380 nm 的光称为紫外线,肉眼看不见;波长大于 780 nm 的光称为红外线,肉眼也看不见。

由此可见,太阳放射出来的光不仅包括肉眼可以看见的可见光,也包括肉眼看不见的红外线和紫外线。它们两者的比例大致为:可见光占 52%,红外线占 42%,紫外线占 5%~6%。由此可知,有接近一半的太阳光是肉眼看不见的。

将可以吸收不同波长的半导体叠加在一起,最大限度地提高太阳光的利用效率,进而提高太阳光能有效利用率的多结串联太阳电池是目前研究开发的热点之一。

1.1.4 太阳常数

在地球大气层之外,地球—太阳平均距离处,垂直于太阳光方向的单位面积上的辐射功率基本上为常数。这个辐射强度称为太阳常数,或称此辐射为大气质量(Air Mass,AM)为零的辐射。

目前,在光伏工作中采用的太阳常数值是 1.353 kW/m^2[2],这个数值是由装在气球、高空飞机和宇宙飞船上仪器的测量值加权平均而确定的。

1.2 太阳辐射

1.2.1 日地相对运动

地球近似为一个圆球,地球上任意点的位置可以用地理坐标的经度和纬度来表示。地球自转轴和地球表面的交点是地球的南极和北极,通过地球地心所作的垂直于自转轴的大圆是地球的赤道,通过地面一点平行于赤道的小圆称为纬度圆,该点铅垂线和赤道面的夹角便是地理坐标的纬度,自赤道向两极各分为 90°,分别称为北纬和南纬。通过南、北极垂直于赤道的大圆称为经度圆。全世界的地理坐标经度,以英国伦敦格林尼治天文台所在的子午线为经度的零度线,向东分 180°,称为东经,向西分 180°,称为西经。上面这些定义称为地理坐标,下面我们再介绍一下天球坐标。

天球坐标中所谓的天球,就是人们站在地球表面,仰望天空,平视四周,向无限远处望去所确定的假想球面,太阳就像是在这个球面上周期运动着一样。用天球坐标可以确定太阳的位置变化。地球中心即为天球中心,地轴延长线与天球相交之点称为天极,此轴线称为天轴。与天轴垂直的大圆称为天赤道,也就是地球赤道的扩大[3]。

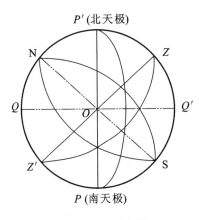

图 1-2　天球坐标

如图 1-2 所示,通过天极 P、P' 和太阳的大圆叫时圈。通过天球球心 O 作一直线与观测点铅垂线重合,它与天球的交点为 Z 和 Z'。其中 Z 恰好位于观测者的头顶上,称为天顶;和 Z 对应的另一点 Z',位于观测者脚底下,称为天底。通过球心 O 与 ZZ' 相垂直的平面在天球上截出的大圆叫作真地平。通过观察者天顶 Z 的大圆,称为地平经圈,它与真地平是互相垂直的。而通过天顶 Z 和天极 P 的特殊经圈称为子午经圈。

进行太阳能接收装置的设计,必然要涉及太阳的位置变化、日照时间的长短等问题,这其中最关键的一个因素就是太阳赤纬角的计算。赤纬角通常定义为太阳光线与赤道平面间的夹角。一年当中,太阳赤纬角每天都在变化。自天赤道起,向北天极由春分日的 0° 变化到夏至日的 +23.45°,向南天极则由秋分日的 0° 变化到冬至日的 −23.45°。春分和秋分时,其值为 0°,一年当中的其他时间,其值则在 +23.45° 和 −23.45° 之间做周期性的变化。由于地球轨道运动的复杂性,描述太阳赤纬角的精确公式也相应比较复杂。

目前通常用于工程上的太阳赤纬角的拟合计算公式中最常用的是以下两个[4]，一个是由 Cooper 提出来的：

$$\delta = 23.45° \sin \frac{2\pi(d+284)}{365} \tag{1-1}$$

另一个是由 P. J. Lunde 提出的：

$$\delta = 23.45° \sin \frac{2\pi(d-80)}{370} \tag{1-2}$$

其中，d 为从一年中的第一天开始的天数。知道了太阳赤纬角的变化情况后，就可以计算出太阳在一年中的任一天任一时间的位置，进而设计出性能良好的太阳能应用组件。

1.2.2 太阳辐射光谱

通常把太阳看成一个绝对黑体，黑体吸收所有入射到其表面的辐射并根据自身温度向外发出电磁辐射。理想黑体的能谱服从普朗克 (Planck)分布：

$$E(\lambda, T) = \frac{2\pi hc^2}{\lambda^5 \left[\exp\left(\dfrac{hc}{\lambda kT}\right) - 1 \right]} \tag{1-3}$$

式中 λ——电磁波的波长（nm）；

T——黑体的温度（℃）；

k——玻耳兹曼常数；

h——普朗克常量；

c——光速（m/s）；

E——单位面积单位波长的功率（W/m^2）。

黑体的总辐射功率由单位面积辐射的功率来表示，可以由上式积分而得，结果是 $E = \sigma T^4$，其中 σ 是斯忒藩-玻耳兹曼常数。黑体辐射分布中有一峰值波长，随着黑体温度的变化而变化，温度越高，峰值波长越短。根据维恩定律，$\lambda_p(\mu m) = 2900/T$，其中 λ_p 是辐射能量峰值波长。根据斯忒藩-玻耳兹曼（Stefan-Boltzmann）定律，太阳表面温度接近 6000 K，因此，其辐射光谱等同于该温度下的黑体辐射。由此可知，太阳光的峰值波长在 0.5 μm 左右，在绿光波段。

　　太阳电池的效率对入射光的功率和光谱的变化十分敏感。为了精确地测量和比较不同地点、不同时间的太阳电池，一个标准的太阳光谱和能量密度是非常必要的。太阳光照射到地球表面时，由于大气层与地表物体的散射、折射，会增加 20% 的太阳光入射量抵达地表上所使用的太阳电池表面，这些能量称之为扩散部分（Diffusion Component）能量，因此，针对地表上的太阳光谱能量有 AM 1.5G（Global）与 AM 1.5D（Direct）之分，其中 AM 1.5G 即包含扩散部分的太阳光能量，而 AM 1.5D 则没有包含。AM 1.5D 表示 AM 1.5 的直射光谱，其近似等于 AM 0 的 72%（18% 被大气吸收，10% 被大气散射）。AM 1.5G 光谱的能量密度接近 970 W/m²，比 AM 1.5D 的高近 10%。然而为了方便起见，实际使用中通常把 AM 1.5G 光谱的能量密度归一化为 1000 W/m²。图 1-3 是 AM 0、AM 1.5G 及 AM 1.5D 的光谱辐照度。AM 1.5 曲线中的不连续部分为各种不同大气组分对太阳光的吸收带。

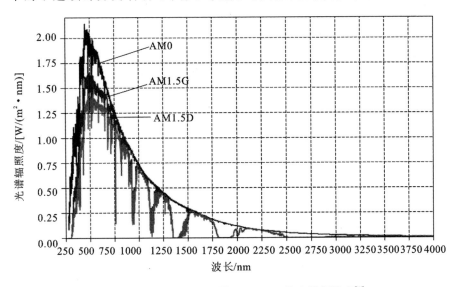

图 1-3　AM 0、AM 1.5G 及 AM 1.5D 的光谱辐照度[5]

1.2.3　地表辐照

　　地球的大气层对到达地面的太阳辐射能有很大的影响。首先这与太阳辐射穿透大气层的距离有关,又取决于太阳辐射的方向,通常用大气质量表示上述情况。但是大气层的影响不仅与太阳光的方向有关,而且还与大气中吸收、散射、反射太阳辐射的物质多少有关。这样一来情况就比较复杂,即太阳辐射能与当时的天气状况密切相关。当然大气层的总体组成成分是相当稳定的,主要有气体氮、氧、氢、氩等,还有成分不固定的气体分子如水汽、臭氧、二氧化碳,以及悬浮的固态微粒如烟、尘埃、花粉等,这些微粒也是形成云的核心。太阳辐射通过大气层时,就被这些分子及微粒所吸收、散射或反射,因而太阳辐照度将被削弱。图 1-4 给出了典型的 AM1 晴朗天空对入射光的吸收和散射。

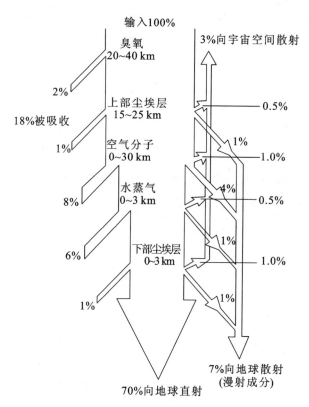

图 1-4　典型的 AM1 晴朗天空对入射光的吸收和散射[6]

（1）大气的吸收

大气的主要吸收物质是臭氧（O_3）、二氧化碳（CO_2）及水汽（H_2O）。大气中含有 21% 的氧，主要吸收波长小于 0.2 μm 的紫外光，在 0.1455 μm 处吸收最强。由于这种吸收，在到达地面的光辐射中几乎观察不到 0.2 μm 以下的辐射。臭氧主要存在于 20～40 km 的高层大气中，在 20～25 km 处最多，在底层大气中几乎没有。臭氧在整个光谱范围内都有吸收，但主要有两个吸收带，一个是 0.20～0.32 μm 间的强吸收带，另一个是在可见光区的 0.6 μm 处，虽然吸收比例不太大，但恰好在辐射最强区。臭氧的吸收占总辐照度的 2% 左右。大气中的尘埃也会对太阳辐射有一定的吸收作用，上部尘埃层和下部尘埃层各吸收总辐照度的 1% 左右。空气分子（主要是二氧化碳分子和液态水分子）和水汽是太阳辐射的主要吸收媒质，吸收带在红外及可见光区域，两者的吸收分别约占总辐照度的 8% 和 6%。

（2）大气的散射

太阳辐射穿过大气层时，将被各种气体分子、水分子、尘埃等粒子所散射。散射跟吸收不同，不会将辐射能转变为粒子热运动的动能，而仅是改变辐射方向，使直射光变为漫射光，甚至使太阳辐射逸出大气层而不能到达地面。散射对太阳辐照度的影响与散射粒子的尺寸有关，一般可分为分子散射和微粒散射。分子散射，也叫作瑞利散射，散射粒子小于辐射波长，散射强度与波长的四次方成反比。大气对长波光的散射较弱，即透明度较大；而对短波光的散射较强，即透明度较小。天空有时呈现蓝色就是由于短波光散射所致。发生微粒散射的散射粒子的粒径大于辐射波长，随着波长的增长，散射强度也增强，而长波与短波间散射的差别也愈小，甚至出现长波散射强于短波散射的情况。空气比较浑浊时，天空呈乳白色，甚至红色，就是这种散射的结果。

（3）大气的反射

大气的反射主要是云层反射，它随着云量、云状与云厚的不同而变化。一般来说，云层对太阳光的反射率可达 50%，甚至更大，因此云层对太阳辐射的影响很大，而且随着气候的变化而变化。此外，地表高大的景物与建筑物也会有反射。

1.3 我国的太阳能资源

我国的太阳能资源十分丰富,陆地表面每年接收的太阳能就相当于 17000 亿吨标准煤,分布如图 1-5 所示。根据气象部门的调查、测算:我国太阳能年总辐射量最大值在青藏高原,高达 10100 MJ/m²,最小值在四川盆地,仅 3300MJ/m²。从大兴安岭南麓向西南穿过河套,向南沿青藏高原东侧直至西藏南部,形成一条等值线。此线以西为太阳能丰富地区,年日照小时数大于 3000 h,这是由于这些地区位于内陆,全年气候干旱、云量稀少;此线以东地区(即我国东北、华北、长江中下游地区)以四川最小,由此向南、北增加,广东沿海较大;内蒙古东部、华北较大,至东北北部又趋减小。

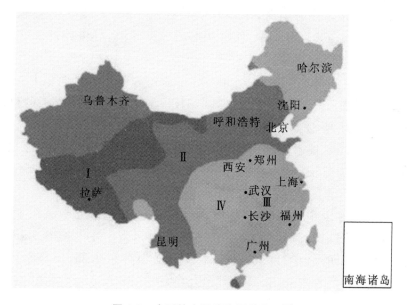

图 1-5 中国的太阳能资源分布图[7]

我国太阳能资源分布的主要特点有:
(1)太阳能的高值中心和低值中心都处在北纬 22°～35°这一带,青藏高原是高值中心,四川盆地是低值中心;
(2)太阳年辐射总量,西部地区高于东部地区,而且除西藏和新

疆两个自治区外,基本上是南部低于北部;

(3) 由于南方多数地区云多雨多,在北纬 30°～40°地区,太阳能的分布情况与一般的太阳能随纬度而变化的规律相反,太阳能不是随着纬度的升高而减少,而是随着纬度的升高而增加。

为了按照各地不同条件更好地利用太阳能,20 世纪 80 年代我国科研人员根据各地接收太阳总辐射量的多少,将全国划为五类地区[6]。

(1) 一类地区

一类地区全年日照时数为 3200～3300 h,在每平方米面积上一年内接收的太阳辐射总量为 6680～8400 MJ,相当于 225～285 kg 标准煤燃烧所发出的热量。一类地区主要包括宁夏北部、甘肃北部、新疆东南部、青海西部和西藏西部等地,是中国太阳能资源最丰富的地区,与印度和巴基斯坦北部的太阳能资源相当。一类地区中尤以西藏西部的太阳能资源最为丰富,全年日照时数达 2900～3400 h,年辐射总量高达 7000～8000 MJ/m²,仅次于撒哈拉大沙漠,居世界第 2 位。

(2) 二类地区

二类地区全年日照时数为 3000～3200 h,在每平方米面积上一年内接收的太阳辐射总量为 5852～6680 MJ,相当于 200～225 kg 标准煤燃烧所发出的热量。二类地区主要包括河北西北部、山西北部、内蒙古南部、宁夏南部、甘肃中部、青海南部、西藏东南部和新疆南部等地,为中国太阳能资源较丰富的地区,相当于印度尼西亚的雅加达一带。

(3) 三类地区

三类地区全年日照时数为 2200～3000 h,在每平方米面积上一年内接收的太阳辐射总量为 5016～5852 MJ,相当于 170～200 kg 标准煤燃烧所发出的热量。三类地区主要包括山东东南部、河南东南部、河北东南部、山西南部、新疆北部、吉林、辽宁、云南、陕西北部、甘肃东南部、广东南部、福建南部、江苏北部、安徽北部、天津、北京和台湾西南部等地,为我国太阳能资源中等地区,相当于美国的华盛顿地区。

(4) 四类地区

四类地区全年日照时数为 1400～2200 h,在每平方米面积上一年内接收的太阳辐射总量为 4190～5016 MJ,相当于 140～170 kg 标准煤燃烧所发出的热量。四类地区主要包括湖南、湖北、广西、江西、浙江、福建北部、广东北部、陕西南部、江苏南部、安徽南部以及黑龙江、台湾东北部等地,是我国太阳能资源较差的地区,相当于意大利的米兰地区。

（5）五类地区

五类地区全年日照时数为 1000～1400 h,在每平方米面积上一年内接收的太阳辐射总量为 3344～4190 MJ,相当于 115～140 kg 标准煤燃烧所发出的热量。五类地区主要包括四川、贵州、重庆等地,此区是我国太阳能资源最少的地区,相当于欧洲的大部分地区。

一、二、三类地区,年日照时数大于 2200 h,太阳辐射总量高于 5016 MJ/m^2,是我国太阳能资源丰富或较丰富的地区,约占全国面积的 2/3 以上,面积较大,具有良好的太阳能利用条件;四、五类地区,虽然太阳能资源较差,但也有一定的利用价值,有些地区还是可以开发利用的。总体而言,我国的太阳能资源丰富,接近美国的太阳能资源,比日本、欧洲的条件优越得多。

太阳能资源的研究计算工作,并不能一劳永逸。近年来的研究发现:随着大气污染的加重,各地的太阳辐射量呈下降趋势。20 世纪 80 年代数据的代表性已有所削弱。为此,我国气象科学研究院根据 20 世纪末期最新数据又重新计算了我国太阳能资源分布,根据太阳年辐射量的大小,可将我国划为 4 个太阳能资源带,如表 1-1 所示。

表 1-1 我国太阳能总辐射指标

资源带	资源带分类	年辐射总量（MJ/m^2）
Ⅰ	资源丰富带	≥6700
Ⅱ	资源较丰富带	5400～6700
Ⅲ	资源一般带	4200～5400
Ⅳ	资源缺乏带	<4200

总体而言,由于资源丰富带和较丰富带占国土面积 2/3 以上,因而我国是一个太阳能源丰富的国家,太阳能的开发、利用前景较好。

参 考 文 献

[1] Woolfson M. The origin and evolution of the solar system [J]. Astronomy & Geophysics,2000,41(1): 1. 12-1. 19.

[2] Basu S,Antia H M. Helioseismology and solar abundances [J]. Physics Reports,2008,457(5): 217-283.

[3] Zirker Jack B. Journey from the center of the sun [M]. New Jersey:Princeton University Press,2002.

[4] 张富,张丽娟,闻国年. 简化太阳位置算法的对比模型及应用研究 [J]. 太阳能学报,2012,33(2):27-333.

[5] Thekackara M P. The solar constant and the solar spectrum measured from a research aircraft [R]. NASA Technical Report No. R-351,1970.

[6] Wenham S R,Green M A,等. 应用光伏学[M]. 狄大卫,等译. 上海:上海交通大学出版社,2008.

[7] 赵福鑫,魏彦章. 太阳电池及其应用[M]. 北京:国防工业出版社,1985.

2 太阳电池基本原理

2.1 半导体物理基础

2.1.1 p型和n型半导体

固体按导电性能可分为三类:导体、半导体和绝缘体。通常金属是良导体,非金属是绝缘体,半导体的导电性能则介于两者之间,室温时半导体的电阻率(ρ)变化范围为 10^{-5} $\Omega \cdot cm \leqslant \rho \leqslant 10^7$ $\Omega \cdot cm$。从能带结构上看,三者的结构见图 2-1。以图 2-1(a)为例,金属的导带不是部分填满[如铝(Al)]就是与价带重叠[如锌(Zn)]、禁带消失。对于金属而言,导带还有很多未被占据的能态,在外电场作用下,电子可以自由移动,因此金属导体可以轻易传导电流[1]。而在绝缘体 SiO_2 中,Si—O 间依靠离子键结合,这些键很难被打破,因此难以提供可以导电的自由电子。反映在能带图中[图 2-1(c)],导带和价带间的禁带很宽,价带中所有的能级都被填满,而导带几乎是全空的。室温及弱电场下,价电子无法获得足够的能量跃迁到导带,因此,SiO_2 是一种良好的绝缘体。

图 2-1(b)是介于两者之间的半导体硅的能带图。大部分半导体的禁带宽度为 $1 \sim 2$ eV。在室温或外电场作用下,价带中的电子可以获得足够的能量进入导带,成为可以导电的电子,同时在价带中留下一个空位,称为"空穴"。当价带中出现一个空位后,周围的电子可以移动过来填补这个空位,从而留下新的空位,好像空穴在价带中移动一样。由于价带中电子多而空位少,引入空穴概念后,可以以少量空穴的运动来描述价带中大量电子的运动。半导体中,除了导带的电子参与导电,价带中的空穴也具有导电作用。半导体中存在两种载流子——电子和空穴,而金属中仅有电子导电,这也是半导体和金属的

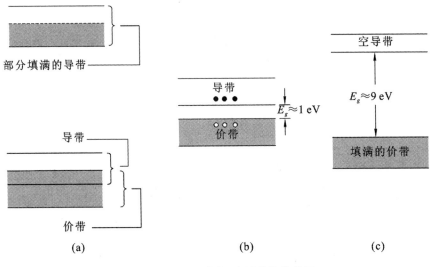

图 2-1　金属、绝缘体、半导体的能带图

(a)金属;(b)半导体;(c)绝缘体

最大差异。

　　一块没有缺陷和杂质的半导体称为本征半导体,非常纯的硅称为本征硅。在本征硅当中,导电中的电子和价带中的空穴都是由于共价键的断裂产生的,此时半导体中电子浓度 n 等于空穴浓度 p,称为本征载流子浓度 n_i。n_i 随温度升高而迅速上升,随禁带宽度增大而减小,在室温时,硅的 n_i 约为 $10^{10}/cm^3$,而锗的 n_i 约为 $10^{13}/cm^3$,GaAs 的 n_i 约为 $10^7/cm^3$。由于本征载流子的浓度随温度迅速变化,用本征材料制作的器件性能很不稳定,因此,制造半导体器件一般都采用含适当杂质的半导体材料。

　　根据需要在本征半导体中掺入微量的其他元素,所掺入的元素,对半导体基底而言,均被称为杂质。从杂质所处的位置来讲,一种是杂质原子取代晶格原子而处在晶格点处,常称为替位式杂质;另一种是杂质原子处在晶格原子的间隙中,称为间隙式杂质。若杂质原子和晶格原子的大小、壳层结构比较接近,则容易形成替位式杂质;若杂质原子较小,易于形成间隙式杂质。从半导体类型来区分,掺杂半导体一般可以分为两大类——n 型半导体和 p 型半导体。

　　n 型半导体是指在硅、锗半导体中掺入少量的 V 族元素如磷、砷等杂质形成的。以硅中掺磷（P）为例。硅的最外层有 4 个价电子，而磷的最外层有 5 个价电子，一个磷原子可以通过 4 个价电子和周围四个硅原子形成共价键，还剩余一个价电子。同时磷原子所在处也多了一个正电荷，称为正电中心（P^+）。磷原子取代硅原子后，其效果是形成一个正电中心 P^+ 和一个多余的价电子。这个多余的价电子就束缚在正电中心 P^+ 的周围。但是这种束缚能力比共价键的束缚作用弱得多，只要很少的能量就可以使它挣脱束缚，成为导电电子在晶体中自由运动。这时磷原子就成为少了一个价电子的磷离子（P^+），它是一个不能移动的正电中心。上述电子脱离杂质原子的束缚成为导电电子的过程称为杂质电离。使这个多余的价电子挣脱束缚成为导电电子所需要的能量称为杂质电离能。实验证明，V 族元素在硅、锗中的电离能很小，在硅中为 0.04～0.05 eV，在锗中约为 0.01 eV，远小于硅、锗的禁带宽度。

　　一般掺杂浓度时（掺杂浓度小于 $10^{18}/cm^3$），室温下硅原子的热运动动能就足以让磷原子发生电离，此时每一个掺入的磷原子都可以向导带提供一个导电电子，这种提供电子的杂质称为施主。从能带图图 2-2(a)上看，施主能级接近导带底，只需要很少的能量就可让施主能级上的电子进入导带，成为导电电子。可以认为室温下电子浓度 $n \approx N_D$，N_D 为施主浓度。

　　p 型半导体是在硅、锗半导体中掺入少量的 Ⅲ 族元素如硼、铟等杂质形成的。以硅中掺硼为例，硼原子有三个价电子，当它和周围四个硅原子结合成共价键时，还缺少一个价电子，需要从其他的硅原子处夺来一个价电子，于是在硅晶体的共价键中产生了一个空穴。而硼原子接收一个电子后，成为带负电的硼离子（B^-），称为负电中心。带负电的硼离子和带正电的空穴间有静电引力作用，所以这个空穴受到硼离子的束缚，在硼离子附近运动。不过，硼离子对于这个空穴的束缚是很弱的，只需要很少的能量就可以让空穴挣脱束缚，成为在晶体的共价键中自由运动的导电空穴，而硼原子成为多了一个价电子的硼离子（B^-），它是一个不能移动的负电中心。因为 Ⅲ 族元素在硅、锗中能够接收电子而产生导电空穴,并形成负电中心,通常被称为受主杂质或 p 型杂质。

从能带图图 2-2(b)上看,受主杂质的能级接近于价带顶,热运动动能就能使空穴跃迁至价带。室温下掺杂浓度不高时,硅中的Ⅲ族元素将全部电离,每一个受主杂质原子将向价带提供一个空穴,此时空穴浓度 $p \approx N_A$,N_A 为受主浓度。

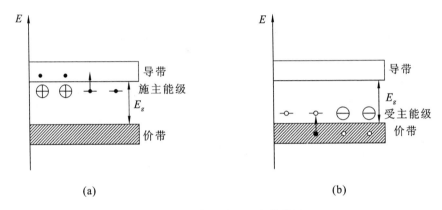

图 2-2 掺杂硅的原子和能带图

(a)施主杂质;(b)受主杂质

实际半导体中,不同的杂质和缺陷都可能在禁带中产生附加的能级,形成"台阶"。价带中的电子可以先跃迁到这些能级上,然后再跃迁到导带,这种"两步跃迁"的概率远高于从价带直接跃迁到导带上的概率。因此,半导体中即使只存在微量的杂质,这些杂质也会显著地影响导带中的电子浓度和价带中的空穴浓度,从而影响半导体的电导率。

一般掺杂硅中,同时存在施主杂质和受主杂质,由于施主杂质和受主杂质间能相互补偿,此时半导体的导电类型由浓度较高的那种杂质决定。对 n 型硅来讲,电子浓度 n_n 远高于空穴浓度 p_n,可以认为 $n_n \approx N_D - N_A (N_D > N_A)$,电流主要依靠电子来输运,电子是多数载流子(简称多子),空穴是少数载流子(简称少子);而对于 p 型硅来说,空穴浓度 p_p 远高于电子浓度 n_p,此时 $p_p \approx N_A - N_D (N_A > N_D)$,电流主要靠空穴来输运,空穴是多子,电子是少子。若掺杂不当,在半导体中

将出现 $N_D \approx N_A$ 的情形,这时施主电子刚好填充受主能级。虽然杂质很多,但不能向导带和价带提供电子和空穴,这种现象称为杂质的高度补偿。此时材料容易被误认为是本征半导体,实际上含杂质很多,性能很差,不适合用于制造半导体器件[2]。

2.1.2　p-n结电流电压特性

掺有施主杂质的 n 型半导体和掺有受主杂质的 p 型半导体的有机结合形成了 p-n 结。实际上,利用扩散法、合金法或离子注入法将 p 型(n 型)杂质掺入 n 型(p 型)半导体单晶中,使这块单晶的不同区域分别为 n 型和 p 型的导电类型,两者的交界面处形成了 p-n 结。p-n 结是晶体管、集成电路、太阳电池等半导体器件的心脏,可以由具有相同带隙的同种材料(但导电类型不同)形成,称为同质结;也可由带隙宽度不同的材料形成,称为异质结。p-n 结有突变结和缓变结之分。交界面处,杂质浓度从 N_A 突变为 N_D 的 p-n 结称为突变结。扩散过程中,杂质分布从 p 区到 n 区是逐渐变化的,通常称为缓变结。但在太阳电池制备的过程中,采用扩散法制备 p-n 结,表面杂质浓度很高,扩散层很薄,结深和耗尽区都很小,可近似认为是单边突变结。本节主要以同质突变结为例来讨论 p-n 结形成的物理过程、热平衡 p-n 结的表征、外加偏压下 p-n 结的电流电压特性与基本方程。

2.1.2.1　热平衡状态的 p-n 结

设两块均匀掺杂的 p 型硅和 n 型硅,掺杂浓度分别为 N_A 和 N_D。室温下,假设杂质原子全部电离,因而 p 型硅中空穴(多子)浓度为 N_A,电子(少子)浓度为 n_i^2/N_A;n 型硅中电子(多子)浓度为 N_D,空穴(少子)浓度为 n_i^2/N_D。当 p 型硅和 n 型硅紧密接触形成 p-n 结时,在交界面处分别形成空穴和电子的浓度梯度。在此浓度梯度的驱使下,n 区的电子向 p 区扩散,留下一薄层不能移动的正电中心,形成一个正电荷区,阻碍 n 区电子进一步向 p 区流动,同时也阻止 p 区空穴向 n 区流动。在 p 区一侧,p 区的空穴浓度高,将向 n 区扩散,留下一薄层不能移动的负电中心。它将阻碍 p 区空穴向 n 区的进一步扩散及 n 区电子向 p 区的继续流动,于是界面层两侧形成了一个从 n 区指向 p

区的电场区,此电场称为"内建电场",如图 2-3(a)所示。这个电场区主要由不能移动的正电中心和负电中心组成,电子和空穴几乎流失或复合殆尽,所以称为"耗尽层"。因为耗尽层中充满了不能移动的固定电荷,又称为"空间电荷区"。显然,在内建电场作用下,将产生空穴向右而电子向左的漂移运动,漂移运动的方向与扩散运动的方向恰好相反,目的是阻止由上述扩散引起的空间电荷区电场的增强。当扩散运动与漂移运动达到平衡时,空间电荷区中的内建电场最终建立。随内建电场的建立,E_{F_n} 与 n 区能带一起下移,而 E_{F_p} 与 p 区能带一起上移。当扩散与漂移运动达到平衡时,p-n 结有统一的费米能级,达到热平衡,对外不输出电流。能带图如图 2-3(b)所示。

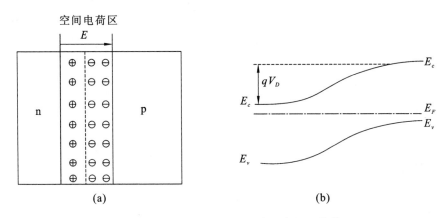

图 2-3　理想 p-n 结空间电荷区内建电场和能带图
(a)内建电场;(b)能带图

从能带图可以看出,势垒高度正好补偿了 n 区和 p 区的费米能级之差,使平衡 p-n 结的费米能级处处相等,因此

$$qV_D = E_{F_n} - E_{F_p} \tag{2-1}$$

根据载流子分布函数,用 n_{n_0} 和 p_{p_0} 分别表示 n 区和 p 区的平衡多子浓度,有

$$n_{n_0} = n_i \exp \frac{E_{F_n} - E_i}{k_0 T} \tag{2-2}$$

$$p_{p_0} = n_i \exp \frac{E_i - E_{F_p}}{k_0 T} \tag{2-3}$$

室温下，$n_{n_0} \approx N_D$，$p_{p_0} \approx N_A$，由式(2-1)～式(2-3)可得势垒高度，即

$$V_D = \frac{1}{q}(E_{F_n} - E_{F_p}) = \frac{k_0 T}{q}\ln\frac{N_A N_D}{n_i^2} \qquad (2\text{-}4)$$

上式表明，V_D 与 p-n 结两边的掺杂浓度、温度、材料的禁带宽度有关。在一定的温度下，突变结两边的掺杂浓度越高，势垒高度越高；禁带宽度越大，n_i 越小，V_D 也越大。通常硅 p-n 结的 V_D 高于锗 p-n 结的 V_D。若 $N_A = 10^{17}$ cm^{-3}，$N_D = 10^{15}$ cm^{-3}，在室温下可算出硅的 $V_D =$ 0.70 V，锗的 $V_D = 0.32$ V。

突变结的杂质、电荷、电场、电势能分布图如图 2-4 所示。

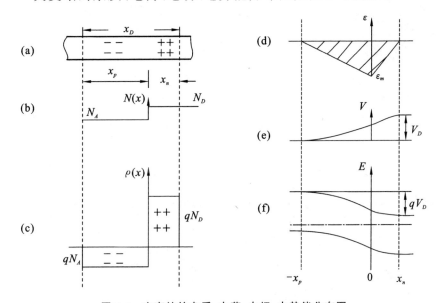

图 2-4　突变结的杂质、电荷、电场、电势能分布图
(a)势垒区；(b)杂质；(c)电荷密度；(d)电场；(e)电势；(f)电势能

空间电荷区内的电场和电势分布，对 p-n 结特性有重要的影响。空间电荷区的电势可以通过求解泊松方程获得。对突变结来说，n 区有均匀的施主杂质浓度 N_D，p 区有均匀的受主杂质浓度 N_A，若势垒区的正负空间电荷区的宽度分别为 x_n 和 $-x_p$，且取 $x = 0$ 处为交界面，如图 2-4 所示，则势垒区的电荷密度为

$$\left.\begin{array}{l} \rho(x) = -qN_A \quad (-x_p < x < 0) \\ \rho(x) = qN_D \quad\ \ (0 < x < x_n) \end{array}\right\} \qquad (2\text{-}5)$$

势垒区宽度

$$X_D = x_n + x_p \qquad (2\text{-}6)$$

整个半导体满足电中性条件,即势垒区内正负电荷总量相等,有

$$qN_A x_p = qN_D x_n = Q \qquad (2\text{-}7)$$

Q 是势垒区中单位面积上所积累的空间电荷的数值。

势垒区内的泊松方程为

$$\left. \begin{aligned} \frac{\mathrm{d}^2 V_1(x)}{\mathrm{d}x^2} &= \frac{qN_A}{\varepsilon_r \varepsilon_0} \qquad (-x_p < x < 0) \\ \frac{\mathrm{d}^2 V_2(x)}{\mathrm{d}x^2} &= -\frac{qN_D}{\varepsilon_r \varepsilon_0} \qquad (0 < x < x_n) \end{aligned} \right\} \qquad (2\text{-}8)$$

求解方程(2-8)可得 p-n 结的电场、电势分布及势垒宽度为:

$$\left. \begin{aligned} \varepsilon_1(x) &= -\frac{\mathrm{d}V_1(x)}{\mathrm{d}x} = -\frac{qN_A(x+x_p)}{\varepsilon_r \varepsilon_0} \qquad (-x_p < x < 0) \\ \varepsilon_2(x) &= -\frac{\mathrm{d}V_2(x)}{\mathrm{d}x} = \frac{qN_D(x-x_n)}{\varepsilon_r \varepsilon_0} \qquad (0 < x < x_n) \end{aligned} \right\} \qquad (2\text{-}9)$$

$$\left. \begin{aligned} V_1(x) &= \frac{qN_A(x^2+x_p^2)}{2\varepsilon_r \varepsilon_0} + \frac{qN_A x x_p}{\varepsilon_r \varepsilon_0} \qquad (-x_p < x < 0) \\ V_2(x) &= V_D - \frac{qN_D(x^2+x_n^2)}{2\varepsilon_r \varepsilon_0} + \frac{qN_D x x_n}{\varepsilon_r \varepsilon_0} \qquad (0 < x < x_n) \end{aligned} \right\} \qquad (2\text{-}10)$$

$$X_D = \sqrt{V_D \frac{2\varepsilon_r \varepsilon_0}{q} \cdot \frac{N_A + N_D}{N_A N_D}}$$

势垒区的电场、电势、电势能分布分别示于图 2-4(d)、图 2-4(e)和图 2-4(f)。

接下来讨论空间电荷区的载流子浓度分布。取 p 区电势为零,则势垒区中一点 x 的电势 $V(x)$ 为正值。越接近 n 区的点,其电势越高,在势垒区边界 x_n 处,n 区电势最高,为 V_D,如图 2-4(e)所示,图中 x_n、$-x_p$ 分别为 n 区和 p 区势垒区边界。对电子而言,相应的 p 区的电势能比 n 区的电势能[$E(x_n) = E_{cn} = -qV_D$]高 qV_D。势垒区内点 x 处的电势能为 $E(x) = -qV(x)$,比 n 区高 $qV_D - qV(x)$。

点 x 处的电子浓度 $n(x)$ 为

$$n(x) = \int_{E(x)}^{\infty} \frac{1}{2\pi^2} \frac{(2m_n^*)^{3/2}}{\eta^3} \exp\left(\frac{E_F - E}{k_0 T}\right) [E - E(x)]^{1/2} dE \quad (2\text{-}11)$$

利用 $E(x) = -qV(x)$，$N_c = 2 \dfrac{(2\pi m_n^* k_0 T)^{3/2}}{h^3}$，$n_{n_0} = N_c \cdot \exp \dfrac{E_F - E_{cn}}{k_0 T}$，

而 $E_{cn} = -qV_D$，所以

$$n(x) = n_{n_0} \exp \frac{E_{cn} - E_x}{k_0 T} = n_{n_0} \exp \frac{qV(x) - qV_D}{k_0 T} \quad (2\text{-}12)$$

当 $x = x_n$ 时，$V(x) = V_D$，所以 $n(x_n) = n_{n_0}$；当 $x = -x_p$ 时，$V(x) =$

0，则 $n(-x_p) = n_{n_0} \exp\left(\dfrac{-qV_D}{k_0 T}\right)$。$n(-x_p)$ 就是 p 区中平衡少数载流

子-电子的浓度 n_{p_0}，因此

$$n_{p_0} = n_{n_0} \exp\left(\frac{-qV_D}{k_0 T}\right) \quad (2\text{-}13)$$

同理，可以求得点 x 处的空穴浓度 $p(x)$ 为

$$p(x) = p_{n_0} \exp \frac{qV_D - qV(x)}{k_0 T} \quad (2\text{-}14)$$

以及

$$p_{p_0} = p_{n_0} \exp \frac{qV_D}{k_0 T} \quad (2\text{-}15)$$

或

$$p_{n_0} = p_{p_0} \exp\left(-\frac{qV_D}{k_0 T}\right) \quad (2\text{-}16)$$

式(2-12)和式(2-14)表示平衡 p-n 结中电子和空穴的浓度分布，如图 2-5 所示。

利用式(2-12)和式(2-14)可以估算 p-n 结势垒区中各处的载流子浓度。例如，势垒区内电势能比 n 区导带底 E_{cn} 高 0.1 eV 的点 x 处的载流子浓度为

$$n(x) = n_{n_0} e^{-\frac{0.1}{0.026}} \approx \frac{n_{n_0}}{50} \approx \frac{N_D}{50}$$

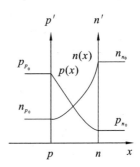

图 2-5　平衡 p-n 结中电子和空穴的分布

如设势垒高度为 0.7 eV,则该处空穴浓度为

$$p(x) = p_{n_0} \exp \frac{qV_D - qV(x)}{k_0 T} = p_{p_0} \exp \left[-\frac{qV(x)}{k_0 T} \right] = p_{p_0} e^{-\frac{0.6}{0.026}}$$

$$\approx 10^{-10} p_{p_0} \approx 10^{-10} N_A$$

可见,势垒区中势能比 n 区导带底高 0.1 eV 处,价带空穴浓度为 p 区多数载流子的 10^{-10} 倍,而该处的导带电子浓度为 n 区多数载流子的 1/50。一般室温附近,对于绝大部分势垒区,其中杂质虽然都已电离,但载流子浓度比 n 区和 p 区的多数载流子浓度低得多,像是被耗尽了,这也是势垒区被称为耗尽区的原因。

2.1.2.2　非平衡状态下的 p-n 结

由上面的分析可知:热平衡时 p-n 结中存在着一定宽度和势垒高度的势垒区,此时扩散电流和漂移电流相抵消,p-n 结中没有净电流流过。当有外电场作用时,p-n 结的平衡态被破坏,对外会呈现不对称的电流-电压特性。首先讨论理想 p-n 结的正向、反向电流-电压特性,并分析理想电流-电压特性与实验结果存在差异的原因。

（1）外加正向偏压下的 p-n 结

外加正向偏压下的 p-n 结势垒如图 2-6 所示。

p-n 结外加正向偏压,即 p 区接正,n 区接负时,由于空间电荷区内载流子浓度很小,电阻很大,可以认为所有的外加偏压都降落在空间电荷区。此时外加电场方向与内建电场方向相反,会削弱内建电场,降低空间电荷区内的电场强度,空间电荷减少,空间电荷区变窄,扩散电流和漂移电流也不再平衡。由于电场减弱,漂移电流低于扩散电流,电子将从 n 区扩散到 p 区,同时空穴也将从 p 区扩散到 n 区。电子扩散入 p 区,在 p 区边界处形成电子的积累,成为 p 区的非

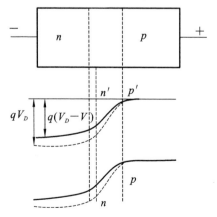

图 2-6　外加正向偏压下的 p-n 结势垒

平衡载流子。同理,空穴也在 n 区边界积累,成为 n 区的非平衡载流子。积累在边界的非平衡载流子在扩散运动作用下将向 p-n 结两端扩散形成扩散流,扩散过程中它们与不同区域内的多数载流子相复合,扩散流逐渐减小,经过比扩散长度大若干倍的距离后,全部被复合。这一段区域称为扩散区。

在一定的正向偏压下,单位时间越过势垒区从 n 区到达 p 区的非平衡载流子浓度是一定的,并在扩散区内形成稳定的分布。同样,从 p 区到达 n 区的空穴浓度也是一定的,并会形成一股不变的向 n 区内部流动的空穴扩散流。n 区的电子和 p 区的空穴都是多数载流子,但分别进入 p 区和 n 区后便是少数载流子。增大正向偏压会增大进入 p 区的电子流和进入 n 区的空穴流。这种依靠外电场作用增加半导体中的非平衡载流子的过程称为电注入。

正向偏压下 p-n 结的能带结构示于图 2-7。由于正向偏压下,p-n 结的 n 区和 p 区都有非平衡载流子的注入,因此,扩散区内用电子的准费米能级 E_{F_n} 和空穴的准费米能级 E_{F_p} 取代平衡时的费米能级 E_F。在 n 区的空穴扩散区内,电子浓度高,所以电子的准费米能级 E_{F_n} 变化很小,可视作不变,但空穴浓度变化很大,在 x_n 处,空穴大量堆积,随着空穴不断深入 n 区,空穴浓度逐渐减小,故 E_{F_p} 为一斜线。在扩散区外,非平衡空穴衰减为零,此时 E_{F_n} 和 E_{F_p} 相等。因为扩散区远大于势垒区,准费米能级的变化主要发生在扩散区,在势垒区的变化可忽略不计,所以在势垒区内,准费米能级保持为两条直线。在电子扩散区内,可做类似分析。正向偏压下,势垒高度降低为 $q(V_D-V)$,对应势垒区的准费米能级差 $E_{F_n}-E_{F_p}=qV$。

(2) 外加反向偏压下的 p-n 结

外加反向偏压 V 时,反向偏压的方向与内建电场方向相同,如图 2-8所示。此时内建电场得到加强,势垒区变宽,空间电荷增加,势垒区中的漂移电流大于扩散电流。在增强的内建电场作用下,n 区边界的空穴被电场驱向 p 区,而 p 区边界的电子被驱向 n 区。当这些少数载流子被电场驱走后,内部少子会不断来补充,犹如少子被不断地

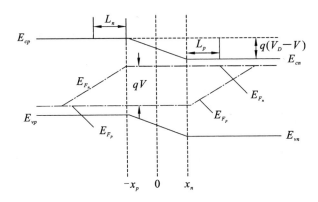

图 2-7　正向偏压下的 p-n 结能带结构

抽出来,称为少数载流子的抽取或吸出。p-n 结中总的反向电流是势垒区边界少数载流子扩散电流之和。因为少子浓度很低,所以反向偏压下少子浓度梯度也较小;当反向偏压很高时,势垒区边界处的少子可以被抽取为零,此时扩散电流不再随反向偏压变化,因此反向偏压下,p-n 结电流较小且趋于不变。

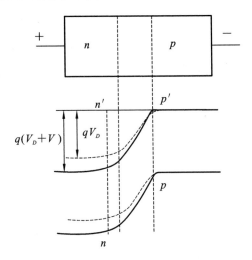

图 2-8　反向偏压下的 p-n 结

　　反向偏压下的 p-n 结能带图示于图 2-9。在电子扩散区、势垒区、空穴扩散区内,电子和空穴的准费米能级变化规律与正向偏压时的非常相似,唯一的区别是,E_{F_n} 和 E_{F_p} 的相对位置出现了变化。正向偏压时,$E_{F_n} > E_{F_p}$,而反向偏压时,$E_{F_p} > E_{F_n}$。

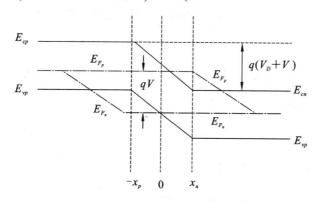

图 2-9 反向偏压下的 p-n 结能带图

(3) 理想 p-n 结的电流-电压特性

理想 p-n 结模型包含以下四个基本假设:

① 小注入条件——注入的少数载流子浓度远低于平衡时的多数载流子浓度;

② 突变耗尽层条件——外加电压和接触电势差都降落在耗尽层上,耗尽层边界是突变的,耗尽层外是中性区,少数载流子在中性区中做扩散运动;

③ 耗尽层内属强电场区,载流子无产生、无复合;

④ 玻耳兹曼近似条件——耗尽层外载流子分布满足玻耳兹曼统计分布率。

计算流过理想 p-n 结的电流密度,按以下步骤来进行:

① 利用准费米能级计算势垒区边界处注入的非平衡少数载流子浓度;

② 以边界处注入的非平衡载流子浓度作边界条件,解扩散区中载流子连续性方程,得到扩散区中非平衡少数载流子的分布;

③ 将非平衡少数载流子浓度分布代入扩散方程,计算出少数载流子的扩散流密度;

④ 将两种载流子的扩散电流密度相加,得到理想 p-n 结的电流-电压关系式。

在外加偏压 V 下,p 区边界处的少数载流子浓度为

$$n_p(-x_p) = n_{p_0} \exp \frac{qV}{k_0 T} \qquad (2\text{-}17)$$

注入的电子浓度应为非平衡条件下该处的电子浓度与平衡电子浓度之差,有

$$n_p(-x_p) - n_{p_0} = n_{p_0}\left(\exp \frac{qV}{k_0 T} - 1\right) \qquad (2\text{-}18)$$

同理,注入 n 区边界的空穴浓度为

$$p_n(x_n) - p_{n_0} = p_{n_0}\left(\exp \frac{qV}{k_0 T} - 1\right) \qquad (2\text{-}19)$$

从式(2-18)和式(2-19)可见,注入势垒区边界的非平衡载流子浓度是外加电压的函数,这两式也是求解扩散区连续性方程的边界条件。

在稳定态时,根据理想 p-n 结假设,耗尽层内无产生、无复合,电流主要来自中性区。由于 n 型扩散区内无电场,此区内少数载流子的连续性方程为

$$D_p \frac{\mathrm{d}^2 p_n(x)}{\mathrm{d}x^2} - \frac{p_n - p_{n_0}}{\tau_p} = 0 \qquad (2\text{-}20)$$

利用边界条件

$$p_n(x_n) = p_{n_0} \exp \frac{qV}{k_0 T}$$

和

$$p_n(\infty) = p_{n_0}$$

方程(2-20)的解为

$$p_n(x) - p_{n_0} = p_{n_0}\left(\exp \frac{qV}{k_0 T} - 1\right) \exp \frac{x_n - x}{L_p} \qquad (2\text{-}21)$$

式中 $L_p = \sqrt{D_p \tau_p}$ 表示空穴扩散长度。

同理,注入 p 区的非平衡少数载流子浓度为

$$n_p(x) - n_{p_0} = n_{p_0}\left(\exp \frac{qV}{k_0 T} - 1\right) \exp \frac{x_p + x}{L_n} \qquad (2\text{-}22)$$

这里 $L_n = \sqrt{D_n \tau_n}$ 是电子的扩散长度。

在 n 区边界,空穴的扩散电流为

$$J_p x_n = -qD_p \frac{\mathrm{d}p_n(x)}{\mathrm{d}x}\Big|_{x=x_n} = \frac{qD_p p_{n_0}}{L_p}\left(\exp\frac{qV}{k_0 T} - 1\right) \quad (2\text{-}23)$$

同样,在 p 区边界,电子的扩散电流为

$$J_n(-x_p) = qD_n \frac{\mathrm{d}n_p(x)}{\mathrm{d}x}\Big|_{x=-x_p} = \frac{qD_n n_{p_0}}{L_n}\left(\exp\frac{qV}{k_0 T} - 1\right) \quad (2\text{-}24)$$

根据假设③,势垒区内的产生、复合可以忽略,通过 p-n 结的总电流是电子扩散流和空穴扩散流之和,即式(2-23)和式(2-24)之和,有

$$J = J_n(-x_p) + J_p(-x_p) = J_n(-x_p) + J_p(x_n)$$

$$= \left(\frac{qD_n n_{p_0}}{L_n} + \frac{qD_p p_{n_0}}{L_p}\right)\left(\exp\frac{qV}{k_0 T} - 1\right) \quad (2\text{-}25)$$

令

$$J_s = \frac{qD_n n_{p_0}}{L_n} + \frac{qD_p p_{n_0}}{L_p} \quad (2\text{-}26)$$

则

$$J = J_s\left(\exp\frac{qV}{k_0 T} - 1\right) \quad (2\text{-}27)$$

式(2-27)就是理想 p-n 结模型的电流-电压关系式,又称为肖克莱方程式。室温时,$\frac{k_0 T}{q} = 0.026\ V$,从式(2-27)中可以看出,通常正向偏压为零点几伏,有 $\exp\frac{qV}{k_0 T} \gg 1$,此时电流随外加偏压增加呈指数上升;反向偏压时,$V < 0$,当 $q|V| \gg k_0 T$ 时,$\exp\left(\frac{qV}{k_0 T}\right) \to 0$,$J = -J_s$。称 $-J_s$ 为反向饱和电流密度。由式(2-27)可作出电流-电压关系曲线,如图 2-10 所示。可见 p-n 结在正向偏压和反向偏压下,曲线是不对称的,表现出单向导电性或整流效应。

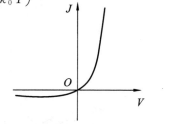

图 2-10 理想 p-n 结的 J-V 曲线

(4) p-n 结偏离理想方程的各种影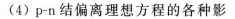

响因素

实验结果表明,理想的电流-电压关系式与小注入下锗 p-n 结的实验结果较为吻合,而对于硅的 p-n 结特性,实验与理论结果有明显的偏离。主要表现在实际的反向电流比理想的反向电流高两个数量级,实际的正向电流与电压并不呈现典型的指数依赖关系。这表明,理想电流-电压关系式并没有完全反映外加电压下的 p-n 结情况,还需考虑如下其他因素的影响:

① 势垒区的产生电流

在热平衡时,p-n 结势垒区内载流子的产生率等于复合率。当 p-n 结处于反向偏压时,势垒区内电场加强,势垒区中通过复合中心产生的电子和空穴会被强电场快速扫出势垒区,势垒区内载流子浓度低于平衡态时载流子浓度,因此,载流子的产生率大于复合率,有净产生率,从而形成另一部分反向电流,称为势垒区的产生电流。假设势垒区内的 n 和 p 都远小于 n_i,同时最有效的复合中心能级仍位于禁带中线处,有 $E_t = E_i$,对应净复合率为

$$U = -\frac{n_i}{2\tau} \tag{2-28}$$

负的复合率即为净产生率,有 $G = -U$,所以势垒区的产生电流密度为

$$J_G = \int_0^{X_D} qG \mathrm{d}x = \frac{qn_i X_D}{2\tau} \tag{2-29}$$

式中 X_D 为势垒区宽度。总的反向电流由前面讨论的扩散电流表达式式(2-26)和势垒区的产生电流式(2-29)组成,有

$$J_R = \frac{qD_n n_{p_0}}{L_n} + \frac{qD_p p_{n_0}}{L_p} + \frac{qn_i X_D}{2\tau} \tag{2-30}$$

以 p^+-n 结半导体为例,有 $L_n \gg N_D$,此时总的反向电流密度简化为

$$J_R = \frac{qD_p n_i^2}{L_p N_D} + \frac{qn_i X_D}{2\tau} \tag{2-31}$$

上式表明,反向饱和电流密度 J_R 与 n_i^2 相关,对于 n_i 很大的半导体(如锗),室温下扩散电流占优势,反向电流遵循肖克莱方程;但若 n_i 较小(如硅),则产生电流占优势,而且产生电流正比于 X_D,即随反向偏压

增大产生电流密度缓慢增大。

② 势垒区的复合电流

在正向偏压下,势垒区内载流子浓度高于平衡态时载流子浓度,从 n 区流向 p 区的扩散流,遭遇空穴从 p 区流向 n 区的扩散流,在势垒区内复合构成了另一股正向电流,称为势垒区的复合电流。假设 $r_n = r_p = r, E_t = E_i$,则根据 SRH 复合模型,净复合率为

$$U = \frac{r N_t (np - n_i^2)}{n + p + 2n_i} \tag{2-32}$$

势垒区中,电子、空穴的浓度乘积满足下式

$$np = n_i^2 \exp \frac{qV}{k_0 T} \tag{2-33}$$

当 $n = p$ 且 $qV > k_0 T$ 时,势垒区内有最大复合率

$$U_{max} = \frac{1}{2} \frac{n_i}{\tau} \exp \frac{qV}{2 k_0 T} \tag{2-34}$$

对势垒区积分,复合电流 J_r 为

$$J_r = \int_0^{X_D} q U_{max} \mathrm{d}x \approx \frac{q X_D n_i}{2\tau} \exp \frac{qV}{2 k_0 T} \tag{2-35}$$

总的正向电流密度应为扩散电流密度与复合电流密度之和,对 p^+-n 结半导体,当 $qV > k_0 T$ 时,可写为

$$J_F = q \sqrt{\frac{D_p}{\tau_p}} \frac{n_i^2}{N_D} \exp \frac{qV}{k_0 T} + \frac{q X_D n_i}{2\tau} \exp \frac{qV}{2 k_0 T} \tag{2-36}$$

实验结果可用经验形式表示为

$$J_F \propto \exp \frac{qV}{A k_0 T} \tag{2-37}$$

式中,复合电流占优势时,理想因子 $A = 2$,如图 2-11 中实际正向曲线的 a 段所示。当扩散电流占优势时,$A = 1$,如图 2-11 中实际正向曲线的 b 段所示,当两种电流大小相近时,A 的值介于 1~2 之间。

③ 大注入效应[1]

当正向偏压较大时,注入扩散区中的少数载流子与多数载流子浓度相比拟时,必须同时考虑漂移和扩散电流分量。

为了说明大注入情形,图 2-12 给出了硅 p^+-n 结中载流子浓度和

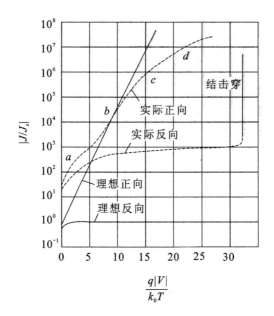

图 2-11   实际硅 p-n 结的电流-电压特性

带准费米能级的能带结构的模拟结果。图 2-12（a）、图 2-12（b）和图 2-12（c）中的电流密度分别为 $10 \ \mathrm{A/cm^2}$、$10^3 \ \mathrm{A/cm^2}$ 和 $10^4 \ \mathrm{A/cm^2}$。当电流密度为 $10 \ \mathrm{A/cm^2}$ 时，$\mathrm{p^+}$-n 结处于小注入区，几乎所有电势差都降落在势垒区上，n 型区的空穴浓度小于电子浓度；当电流密度为 $10^3 \ \mathrm{A/cm^2}$ 时，结附近的电子浓度明显高于施主浓度（考虑电中性条件，注入载流子 $\Delta p = \Delta n$），在 n 型空穴扩散区中出现电势差；当电流密度为 $10^4 \ \mathrm{A/cm^2}$ 时，则为大注入情形，此时结上的电压降与扩散区上的电压降相比并不显著。虽然图 2-12 中仅给出了 $\mathrm{p^+}$-n 结的中心区，仍可看出准费米能级之差等于或小于外加电压 qV。

在 $\mathrm{p^+}$-n 结中，正向大注入情形下正向扩散电流密度为

$$J_{Fd} = \frac{2qn_i D_p}{L_p} \exp \frac{qV}{2k_0 T} \qquad (2\text{-}38)$$

结合考虑势垒区载流子的产生、复合与大注入情形，正向偏压下，J-V 可以用下式统一表示为

$$J_F \propto \exp \frac{qV}{mk_0 T} \qquad (2\text{-}39)$$

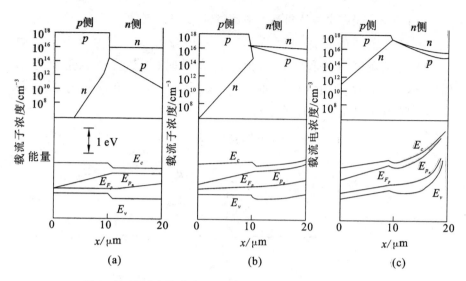

图 2-12 不同电流密度下硅 p$^+$-n 结的载流子浓度和能带图

m 取决于载流子的主要输运机制,取值在 1～2 之间,随外加正向偏压而定。当正向偏压较小时,势垒区的复合电流起主要作用,$m=$ 2;当正向偏压较大时,扩散电流起主要作用,$m=1$;大注入时,$m=2$。在大电流时,还需考虑串联电阻的影响。实际 p-n 结外接电极时,电极接触处总会有一定的串联电阻 R_s,其阻值大小与制作工艺密切相关。小电流时,R_s 对 J-V 的影响可以忽略;大电流时,R_s 会分压,降低实际加在势垒区上的外加偏压,使正向电流随电压的增加变慢。

2.1.3 半导体材料的光学特性

半导体与光的相互作用有光反射、光透射、光发射、光电导、光吸收等现象,在此统一作为半导体材料的光学特性介绍。

光具有波动、粒子两重性。光是一种电磁波,可以用波长、频率、相位、波速来描述。光又具有微粒性,可认为光由一系列不连续的光子流组成,每个光子具有特定的能量 $h\nu$(h 为普朗克常数,ν 为光子的频率)。太阳电池的光学性质决定着电池的极限转换效率,它是工艺设计的重要依据。每一种半导体材料,由于能带结构不同,光电性能各异。即使是同种材料,若晶格结构不同,也会表现出不同的光学特性。

2.1.3.1 光在半导体材料上的反射、折射与透射

光在材料中的传播速度 $v=c/n$，其中 c 为光速，n 为材料的折射率。入射光在穿越两种不同折射率的介质时（如从空气入射到硅表面），会出现反射、折射现象，如图 2-13 所示。入射角 θ_1 等于反射角 r，与折射角 θ_2 满足 Snell 关系，即

$$n_1 \sin\theta_1 = n_2 \sin\theta_2 \tag{2-40}$$

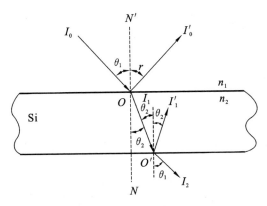

图 2-13 光在半导体上的反射、折射与透射

反射光强度与入射光强度之比定义为反射率，以 R 表示；透射光强度与入射光强度之比定义为透射率，以 T 表示。显然，若介质无吸收，则 $T+R=1$。

若入射光垂直入射时，反射率 R 为

$$R = \frac{I_0'}{I_0} = \frac{(n_1-n_2)^2}{(n_1+n_2)^2} \tag{2-41}$$

若入射角为 θ_1，折射角为 θ_2，反射率 R 为

$$R = \frac{I_0'}{I_0} = \frac{1}{2}\left[\frac{\sin^2(\theta_1-\theta_2)}{\sin^2(\theta_1+\theta_2)} + \frac{\tan(\theta_1-\theta_2)}{\tan(\theta_1+\theta_2)}\right] \tag{2-42}$$

通常，折射率大的材料，其反射率也较大。一般半导体材料的折射率为 3～4，太阳光谱范围内平均反射率达 30% 以上，因此，在制备太阳电池时，往往需要在表面制作透明的减反射膜来降低整体反射率。

值得注意的是，以上推导并未涉及半导体表面形貌与粗糙度因素，而实际半导体可能是粗糙的，因此，会存在光的漫反射现象，而且

半导体中的局域缺陷和应力也会影响折射率和增加光散射,实际情况会变得更加复杂。

2.1.3.2　半导体的光吸收

半导体材料能强烈地吸收光能,吸收系数约为 10^5 cm^{-1}数量级。材料吸收辐射能导致电子从低能级跃迁到高能级。对于半导体材料,自由电子和束缚电子的吸收都很重要。

（1）本征吸收[2]

半导体中最主要的光吸收机制被称为本征吸收,此过程严格遵守能量守恒定律。如图 2-14 所示,位于价带中的一个电子,吸收足够能量的光子后,越过禁带进入导带,在价带留下一个空穴,形成电子-空穴对。这种由电子在能带间跃迁而形成的吸收过程称为本征吸收。

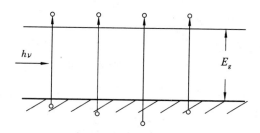

图 2-14　本征吸收示意图

显然,只有那些能量 $h\nu$ 等于或大于禁带宽度 E_g 的光子,才能产生本征吸收,即

$$h\nu \geqslant h\nu_0 = E_g \quad 或 \quad h\frac{c}{\lambda} \geqslant h\frac{c}{\lambda_0} = E_g \qquad (2\text{-}43)$$

这里 ν_0、λ_0 是刚好能够引起本征吸收的光的频率和波长,称为频率吸收限和波长吸收限。这一条件在半导体的吸收光谱上有明确的体现。当入射光的频率 $\nu < \nu_0$（或 $\lambda > \lambda_0$）时,不可能发生本征吸收,半导体吸收系数迅速下降。本征波长吸收限 λ_0 可以表示为

$$\lambda_0 = \frac{1.24}{E_g} \qquad (2\text{-}44)$$

根据半导体材料不同的禁带宽度,可算出相应的本征波长吸收限。例如,硅的 $E_g = 1.12$ eV,$\lambda_0 \approx 1.1$ μm;砷化镓的 $E_g = 1.43$ eV,$\lambda_0 \approx$

$0.867~\mu$m。图 2-15 是几种常用半导体材料的本征波长吸收限和禁带宽度的对应关系。

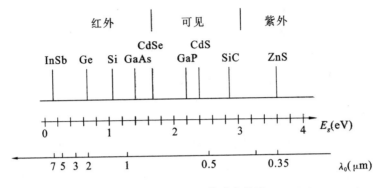

图 2-15　E_g 和 λ_0 的对应关系

（2）直接跃迁和间接跃迁

光照下,电子吸收光子的跃迁过程,除了满足能量守恒外,还需要满足动量守恒,这涉及半导体价电子能带在波矢 k 空间的结构。设电子原来的波矢量为 k,跃迁到波矢为 k' 的状态,在跃迁过程中,k 和 k' 必须满足如下条件:

$$\hbar k' - \hbar k = \text{光子动量} \qquad (2\text{-}45)$$

由于一般半导体所吸收的光子,其动量远小于能带中的电子的动量,光子动量可忽略不计,因而式(2-45)可近似写为

$$k' = k \qquad (2\text{-}46)$$

因此,电子吸收光子跃迁时波矢保持不变(能量增加),这就是电子跃迁时的选择定则。

在直接跃迁半导体材料的能带图中,导带极小值与价带极大值出现在同一个动量 $k(k=0)$ 处。电子吸收了能量 $h\nu \geqslant E_g$ 的光子后,沿垂直方向发生跃迁,从图中可以看出,跃迁前后各自的动量相等,这种跃迁称为直接跃迁(图 2-16)。在常见的半导体中,Ⅲ-Ⅴ族的砷化镓及Ⅱ-Ⅵ族碲化镉等材料,导带极小值与价带极大值对应于相同的波矢,常

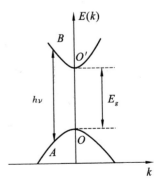

图 2-16　电子的直接跃迁

称为直接带隙半导体。

理论计算可得,直接带隙半导体对靠近吸收限处,频率为 ν 的光子的吸收系数可以表示为

$$\left.\begin{array}{ll} \alpha(h\nu)=A(h\nu-E_g)^{\frac{1}{2}} & h\nu \geqslant E_g \\ \alpha(h\nu)=0 & h\nu < E_g \end{array}\right\} \qquad (2\text{-}47)$$

A 是与材料有关的参量,可以视作常数。

将式(2-47)左右两边平方得

$$\alpha^2(h\gamma\nu)=A^2(h\nu-E_g) \qquad (2\text{-}48)$$

根据该式可作图 2-17,它表示了 InAs 的吸收系数的平方与光子能量间的线性关系,这是直接跃迁吸收的特征。该直线在光子能量轴上的截距代表半导体的禁带宽度。一般直接带隙半导体的吸收系数在 $10^4 \sim 10^6\,\mathrm{cm}^{-1}$ 之间。吸收系数 α 表示光在半导体中通过 $1/\alpha$ 的距离时其强度衰减为原来值的 $1/e$。对于大于禁带宽度 E_g 的光能,入射光穿入半导体中约 $1\,\mu\mathrm{m}$,本征吸收使光强衰减约 63%。因此,光子能量高于禁带宽度 E_g 的太阳光进入直接带隙半导体约几个微米深就基本全部被吸收。

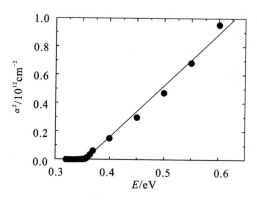

图 2-17 本征吸收系数与能量的关系

然而,像硅、锗一类半导体,价带顶位于 k 空间原点,但导带底却不在 k 空间原点。为满足动量守恒,除了光子和电子的相互作用外,还需要第三个粒子——声子的参与。电子从初态到末态的跃迁可以吸收一个声子,或发射一个声子,要求

$$h\nu \pm E_p = E_c - E_v \qquad (2\text{-}49)$$

其中 E_p 代表声子的能量，"＋"号是吸收声子，"－"是发射声子。因为声子的能量非常小，数量级在百分之几电子伏特以下，可以忽略不计，因此有

$$h\nu = E_g$$

根据动量守恒，有

$$\hbar k' - \hbar k \pm \hbar q = 光子动量$$

即　　　　　　电子的动量差 ± 声子动量 = 光子动量

其中，$\hbar = \dfrac{h}{2\pi}$，h 为普朗克常量。k、k' 分别表示跃迁前后的电子波矢，略去光子动量，得

$$k' - k = \mp q \qquad (2\text{-}50)$$

式中 q 是声子波矢，"∓"分别表示电子在跃迁过程中发射或吸收一个声子。式(2-50)表明，在非直接跃迁过程中，伴随发射或吸收适当的声子，电子的波矢 k 是可以改变的。这种除吸收光子外，还需与晶格振动交换能量的非直接跃迁，也称间接跃迁。

间接跃迁的吸收过程既依赖于电子与光子的相互作用，也依赖于电子与晶格振动的相互作用，是三粒子——电子、光子和声子的相互作用过程。所以，间接跃迁的光吸收系数比直接跃迁的光吸收系数小得多。通常，间接跃迁的光吸收系数为 $1 \sim 10^3 \, \text{cm}^{-1}$，比直接跃迁的吸收系数低 $3 \sim 4$ 个数量级。

理论分析可知，对于硅、锗等非直接带隙半导体，吸收一个声子的吸收系数为

$$\alpha_a(h\nu) = \frac{B\,(h\nu - E_g + E_p)^2}{e^{E_p/k_0 T} - 1} \qquad (h\nu > E_g - E_p) \qquad (2\text{-}51)$$

发射一个声子的吸收系数为

$$\alpha_e(h\nu) = \frac{B\,(h\nu - E_g - E_p)^2}{1 - e^{-E_p/k_0 T}} \qquad (h\nu > E_g + E_p) \qquad (2\text{-}52)$$

这里 B 为常数，E_p 为声子能量，总的吸收系数为

$$\alpha(h\nu) = \alpha_a(h\nu) + \alpha_e(h\nu) \qquad (2\text{-}53)$$

当 $h\nu \leqslant E_g - E_p$ 时，跃迁不能发生，$\alpha = 0$。

图 2-18 是几种半导体材料的本征吸收系数与入射光能量的关

系。对于硅、锗等非直接带隙半导体,入射光能量 $h\nu = E_g$ 时,本征吸收开始。随着入射光能量的增加,吸收系数先缓慢增长,这对应于间接跃迁;当入射光能量继续增加时,吸收系数 α 达到 $10^4 \sim 10^6 \text{cm}^{-1}$ 范围内,吸收系数陡增,出现直接跃迁。对于砷化镓等直接带隙半导体,当入射光能量大于 E_g 时,吸收系数曲线上升幅度较大,反映出直接跃迁过程。

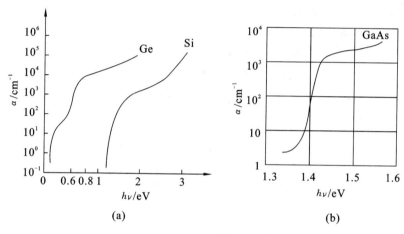

图 2-18 本征吸收系数与入射光能量的关系

(a)Ge 和 Si 半导体;(b)GaAs

（3）其他吸收过程

实验证明,波长比本征吸收限 λ_0 长的光波在半导体内也能被吸收。这说明,除了本征吸收外,还存在其他的光吸收过程,主要有激子吸收、杂质吸收、自由载流子吸收、晶格振动吸收等。

① 激子吸收

本征吸收产生的电子和空穴,均可在导带和价带中自由运动,成为自由电子、自由空穴。当光子能量小于禁带宽度 E_g 时,价带中的电子虽然跃出了价带,但能量不够,无法进入导带成为自由电子,仍受到空穴的库仑作用。这时受激电子和价带中的空穴相互束缚形成一个新的电中性系统,称为激子。

激子的吸收光谱一般集中在本征吸收长波限附近。激子可以视作一个受激的电子-空穴团,可以在整个晶体中运动,不形成电流。激子在运动过程中会发生变化,或者受到别的能量(如热激发、晶格振动等)激发使激子成为自由电子-空穴对,或者激子中的电子和空穴通过复合,激子消失,同时放出能量相等的光子或声子等。

② 杂质吸收

束缚在杂质能级上的电子或空穴吸收光子后可以从杂质能级跃入导带或价带,这种光吸收称为杂质吸收。杂质吸收如图 2-19 所示,可分为以下几种类型:

　　a. 施主能级与导带能级之间的跃迁,见图 2-19 中 a,c。

　　b. 受主能级与价带之间的跃迁,见图 2-19 中 b,d。

　　c. 施主能级与价带之间的跃迁,见图 2-19 中 e。

　　d. 受主能级与导带之间的跃迁,见图 2-19 中 f。

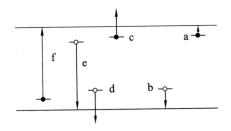

图 2-19　杂质吸收中的电子跃迁

对于大多数半导体,多数施主和受主能级很接近于导带和价带,杂质能级越低,则对应吸收波长远离吸收限。一般硅中杂质很少,故杂质吸收比较微弱,例如硅中硼的吸收系数在 $20\ \mathrm{cm}^{-1}$ 以下。

③ 自由载流子吸收

对于一般半导体,即使外界入射光子的频率不够高,不足以引起电子从价带到导带的跃迁或形成激子,仍然存在着吸收,这是自由载流子在同一带内的跃迁所引起的,称为自由载流子吸收。

与本征跃迁中的间接跃迁类似,自由载流子吸收同样需要满足能量守恒和动量守恒。为了满足动量守恒,电子的跃迁必须伴随着吸收或发射一个声子。因为自由载流子吸收中所吸收的光子能量小于 $h\nu_0$,一般是红外吸收。在许多半导体中,都能发现本征吸收限以外的长波部分出现不断增强的光吸收,正是由自由载流子吸收所引起的。

④ 晶格振动吸收

晶体的原子并不是固定不动的,而是以平衡位置为中心进行微小的振动。由于晶体内原子间存在相互作用,原子的振动并不是孤立的,而是以波的形式在晶体内传播,形成所谓的格波,因此晶体可视为一个相互耦合的振动系统,这个系统的运动就叫晶格振动。

在波长为 $10\sim100\ \mu m$ 的红外波段,所有固体都具有一个光子和晶格振动相互作用而引起的吸收区域。光吸收大小与多种因素有关,如光的偏振方向、晶格振动方式(横波或纵波)、晶体的尺寸等。对离子晶体或离子性较强的化合物,存在较强的晶格振动吸收带;在Ⅲ-Ⅴ族化合物如砷化镓及半导体硅、锗中,也都观察到了这种吸收带。

2.1.4 光电流和光电压

2.1.4.1 光电流

光生载流子的定向运动形成光电流。照到电池表面的光子中,所有能量大于 E_g 的光子都能被电池吸收,而且一个光子产生一对电子-空穴对,且电子-空穴对都能被收集,则光电流密度的最大值为

$$J_{L(\max)} = qN_{ph}(E_g) \tag{2-54}$$

式中,$N_{ph}(E_g)$ 为每秒钟到达太阳电池表面上且能量大于 E_g 的总光子数。

考虑光的反射、材料的吸收、电池厚度以及光生载流子的实际产生率以后,光电流密度可表示为[3]

$$\left.\begin{array}{l} J_L = \int_0^\infty \left[\int_0^H q\Phi(\lambda)Q[1-R(\lambda)]\alpha(\lambda)\mathrm{e}^{-\alpha(\lambda)x}\mathrm{d}x \right]\mathrm{d}\lambda = \int_0^\infty \int_0^H qG_L(x)\mathrm{d}x\mathrm{d}\lambda \\ G_L(x) = \Phi(\lambda)Q[1-R(\lambda)]\alpha(\lambda)\mathrm{e}^{-\alpha(\lambda)x}\mathrm{d}x \end{array}\right\} \tag{2-55}$$

式中　$\Phi(\lambda)$——入射光子的光通量($cm^{-2} \cdot t^{-1}$);

Q——量子效率,即一个能量高于 E_g 的光子产生一对电子-空穴对的概率,通常可令 $Q=1$;

$R(\lambda)$——样品表面的反射率,是波长的函数;

$\alpha(\lambda)$——对应波长的吸收系数(cm^{-1});

H——样品的厚度(μm);

$G_L(x)$——在 x 处光生载流子的产生率$[(1/cm^3 \cdot s)]$。

式(2-55)表明,凡是电池中产生的光生载流子都对光电流有贡献,因此这是光电流的理想值。

由 p-n 结的电流-电压特性可知,在太阳电池的结构简图图 2-20 中:①电池的 n 区、势垒区和 p 区都能产生光生载流子;②各区中的光生载流子必须在复合之前越过势垒区,才能对光电流有贡献。所以实际求解光生电流必须考虑各区中的产生、复合、扩散、漂移等因素。为简单起见,先讨论入射光子流谱密度为 $\Phi(\lambda)$ 的单色光照下太阳电池的情况。

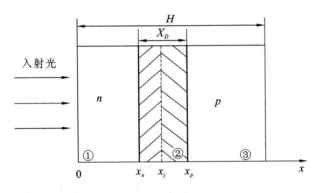

图 2-20　太阳电池的结构简图

与 p-n 结正向偏压类似,定义太阳电池电流密度 $J_L(\lambda)$ 为各区光电流密度之和,即

$$J_L(\lambda) = J_n(\lambda) + J_c(\lambda) + J_p(\lambda) \tag{2-56}$$

式中 $J_n(\lambda)$、$J_c(\lambda)$、$J_p(\lambda)$ 分别表示 n 区、势垒区和 p 区的光电流密度。在考虑各种产生和复合机构以后,即可求出每一区中光生载流子的分布,从而求出电流密度。

首先考虑 J_n 和 J_p,根据理想 p-n 结模型,理想太阳电池须满足如下条件:[4]

① 光照时太阳电池各区均满足 $pn > n_i^2$,即满足小注入条件;

② 势垒区宽度 $X_D <$ 扩散长度 L_p,并满足耗尽近似;

③ 基区少子扩散长度 $L_p >$ 电池厚度 H,结平面无限大,不考虑

周围影响；

④ 各区杂质均已电离。

可分别列出各个区中的光生载流子满足的方程：

对 n 区

$$J_p = q\mu_p p_n \varepsilon_n - qD_p \frac{\mathrm{d}p_n}{\mathrm{d}x} \qquad (2\text{-}57)$$

$$\frac{\mathrm{d}p_n}{\mathrm{d}t} = G_L - U_n - \frac{1}{q}\frac{\mathrm{d}J_p}{\mathrm{d}x} \qquad (2\text{-}58)$$

对 p 区

$$J_n = q\mu_n n_p \varepsilon_p + qD_n \frac{\mathrm{d}n_p}{\mathrm{d}x} \qquad (2\text{-}59)$$

$$\frac{\mathrm{d}n_p}{\mathrm{d}t} = G_L - U_p + \frac{1}{q}\frac{\mathrm{d}J_n}{\mathrm{d}x} \qquad (2\text{-}60)$$

以及

$$\frac{\mathrm{d}\varepsilon}{\mathrm{d}x} = \frac{q}{\varepsilon_r \varepsilon_0}(N_D - N_A + p + n) \qquad (2\text{-}61)$$

以上五个方程中各符号的物理意义及单位为：

J_n, J_p——电子、空穴电流密度$[\mathrm{C}/(\mathrm{cm}^2 \cdot \mathrm{s})]$；

p_n——n 区空穴浓度(cm^{-3})；

n_p——p 区电子浓度(cm^{-3})；

p——半导体的空穴浓度(cm^{-3})；

n——半导体的电子浓度(cm^{-3})；

μ_n, μ_p——电子、空穴的迁移率$[\mathrm{cm}^2/(\mathrm{V} \cdot \mathrm{s})]$；

D_n, D_p——电子、空穴的扩散系数$(\mathrm{cm}^2/\mathrm{s})$；

N_D, N_A——施主、受主的浓度(cm^{-3})；

q——单位电荷电量(C)；

$\varepsilon(\varepsilon_n, \varepsilon_p)$——$n$ 区、p 区的电场强度$(\mathrm{C}/\mathrm{cm}^2)$；

$\varepsilon_r, \varepsilon_0$——材料的相对、真空介电常数；

G_L——光生载流子产生率$[1/(\mathrm{cm}^3 \cdot \mathrm{s})]$；

$U(U_n, U_p)$——复合率(电子、空穴)$[1/(\mathrm{cm}^3 \cdot \mathrm{s})]$。

式(2-57)称为电流密度方程，表示 n 区中的空穴电流密度由空穴扩散电流和空穴漂移电流组成。式(2-58)是半导体中的连续性方程,表示在单位时间、单位体积的半导体中,空穴浓度的变化量等于空穴的净产生率(产生率减去复合率)与空穴浓度梯度之和。两式中最后项的负号表示空穴扩散流、浓度梯度的方向均与电流密度方向相反。式(2-59)和式(2-60)分别是 p 区电子的电流密度方程和连续性方程。式(2-61)称为泊松方程,描述半导体中电势的分布和空间电荷间的关系。

(1) 均匀掺杂

对于 p-n 结太阳电池,只需把实际参数代入以上方程,即可求出光电流。但是这样太过复杂,只能靠计算机求出数值解,无法获得清晰的物理图像。为分析光电流与半导体材料特性参数之间的关系,可假设一些特定条件以简化方程,求出解析解。假定在图 2-20 所示的太阳电池中,p-n 结为突变结,p 区、n 区均均匀掺杂,势垒区外无电场,迁移率 μ_n、μ_p 和扩散系数 D_n、D_p 在半导体中均可视为常数,不随载流子浓度变化。当光子流谱密度为 $\Phi(\lambda)$ 的单色光照射太阳电池时,若电池处于稳态,即 $\frac{\partial n_p}{\partial t}=0$,$\frac{\partial p_n}{\partial t}=0$,则式(2-58)、式(2-60)变为

$$G_L - U_n - \frac{1}{q}\frac{\partial J_p}{\partial x} = 0 \tag{2-62}$$

$$G_L - U_p + \frac{1}{q}\frac{\partial J_n}{\partial x} = 0 \tag{2-63}$$

① n 区

将式(2-57)对 x 求导,因势垒区外无电场,有 ε_n 为零,故

$$\frac{\partial J_p}{\partial x} = qD_p\frac{\partial^2 p_n}{\partial x^2} \tag{2-64}$$

根据式(2-55),当量子效率 $Q=1$ 时,n 区中在 x 处光产生率为

$$G_n(x) = \Phi(\lambda)\alpha(1-R)e^{-\alpha x} \tag{2-65}$$

根据 SRH 复合模型,n 区中的复合率 U_n 为

$$U_n = \frac{\sigma_n v_t N_t(p_n n_n - n_i^2)}{n_n + p_n + 2n_i \mathrm{ch}\dfrac{E_t - E_i}{k_0 T}} \approx \frac{p_n - p_{n_0}}{\tau_p} \tag{2-66}$$

其中,τ_p 为空穴的寿命,单位为 μs。

将式(2-64)~式(2-66)代入式(2-62),得

$$D_p \frac{\partial^2 p_n}{\partial x^2} - (1-R)\Phi(\lambda)\alpha e^{-\alpha x} - \frac{p_n - p_{n_0}}{\tau_p} = 0 \qquad (2-67)$$

这是一个二阶常微分方程,其通解为

$$p_n - p_{n_0} = A\mathrm{ch}\left(\frac{x}{L_p}\right) + B\mathrm{sh}\left(\frac{x}{L_p}\right) - \frac{\alpha\Phi(\lambda)(1-R)\tau_p}{\alpha^2 L_p^2 - 1} e^{-\alpha x} \qquad (2-68)$$

式中 A、B 为常系数,可利用 n 区的两个边界条件来求解。L_p 为空穴的扩散长度。

在电池表面 $x=0$ 处,复合率正比于表面复合速度 s_p,即

$$D_p \frac{\mathrm{d}(p_n - p_{n_0})}{\mathrm{d}x}\bigg|_{x=0} = s_p(p_n - p_{n_0})$$

在势垒区边界 x_n 处,过剩载流子浓度为零,有

$$(p_n - p_{n_0})\bigg|_{x=x_n} = 0$$

将边界条件代入式(2-68)可得

$$p_n - p_{n_0} = \frac{\alpha\Phi(\lambda)(1-R)\tau_p}{\alpha^2 L_p^2 - 1} \times$$

$$\left[\frac{\left(\frac{s_p L_p}{D_p} + \alpha L_p\right)\mathrm{sh}\frac{x_n - x}{L_p} + e^{-\alpha x_n}\left(\frac{s_p L_p}{D_p}\mathrm{sh}\frac{x}{L_p} + \mathrm{ch}\frac{x}{L_p}\right)}{\frac{s_p L_p}{D_p}\mathrm{sh}\frac{x_n}{L_p} + \mathrm{ch}\frac{x_n}{L_p}} - e^{-\alpha x}\right] \qquad (2-69)$$

于是,到达 x_n 的空穴电流密度为

$$J_p = \frac{q\Phi(\lambda)(1-R)\alpha L_p}{\alpha^2 L_p^2 - 1} \times$$

$$\left[\frac{\left(\frac{s_p L_p}{D_p} + \alpha L_p\right) - e^{-\alpha x_n}\left(\frac{s_p L_p}{D_p}\mathrm{ch}\frac{x_n}{L_p} + \mathrm{sh}\frac{x_n}{L_p}\right)}{\frac{s_p L_p}{D_p}\mathrm{sh}\frac{x_n}{L_p} + \mathrm{ch}\frac{x_n}{L_p}} - \alpha L_p e^{-\alpha x_n}\right] \qquad (2-70)$$

② p 区

对 p 区可做同样处理,只是 p 区的边界条件稍有不同。

在 p-n 结 p 区侧过剩载流子浓度为零,有

$$(n_p - n_{p_0})\bigg|_{x=x_n + X_D} = 0$$

太阳电池背表面处,

$$D_n \frac{\mathrm{d}(n_p - n_{p_0})}{\mathrm{d}x}\Big|_{x=H} = s_n(n_p - n_{p_0})$$

设 H' 为 p 区厚度，$H' = H - x_n - X_D$，有

$$n_p - n_{p_0} = \frac{\alpha \Phi(\lambda)(1-R)\tau_n}{\alpha^2 L_n^2 - 1} e^{-\alpha(x_n + X_D)} \times$$

$$\left[\operatorname{ch}\frac{x - x_n - X_D}{L_n} e^{-\alpha(x - x_n - X_D)} - \frac{\dfrac{s_n L_n}{D_n}\left(\operatorname{ch}\dfrac{H'}{L_n} - e^{-\alpha H'}\right) + \operatorname{sh}\dfrac{H'}{L_n} + \alpha L_n e^{-\alpha H'}}{\dfrac{s_n L_n}{D_n}\operatorname{sh}\dfrac{H'}{L_n} + \operatorname{ch}\dfrac{H'}{L_n}} \operatorname{sh}\frac{x - x_n - X_D}{L_n} \right]$$

$$(2-71)$$

对应电子电流密度为

$$J_n = \frac{q\Phi(\lambda)(1-R)\alpha L_n}{\alpha^2 L_n^2 - 1} e^{-\alpha(x_n + X_D)}$$

$$\left[\alpha L_n - \frac{\dfrac{s_n L_n}{D_n}\left(\operatorname{ch}\dfrac{H'}{L_n} - e^{-\alpha H'}\right) + \operatorname{sh}\dfrac{H'}{L_n} + \alpha L_n e^{-\alpha H'}}{\dfrac{s_n L_n}{D_n}\operatorname{sh}\dfrac{H'}{L_n} + \operatorname{ch}\dfrac{H'}{L_n}} \right] \quad (2-72)$$

③ 势垒区

势垒区 X_D 内存在着较强的内电场，可以认为所有势垒区内产生的光生载流子均能被电场分离，向外输出电流，有

$$J_c(\lambda) = \int_0^{X_D} q\Phi(\lambda)(1-R)e^{-\alpha x}\,\mathrm{d}x \approx q\Phi(\lambda)(1-R)e^{-\alpha x_n}(1 - e^{-\alpha X_D})$$

$$(2-73)$$

因为太阳光谱中包含不同的入射波长，所以求总的光电流密度需对所有的波长积分，即

$$J_L = \int_0^\infty J_L(\lambda)\,\mathrm{d}\lambda \quad (2-74)$$

（2）非均匀掺杂，电场为常数

任何一个 p-n 结太阳电池都比这种模型复杂，比如扩散过程形成的 n 区中杂质浓度从表面向体内逐渐降低，杂质浓度可以是高斯分布、余误差分布或更复杂的分布，因此 n 区中存在漂移电场，扩散系数、少子寿命等都不再是常数。为简单起见，假设 n 区或 p 区中存在

恒定电场,但设扩散系数、少子寿命在 n 区仍为常数。式(2-62)中的 $\dfrac{\partial J_p}{\partial x}$ 应改为下式:

$$\frac{\partial J_p}{\partial x} = q\mu_n\varepsilon_n \frac{\partial p_n}{\partial x} - qD_p \frac{\partial^2 p_n}{\partial x^2} \tag{2-75}$$

代入连续性方程有

$$D_p \frac{\partial^2 p_n}{\partial x^2} - q\mu_n\varepsilon_n \frac{\partial p_n}{\partial x} + (1-R)\Phi(\lambda)\alpha e^{-\alpha x} - \frac{p_n - p_{n_0}}{\tau_p} = 0 \tag{2-76}$$

利用边界条件

$$\left(D_p \frac{\partial p_n}{\partial x} - \mu_n\varepsilon_n p_n\right)\Big|_{x=0} = s_p(p_n - p_{n_0})\Big|_{x=0}$$

$$(p_n - p_{n_0})\Big|_{x=x_n} = 0$$

可通过式(2-75)求出载流子分布及 n 区中的光电流表达式

$$J_p = \frac{q\Phi(\lambda)(1-R)\alpha L_p^*}{(\alpha + E_p^*)^2 L_p^{*2} - 1} \times \left\{ \frac{(\alpha + E_p^*)L_p^* e^{E_p^* x_n} - e^{x_n/L_p^*} e^{-\alpha x_n}}{\left(\dfrac{s_p L_p^*}{D_p} + E_p^* L_p^*\right)\text{sh}\dfrac{x_n}{L_p^*} + \text{ch}\dfrac{x_n}{L_p^*}} \right.$$

$$\left. + \frac{\left(\dfrac{s_p L_p^*}{D_p} + E_p^* L_p^*\right)(e^{E_p^* x_n} - e^{x_n/L_p^*} e^{-\alpha x_n})}{\left(\dfrac{s_p L_p^*}{D_p} + E_p^* L_p^*\right)\text{sh}\dfrac{x_n}{L_p^*} + \text{ch}\dfrac{x_n}{L_p^*}} - [(\alpha + E_p^*)L_p^* - 1]e^{-\alpha x_n} \right\}$$

类似的,可利用基区的边界条件

$$\left.\begin{array}{l} \left(D_n \dfrac{\partial n_p}{\partial x} + \mu_n\varepsilon_p n_p\right)\Big|_{x=H} = -s_n(n_p - n_{p_0})\Big|_{x=H} \\[3mm] (n_p - n_{p_0})\Big|_{x=x_n+X_D} = 0 \end{array}\right\} \tag{2-77}$$

求得基区中电子电流密度表达式

$$J_n = \frac{q\Phi(\lambda)(1-R)\alpha L_n^* e^{-E_n^* x_n} e^{\alpha X_D}}{(\alpha - E_n^*)^2 L_n^{*2} - 1} \{[(\alpha - E_n^*)L_n^* - 1]e^{-(\alpha - E_n^*)x_n} + e^{-(\alpha - E_n^*)(H-X_D)}\} \times$$

$$\left\{ \frac{\beta - \left(\dfrac{s_n}{D_n} + E_n^*\right)L_n^*[e^{-H'/L_n^*} e^{(\alpha - E_n^*)H'} - 1]}{\left(\dfrac{s_n}{D_n} + E_n^*\right)L_n^* \,\text{sh}\dfrac{H'}{L_n^*} + \text{ch}\dfrac{H'}{L_n^*}} \right\} \tag{2-78}$$

$$\beta = e^{-H'/L_n^*} e^{(\alpha - E_n^*)/L_n^*} - (\alpha - E_n^*) L_n^*$$

式中 $E_p^* = \dfrac{q\varepsilon_n}{2k_0 T}$，$E_n^* = \dfrac{q\varepsilon_p}{2k_0 T}$ 为 p 区、n 区中分别存在的归一化电场；而

$$L_p^* = \frac{1}{\sqrt{E_p^{*2} + (1/L_p)^2}}, \quad L_n^* = \frac{1}{\sqrt{E_n^{*2} + (1/L_n)^2}}$$ 分别为 n 区中空穴及 p

区中电子的有效扩散长度。

势垒区中光电流的表达式仍为式(2-73)。将式(2-77)、式(2-78)和式(2-73)相加，再对太阳光谱中所有波长进行积分，即可得总的光生电流的表达式。

从式(2-70)、式(2-72)和式(2-73)的表达式可以看出，太阳电池各区对光电流的贡献不同，这一点也在实验中得到证实。在图 2-20 的电池结构中，发射区的光电流对紫光段敏感，占总光电流的 5%～12%（取决于发射区厚度）；势垒区的光电流对可见光波段敏感，占 2%～5%；基区的光电流对红外光敏感，占 90% 左右，是光生电流的重要组成部分。

（3）短路电流

当光照下太阳电池短路时，p-n 结处于零偏压。此时，短路电流密度 J_{sc} 等于 J_L，正比于入射光强，有

$$J_{sc} = J_L \propto N_{ph} \propto \Phi$$

2.1.4.2 光电压

光照在太阳电池两端出现的电压称为光电压。光电压的方向与内建电场方向相反，类似于 p-n 结上的正向偏压，降低了势垒高度和势垒宽度。太阳电池在开路状态时的光电压称为开路电压。

光照时，内建电场所分离的光生载流子形成从 n 区指向 p 区的光电流 J_L，而太阳电池两端出现的光电压即开路电压 V_{oc} 却产生由 p 区指向 n 区的正向结电流 J_D。在稳定光照时，光电流恰好和结电流相等（$J_L = J_D$）。根据 p-n 结的实际特性，p-n 结的正向电流可表示为

$$J_D = J_0 \left[e^{qV/(Ak_0 T)} - 1 \right] \tag{2-79}$$

所以有

$$J_L = J_0 \left[e^{qV_{oc}/(Ak_0 T)} - 1 \right]$$

左右两端取对数后，当 $A \to 1$ 时得

$$V_{oc} = \frac{Ak_0 T}{q} \ln\left(\frac{J_L}{J_0} + 1\right) \qquad (2\text{-}80)$$

在 AM 1.5 光谱下，$J_L/J_0 \gg 1$，所以

$$V_{oc} = \frac{Ak_0 T}{q} \ln\frac{J_L}{J_0} \qquad (2\text{-}81)$$

显然 V_{oc} 随 J_L 增大而增大，随 J_0 增大而减小。在式(2-81)中，开路电压似乎正比于因子 A，但实际上，随 A 因子的增大，J_0 也会迅速增大，因此，A 因子的增大对 V_{oc} 的影响不大。

在忽略势垒区的产生电流时，p-n 结的反向饱和电流密度为

$$J_0 = qD_n \frac{n_i^2}{N_A L_n} + qD_p \frac{n_i^2}{N_D L_p}$$

因为 $\qquad\qquad n_i^2 = N_A N_D e^{-qV_D/(k_0 T)}$

故

$$J_0 = \left(qD_n \frac{N_D}{L_n} + qD_p \frac{N_A}{L_p}\right) e^{-qV_D/(k_0 T)} = J_{00} e^{-qV_D/(k_0 T)} \qquad (2\text{-}82)$$

其中

$$J_{00} = qD_n \frac{N_D}{L_n} + qD_p \frac{N_A}{L_p}$$

V_D 为 p-n 结内建电势差，将式(2-82)代入式(2-81)，当 $A=1$ 时可得

$$V_{oc} = V_D - \frac{k_0 T}{q} \ln\frac{J_{00}}{J_L} \qquad (2\text{-}83)$$

在低温和高光强下，V_{oc} 接近 V_D，V_D 越高，V_{oc} 也越大。因为 $V_D \approx \frac{k_0 T}{q} \cdot \ln\frac{N_D N_A}{n_i^2}$，故 p-n 结两端掺杂越高，开路电压也越大；而禁带宽度越大，n_i 越小，开路电压越高。

2.2　太阳电池的等效电路

2.2.1　太阳电池的等效电路模型

在受光照的太阳电池两端接上负载时，有光生电流从负载流过，

并且对外输出电压,此时太阳电池的工作状态可以用图 2-21 所示的等效电路来描述。图 2-21 由四个元器件组成:①一个理想的恒流源 I_L(只要光照稳定);②与恒流源并联且处在正向偏压下的二极管;③串联电阻 R_s;④并联电阻 R_{sh}。这是因为:除了光照产生光电流 I_L 外,电池的核心是 p-n 结,在一定工作电压下会产生暗电流 I_D;此外太阳电池对外输出过程中,电池有漏电流 I_{sh},体电阻和接触电阻用 R_s 表示。

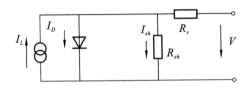

图 2-21　太阳电池的等效电路

当外界负载为 R_L 时,流经负载的电流为 I,有

$$I = I_L - I_D - I_{sh} = I_L - I_0 \left[\mathrm{e}^{\frac{q(V - IR_s)}{Ak_0 T}} - 1 \right] - \frac{I(R_s + R_L)}{R_{sh}}$$

$$V = IR_L$$

$$P = IV = \left\{ I_L - I_0 \left[\mathrm{e}^{\frac{q(V - IR_s)}{Ak_0 T}} - 1 \right] - \frac{I(R_s + R_L)}{R_{sh}} \right\} V$$

$$= \left\{ I_L - I_0 \left[\mathrm{e}^{\frac{q(V - IR_s)}{Ak_0 T}} - 1 \right] - \frac{I(R_s + R_L)}{R_{sh}} \right\}^2 R_L$$

式中,P 是太阳电池受光照时,在负载 R_L 上的输出功率。

将负载 R_L 从零变到无穷大时,在负载上可得到太阳电池的负载输出特性曲线,如图 2-22 所示。曲线上的任一点都称为工作点,工作点与原点的连线称为负载线,负载线斜率的倒数即为 R_L。工作点对应的横、纵坐标即为工作电压和工作电流,不同工作点的功率($I \cdot V$)相当于矩形的面积。当负载 R_L 取某一值时,曲线上找到一点 M,该点所对应的功率为最大。

$$P_{\mathrm{m}} = I_{\mathrm{m}} V_{\mathrm{m}} \tag{2-84}$$

因此,M 点被称为最大功率点(或最佳工作点),M 点的工作电压、电流为最佳工作电压 V_{m}、最佳工作电流 I_{m},最大输出功率为 P_{m},对应 R_{m} 为最佳负载电阻。

表征电池性能的参数有四个。第一个参数是短路电流 I_{sc}，指外电路短路时 $(V=0)$，电池所提供的电流。第二个参数是开路电压，指外电路开路时 $(I=0)$ 对外提供的电压。填充因子 (FF) 是描述电池性能的第三个参数，定义为电池最大输出功率 P_m 与开路电压 V_{oc} 和短路电流 I_{sc} 的乘积之比，有

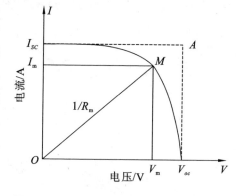

图 2-22　太阳电池的负载输出特性曲线

$$FF = \frac{I_m V_m}{I_{sc} V_{oc}} \quad (2\text{-}85)$$

填充因子也是图 2-22 中四边形 OI_mMV_m 与四边形 $OI_{sc}AV_{oc}$ 面积之比，它是衡量太阳电池输出特性优劣的重要指标之一。在一定光强下，FF 越大，曲线越"方"，输出功率也愈大。表征电池的第四个参数，也是最重要的参数，就是太阳电池的光电转换效率 η，定义为电池最大输出功率 P_m 与入射功率 P_{in} 的比值，即

$$\eta = \frac{P_m}{P_{in}} = \frac{I_m V_m}{P_{in}} = \frac{(FF) I_{sc} V_{oc}}{P_{in}} \quad (2\text{-}86)$$

2.2.2　参数对电池性能的影响

从式(2-86)可以看出，在入射光强保持不变的情况下，高效太阳电池要求有高的填充因子、短路电流和开路电压。这些参数与电池材料、结构及制备工艺密切相关，而且三个参数之间往往是相互牵制的，如果单方面提高一个参数，往往会降低另一个，导致总效率无法提升，反而下降。因此，需要在工艺中对各项参数进行兼顾。接下来讨论部分参数对电池性能的影响。

2.2.2.1　量子效率

电池短路电流 I_{sc} 是与入射光子能量相关的。引入另一参数——量子效率来表征光电流与入射光谱的关系。量子效率指入射光量子被太阳电池转化为电荷输出的效率，依据是否考虑光的反射影响分为

内量子效率 IQE 和外量子效率 EQE,分别定义为[5]:

$$EQE(\lambda) = \frac{I_{sc}(\lambda)}{qA\Phi(\lambda)} \tag{2-87}$$

$$IQE(\lambda) = \frac{I_{sc}(\lambda)}{qA\{[1-R(\lambda)]Q(\lambda)\}} \tag{2-88}$$

式中　q——电荷电量(C);

　　　A——电池面积(cm^2);

　　　$\Phi(\lambda)$——入射光子流谱密度($cm^{-2} \cdot t^{-1}$);

　　　$R(\lambda)$——光反射率。

由于量子效率与入射光的波长密切相关,因此也被称为太阳电池的光谱响应。外量子效率反映太阳光谱中每个波长为 λ 的光子在电池中产生一对电子-空穴对的概率,而内量子效率反映电池吸收的一个波长为 λ 的光子产生一对电子-空穴对的概率。显然,内量子效率排除了外界因素,直接考察电池本身对各波段光的光谱响应;而外量子效率则将表面反射包含进来,体现电池对外加光照的总光谱响应。

图 2-23 给出了一种 p^+-n 型硅太阳电池内量子效率的理论计算结果。可以看到:低能光子主要被衬底吸收,因此量子效率谱的低能段(长波方向)主要反映 n 层的信息,n 层需要足够的厚度来充分吸收长波。但 n 层不能过厚,过厚的基区,载流子无法扩散到电极,影响载流子的收集。在合适的基区厚度时,影响长波响应的主要因素是基区的背表面复合。低能方向的快速下降是由半导体的禁带宽度决定的。高能方向(短波段)量子效率的主要贡献来自表层。耗尽层虽然很薄,但主要收集中间波长的光子,其贡献比例也很可观。

2.2.2.2　寄生电阻[6]

在理想太阳电池模型中,可假设认为 $R_s = 0$,而 $R_{sh} = \infty$,在实际电池中,不为零的 R_s 和有限的 R_{sh} 对电池性能的影响是不能忽略的。串联电阻主要来源于电池本身的体电阻、前电极金属栅线的接触电阻、栅线之间横向电流对应的电阻、背电极接触电阻及金属本身的电阻等。并联电阻则来自 p-n 结的漏电,包括 p-n 结内部的漏电流(晶体缺陷与外部掺杂沉积物)和结边缘的漏电流。

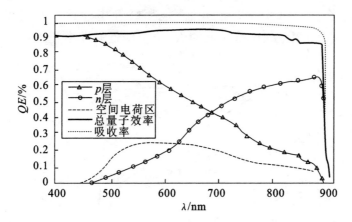

图 2-23 p⁺-n 型硅太阳电池内部各区域对内量子效率谱的贡献

串联电阻 R_s 可在电路中分压，消耗电压为 IR_s，降低输出光电压。图 2-24 给出了 $R_{sh}=\infty$，不同 R_s 情况下的电流-电压特性。从图 2-24 中可以看出：对于电流为零的开路，R_s 不影响开路电压。电流不为零时，它使输出终端间有一压降 IR_s，因此，R_s 对填充因子的影响十分明显。R_s 大，短路电流将迅速下降。

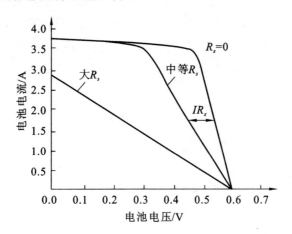

图 2-24 串联电阻对太阳电池电流-电压特性的影响

并联电阻 R_{sh} 在电路中分流，分路电流为 $(V+IR_s)/R_{sh}$，并联电阻过低会使太阳电池的整流特性变差。图 2-25 给出了 R_{sh} 对电流-电压特性的影响。当电池短路时，$V=0$，R_{sh} 不影响短路电流。当电压不为零时,R_{sh}将分流一部分电流,电流-电压特性中输出电流将减小。填充因子对R_{sh}也十分敏感,较低的R_{sh}也会降低开路电压。

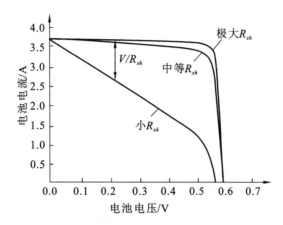

图 2-25　并联电阻对太阳电池电流-电压特性的影响

　　完美的 p-n 结工艺将具有大的 R_{sh},可提高填充因子。从上述分析中可看到,电池的 I-V 特性与电池的工艺、性能密切相关。低的并联电阻与电池 p-n 结边缘的漏电流相关。在薄膜太阳电池中,薄膜不均匀致密、有小针孔等,会引起漏电和电池性能变差等。I-V 特性的分析提供了与工艺有关的重要信息,是发现和改进电池制备工艺的重要参考。

2.2.2.3　温度

　　处于工作状态的太阳电池,电池效率会出现衰退的现象,这是由于光照引起电池的温度升高所造成的。分析太阳电池的 I-V 特性可以发现,除了二极管电流与温度直接相关外,反向饱和电流也是温度的函数。由势垒区复合电流的表达式(2-35)可知,它与本征载流子浓度 n_i 的平方成正比,而 n_i 与温度的关系是

$$n_i = 2 \left(m_n^* m_p^* \right)^{3/4} \left(\frac{2\pi k_0 T}{\hbar^2} \right)^{3/2} e^{-E_g/(2k_0 T)} \tag{2-89}$$

此外,禁带宽度 E_g 也与温度有关,有

$$E_g(T) = E_g(0) - \frac{\alpha T^2}{T+\beta} \tag{2-90}$$

式中 $E_g(0)$——绝对零度时的半导体带隙；

$\quad\quad \alpha, \beta$——温度系数，与材料相关。

上式表示，随温度升高，带隙减小。虽然带隙减小有助于电池吸收光谱的拓宽，短路电流有所提升，但 n_i 随温度增长更快，总的结果是 V_{oc} 随温度的升高急剧下降。对一个简单的 p-n 结电池，V_{oc} 随温度的变化关系可近似表示为

$$\frac{\mathrm{d}V_{oc}}{\mathrm{d}T} = \frac{\frac{1}{q}E_g(0) - V_{oc} + \zeta\frac{k_0 T}{q}}{T}$$

不同温度下电池的输出特性曲线示于图 2-26。从图中可以看出：太阳能电池的开路电压 V_{oc} 随着温度的上升而下降，大体上温度每上升 1 ℃，电压下降 2～2.3 mV；短路电流 I_{sc} 则随着温度的上升而微微上升；电池的输出功率 P 则随着温度的上升而下降，每升高 1 ℃，损失 0.35%～0.45%。当温度升高时，I-V 曲线形状改变，填充因子下降，转换效率随温度的升高而降低。

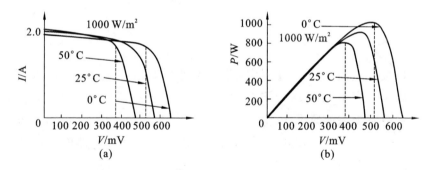

图 2-26　不同温度下电池的输出特性曲线

2.2.2.4　光强

光强对太阳电池输出特性有很大影响，如图 2-27 所示。通常，短路电流随光强增强而升高，在强光时具有很好的线性关系，因而对光谱做适当修正后，硅太阳电池可以作为照度计使用。开路电压则随光强呈指数上升，弱光时增长很快，而强光下则趋于饱和。

由特性曲线可知，效率随着光强的上升而上升，因此可以通过提高电池单位面积上的照度如使用聚光技术，来提高电池效率，而效率

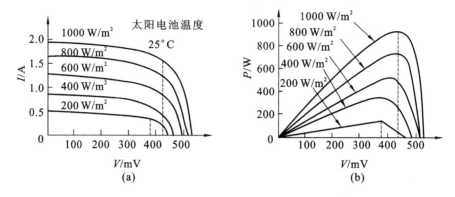

图 2-27　不同光强下太阳电池的输出特性曲线

又随着温度的上升而下降,即太阳能电池转换率具有负的温度系数。所以在应用时,如果使用聚光器,则聚光器的聚光倍数不能过大,以免造成结温过高使电池转换率下降甚至损害电池;此外,在聚光电池系统中应加有相应的电池冷却装置。

2.3　Shockley-Queisser 极限

在太阳电池的发展过程中,随着电池材料和工艺的改进,太阳电池的转换效率不断提高。那么,是否随着工艺的进步,太阳电池的转换效率可以无限制地提升呢? 答案当然是否定的。1961 年,Shockley 和 Queisser[7]首次提出细致平衡理论,对 p-n 结太阳电池的转换效率上限进行了分析。将效率定义为匹配负载上的输出功率与入射太阳光功率之比,效率仅与三个参数有关,分别为太阳温度 T_s、电池温度 T_c 和半导体带隙 E_g。定义:

太阳温度 T_s　　　　　　　　$k_0 T_s = q V_s$

电池温度 T_c　　　　　　　　$k_0 T_c = q V_c$

对于半导体带隙 E_g,有 $E_g = h \nu_g = q V_g$

其中,k_0 是玻耳兹曼常数,q 是电子电荷,h 是普朗克常量。

引入:

$$x_g = E_g / k_0 T_s \tag{2-91}$$

$$x_c = E_g / k_0 T_c \tag{2-92}$$

通常 $kT_s = 0.5$ eV, $kT_c = 0.025$ eV, E_g 的范围为 $1 \sim 2$ eV, 所以 $x_g = 2 \sim 4$, $x_c = 40 \sim 80$。

2.3.1 极限效率 $u(x_g)$

对任何具有单一截止频率 ν_g 的光电器件来讲, 都存在一个极限效率 $u(x_g)$。可以认为半导体对能量超过 $h\nu_g$ 的光子吸收率为 1, 即对于能量高于 $h\nu_g$ 的光子, 也仅能在半导体中产生一对电子-空穴对, 等同于能量为 $h\nu_g$ 的光子, 但能量低于 $h\nu_g$ 的光子则不能在半导体中产生电子-空穴对。可以采用黑体辐射理论计算出电池的极限效率。

利用普朗克黑体辐射公式, 从温度为 T_s 的黑体单位时间、单位面积上辐射出的量子数为 Q_s, 有

$$Q_s \equiv Q(\nu_g, T_s) = (2\pi/c^2) \int_{\nu_g}^{\infty} (e^{\frac{h\nu}{k_0 T_s}} - 1)^{-1} \nu^2 d\nu \tag{2-93}$$

利用 $x_g = \dfrac{E_g}{k_0 T_s} = \dfrac{h\nu_g}{k_0 T_s}$, 则

$$Q_s = [2\pi (k_0 T_s)^3 / h^3 c^2] \int_{x_g}^{\infty} x^2 dx / (e^x - 1) \tag{2-94}$$

上式表示, Q_s 正比于 T_s^3, 同时也是 x_g 的函数。

若样品受辐照面积为 A, 则

$$输出功率 = h\nu_g A Q_s \tag{2-95}$$

而入射功率 $= AP_s$, 其中 P_s 代表从温度 T_s 的物体中单位时间、单位面积上辐射出来的能量密度。同样, 利用普朗克公式, 有

$$P_s = (2\pi h/c^2) \int_0^{\infty} \nu^3 d\nu / (e^{\frac{h\nu}{k_0 T_s}} - 1)$$

$$= 2\pi (k_0 T_s)^4 / h^3 c^2 \int_0^{\infty} x^3 dx / (e^x - 1)$$

$$= 2\pi^5 (k_0 T_s)^4 / 15 h^3 c^2 \tag{2-96}$$

上式利用了积分 $\displaystyle\int_0^{\infty} x^3 dx / (e^x - 1) = \frac{1}{15}\pi^4$

对比 P_s 表达式(2-96)与 Q_s 的表达式(2-94), 可发现其中仅仅多

了 $h\nu$ 这样的能量单位。

由于 $\sigma=\dfrac{2\pi^5 k_0^4}{15h^3 c^2}=5.67\times10^{-8}\,\mathrm{W/(m^2\cdot K^4)}$ 为 Stefan-Boltzmann 常

数,所以

$$P_s=\sigma T_s^4 \tag{2-97}$$

上式即斯特藩热辐射公式,表示一定温度物体发出的辐射能量只与温度有关。

定义极限效率 $u(x_g)$ 为 x_g 的函数,有:

$$u(x_g)=\frac{h\nu_g Q_s}{P_s}=\frac{x_g\displaystyle\int_{x_g}^{\infty} x^2\,\mathrm{d}x/(\mathrm{e}^x-1)}{\displaystyle\int_{x_g}^{\infty} x^3\,\mathrm{d}x/(\mathrm{e}^x-1)} \tag{2-98}$$

从上式可以看出,当 $x_g\to0$ 时,分子为零;而当 $x_g\to\infty$ 时,则积分为零,对应分子也为零。因此,$u(x_g)$ 一定在 x_g 的变化范围 $(0,\infty)$ 之间存在一个极值。不同材料的太阳电池极限效率仅与材料的禁带宽度 E_g 有关,结果如图 2-28 所示。若太阳的 $T_s=6000\,\mathrm{K}$,则半导体的最佳带隙为 $1.1\,\mathrm{eV}$,极限效率为 44%。

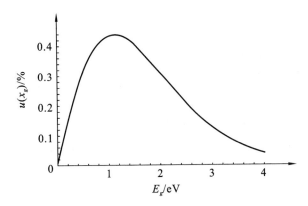

图 2-28   太阳电池的极限效率与半导体禁带宽度间的关系

2.3.2   太阳电池的电流-电压关系

考虑太阳电池受到太阳光的辐照,并且电池的朝向与太阳之间有一个夹角 θ。主要分析如下五个过程:

① 太阳光辐照在电池中产生电子-空穴对,整个器件的产生率为 F_s;

② 电子-空穴对辐射复合发出光子,复合率为 F_c;

③ 其他非辐射过程引发产生的电子-空穴对;

④ 电子-空穴对的复合;

⑤ 电子-空穴的输出电流大小为 I/q。

稳态电流-电压关系时上述 5 个过程之和为零。

考虑图 2-29 的理想太阳电池模型。假设 p-n 结温度 $T_c=0$,被周围温度为 T_s 的黑体所包围。在后面的讨论中,T_c 为有限值,而 T_s 则为来自太阳的辐射,对应立体角为 ω_s。

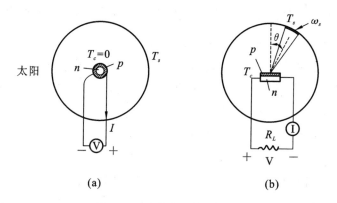

图 2-29 理想太阳电池模型

(a)球型太阳电池被温度为 T_s 的黑体包围,电池温度 $T_c=0$;

(b)平板电池被球状太阳照射,入射角为 θ,立体角为 ω_s

$$\omega_s = \pi \frac{(D/L)^2}{4} = \pi \frac{(1.39/149)^2}{4} = 6.85 \times 10^{-5}\ \text{sr}$$

式中 D,L 分别对应太阳的直径和日、地之间的距离,分别为 139 万 km 和 14900 万 km。定义因子 $f_\omega = \omega_s/\pi$,则 $f_\omega = 2.18 \times 10^{-5}$。

受太阳辐照,样品中电子-空穴对的产生率为:

$$F_s = A f_\omega t_s Q_s \tag{2-99}$$

其中,f_ω 是几何因子,表示来自太阳的辐照以有限的角度入射到样品上。t_s 表示入射能量高于 E_g 的入射光子在半导体中产生一对电子-空穴对的概率,在细致平衡极限中,t_s 显然等于 1。

当太阳垂直入射到面积为 A_p 的样品上时,入射功率为:

$$F_s = A_p P_s \omega_s / \pi = A_p P_s f_\omega \qquad (2\text{-}100)$$

从电池出射的黑体辐射能量面积为 $2A_p$，有

$$F_{c0} = 2A_p t_c Q_c(\nu_g, T_c) \qquad (2\text{-}101)$$

式中，t_c 表示入射能量高于 E_g 的入射光子在半导体中产生一对电子-空穴对的概率。$Q_c(\nu_g, T_c)$ 是单位面积光子数。注意 t_s 不同于 t_c，因为温度为 T_c 和 T_s 的黑体，其光谱分布完全不同。

定义辐射复合率 F_c

$$F_c(V) = \frac{F_{c0} n p}{n_i^2} = F_{c0} e^{\frac{V}{V_c}} \qquad (2\text{-}102)$$

式中 V 表示电子和空穴的准费米能级之差，$V_c = k_0 T_c / q$，是热电压，上式利用了理想二极管方程 $np = n_i^2 e^{\frac{qV}{k_0 T}}$。

电子-空穴对的净增长包括：电子-空穴对的产生 F_s，电子-空穴对的复合 F_c，非辐射复合以及外电路中移走的电子-空穴对。非辐射复合以 $R(0)$ 和 $R(V)$ 表示，当 $V=0$ 时两者相等。稳态情形下有：

$$0 = F_s - F_c(V) + R(0) - R(V) - I/q$$
$$= F_s - F_{c0} + [F_{c0} - F_c(V) + R(0) - R(V)] - I/q \qquad (2\text{-}103)$$

引入 f_c 描述辐射引起的复合-产生电流的比例，有

$$F_{c0} - F_c(V) = f_c[F_{c0} - F_c(V) + R(0) - R(V)] \qquad (2\text{-}104)$$

在 p-n 结整流关系中

$$R(V) = R(0) e^{\frac{V}{V_c}} \qquad (2\text{-}105)$$

对应 f_c 为一常数，与电压无关，有

$$f_c = F_{c0} / [F_{c0} + R(0)]$$

而 $I = I_0(1 - e^{\frac{V}{V_c}})$，其中 $I_0 \equiv q[F_{c0} + R(0)]$，表示反向饱和电流。

$$I = q(F_s - F_{c0}) + (qF_{c0}/f_c)[1 - e^{\frac{V}{V_c}}]$$
$$= I_{sh} + I_0(1 - e^{\frac{V}{V_c}}) \qquad (2\text{-}106)$$

式中 I_{sh} 为短路电流，对于平板电池有：

$$I_{sh} \equiv q(F_s - F_{c0}) = qA_p(f_\omega t_s Q_s - 2t_c Q_c) \approx qF_s \equiv qA_p f_\omega t_s Q_s \qquad (2\text{-}107)$$

通常情形下，电池上受到的太阳辐射远高于电池室温时的黑体辐射，

式(2-107)中第二项可忽略。电池的开路电压对应 $I=0$,利用式(2-106),有

$$V_{op}=V_c\ln[(I_{sh}/I_0)+1]=V_c\ln[(f_cF_s/F_{c0})-f_c+1]\quad(2\text{-}108)$$

因此:

$$V_{op}\cong V_c\ln(f_cf_\omega t_sQ_s/2t_cQ_c)=V_c\ln(fQ_s/Q_c)\qquad(2\text{-}109)$$

式中 $f\equiv f_cf_\omega t_s/2t_c$。

2.3.3　额定效率 η_n

对于图 2-29(b)所示的几何结构(平板太阳电池),入射光功率为:

$$P_{inc}=Af_\omega P_s=\frac{Af_\omega h\nu_gQ_s}{u(x_g)}\qquad(2\text{-}110)$$

上式利用了式(2-98)。

额定效率定义为开路电压 V_{op} 与短路电流 I_{sh} 之积与入射光功率的比值,但太阳电池的 $I\text{-}V$ 特性并不是真正的矩形,因此额定效率略高于真实效率。

$$\eta_n=\frac{V_{op}I_{sh}}{P_{inc}}=\frac{V_{op}Aqf_\omega t_sQ_s}{\dfrac{Af_\omega h\nu_gQ_s}{u(x_g)}}=\frac{V_{op}}{V_g}u(x_g)t_s\qquad(2\text{-}111)$$

2.3.4　细致平衡极限

细致平衡原理的基本假设如下:

① 太阳电池等效为 300 K 的黑体;

② 所有满足 $h\nu\geqslant E_g$ 的光子均能被电池吸收,并将产生一对电子-空穴对;

③ 量子效率 $QE=1$。

根据太阳电池的输出特性,选择合适的电压 V 使电池的 IV 乘积为最大。根据太阳电池的 $I\text{-}V$ 特性,有

$$\begin{aligned}I&=I_{sh}+I_0-I_0e^{\frac{V}{V_c}}\\&=I_0(e^{\frac{V_{op}}{V_c}}-e^{\frac{V}{V_c}})\end{aligned}\qquad(2\text{-}112)$$

最大功率点为

$$
\left.
\begin{array}{l}
\mathrm{d}(IV)/\mathrm{d}V = 0 \\[2mm]
I_0 \{ \mathrm{e}^{\frac{V_{op}}{V_c}} - [(V+V_c)/V_c] \mathrm{e}^{\frac{V}{V_c}} \} = 0
\end{array}
\right\}
\tag{2-113}
$$

引入参量

$$
z_{op} = \frac{V_{op}}{V_c} = \nu \frac{x_g}{x_c}, \quad z_{\mathrm{m}} = \frac{V_{\max}}{V_c}
$$

将上述方程重新改写

$$
z_{op} = z_{\mathrm{m}} + \ln(1 + z_{\mathrm{m}})
\tag{2-114}
$$

式(2-114)给出了开路电压和最大工作电压间的关系。考虑电池的输出阻抗匹配,最大输出功率将略低于电池的额定功率,因此细致平衡极限效率 η 为:

$$
\eta = \frac{I(V_{\max}) V_{\max}}{P_{inc}} = \eta_n \times FF
$$

式中,$I(V_{\max})$ 表示最大功率点对应的电压,此时 $t_s = 1$,$f = \dfrac{f_\omega}{2}$。

三种不同效率的对比示于图 2-30。

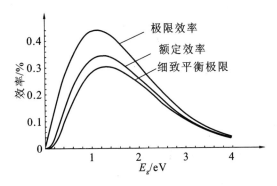

图 2-30   太阳电池的三种不同效率的对比

从图 2-30 中可看出,极限效率取决于电子的吸收边和热化,只与材料禁带宽度有关。额定效率低于极限效率,是电子和空穴辐射重组的结果[8]。若以最大功率驱动外部负载,辐射重组将进一步增大,效率将进一步降低。

参 考 文 献

[1] [美]施敏著,钱鹤鸣,钱敏,等.半导体器件物理与工艺[M].2版. 苏州:苏州大学出版社,2004.

[2] 刘恩科,朱秉升,罗晋生.半导体物理学[M].7版.北京:电子工业 出版社,2008.

[3] 赵富鑫,魏彦章.太阳电池及其应用[M].北京:国防工业出版 社,1985.

[4] 施钰川.太阳能原理与技术[M].西安:西安交通大学出版 社,2009.

[5] 沈文忠.太阳能光伏技术与应用[M].上海:上海交通大学出版社, 2013.

[6] 朱美芳,熊绍珍.太阳电池基础与应用[M].2版.北京:科学出版 社,2014.

[7] Shockley W,Queisser H J. Detailed balance limit of efficiency of p-n junction solar cells[J]. Journal of Applied Physics,1961,32 (3):510-519.

[8] 陈成钧.太阳能物理[M].连晓峰,等译.北京:机械工业出版 社,2012.

3 晶体硅太阳电池的制备

3.1 太阳能级硅材料及晶体硅太阳电池

3.1.1 太阳能级硅材料的制备

硅是一种重要的半导体材料,在自然界中分布极广,地壳中含量约为 27.6%,仅次于氧。硅材料是太阳能光伏工业的基础材料,太阳能级硅材料是纯度 99.9999% 以上的高纯硅材料。应用于太阳电池的硅材料主要有直拉单晶硅、铸造多晶硅、带状多晶硅、薄膜多晶硅以及薄膜非晶硅等,其中直拉单晶硅和铸造多晶硅应用最广泛,占太阳能光电材料的 90%。

多晶硅是由纯度 99% 以上的石英砂在 2000 ℃ 左右与焦炭或木炭进行还原反应,首先生成纯度为 95%～99% 的粗硅,再用物理或化学方法对粗硅进行提纯,制备成高纯硅。目前应用的主要化学提纯技术有三氯氢硅氢还原法(西门子法)、硅烷热分解法和四氯化硅还原法。

单晶硅由多晶硅进一步加工而来,根据生长方式的不同,单晶硅主要分为区熔单晶硅(FZ 单晶硅)和直拉单晶硅(CZ 单晶硅)[1]。区熔法是利用分凝现象,在没有坩埚盛装的情况下,高频感应加热多晶硅棒的局部使之产生一个熔区,并将此熔区定向移动,以此来提纯、掺杂,并获得单晶硅。区熔法的特点是能提高纯度,减少含氧量及晶体缺陷。直拉法是将多晶硅在石英坩埚中加热融化,用一小块籽晶(必须是单晶硅)与熔融硅接触,然后一边旋转,一边将籽晶拉出,使液体沿籽晶这个结晶中心和结晶方向生长出完整的单晶体。除上述两种常见的生长方法外,近年来还发展了片状单晶生长法,采用带平缺口的石英坩埚装满熔融硅,用片状籽晶在坩埚出口处横向引晶,能快速拉出片状单晶,省掉了硅片的切、磨、抛工艺,大大提高了硅材料的利用率,但片状单晶生长法对温度控制要求精准,拉制工艺技术要求高。

3.1.2 晶体硅太阳电池

晶体硅电池是大规模应用和工业生产中的主流产品。在晶体硅系太阳电池中,单晶硅太阳电池转换效率最高,技术也最为成熟,在电池制作中,一般都采用绒面制备、发射区钝化以及分区掺杂等技术来提高转化效率。

以单晶硅 p-n 结太阳电池为例,下面主要介绍半导体太阳电池的基本工作原理和结构。

图 3-1 示意地画出了单晶硅 p-n 结太阳电池的结构,包含正面电极、绒面、减反射膜、n 区、p 区、背场以及背电极。当有适当波长的光照射到 p-n 结太阳电池上时,由于光伏效应将在势垒区两边产生光生电动势。光伏效应是半导体电池实现光电转换的理论基础,也是某些光电器件赖以工作的最重要的物理效应。

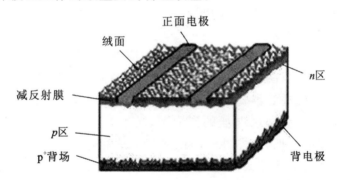

图 3-1 单晶硅 p-n 结太阳电池的结构

p-n 结的光伏效应原理如下:

(1)当入射光垂直入射到 p-n 结表面,如果结较浅,光子将进入 p-n 结区,甚至深入到半导体内部。若光子能量大于半导体的禁带宽度,由光吸收在结的两边分别产生电子-空穴对。

(2)在内建电场的作用下,结两边的光生少数载流子受电场的作用,各自向相反的方向运动:p 区的一个扩散长度内的电子穿过 p-n 结进入 n 区;n 区的一个扩散长度内的空穴进入 p 区,使 p 端电势升高,n 端电势降低,于是在 p-n 结两端形成了光生电动势,这就是 p-n 结的光生伏特效应。

（3）由于光照在 p-n 结两端产生光生电动势，相当于在 p-n 结两端加正向电压 V，使势垒降低为 $qV_D - qV$，产生正向电流 I_F。在外电路连通的时候积累光生载流子，形成对外输出电流，因此应主要研究光生少数载流子的运动对太阳电池性能的影响。

由上面分析可以看出，为使半导体光电器件能产生光生电动势（或光生积累电荷），它们应该满足以下两个条件：

（1）半导体材料对一定波长的入射光有足够大的光吸收系数 α，即要求入射光子的能量 $h\nu$ 大于或等于半导体材料的带隙 E_g，使该入射光子能被半导体吸收而激发出光生非平衡的电子-空穴对。

（2）具有光伏结构，即有一个内建电场所对应的势垒区。势垒区的重要作用是分离了两种不同电荷的光生非平衡载流子，在 p 区内积累了非平衡空穴，而在 n 区内积累起非平衡电子。产生了一个与平衡 p-n 结内建电场相反的光生电场，于是在 p 区和 n 区间建立了光生电动势（或称光生电压）。

除了上述 p-n 结能产生光生伏特效应外，金属-半导体形成的肖特基势垒层等其他许多结构都能产生光生伏特效应。其电子过程和 p-n 结类似，都是使适当波长的光照射材料后在半导体的界面或表面产生光生载流子，在势垒区电场的作用下，光生电子和空穴向相反的方向漂移从而互相分离，在器件两端积累产生光生电压。

在大规模晶体硅太阳电池的生产过程中，主要考虑两个因素：一是提高太阳电池的转换效率，另一方面是降低电池的制造成本。在晶体硅太阳电池的发展过程中，随着生产工艺水平的不断提高，制备设备的不断完善，已逐渐形成一套完整的工艺流程，如图 3-2 所示。

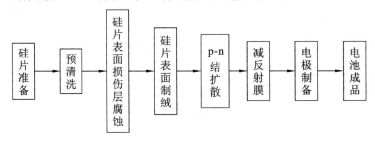

硅片准备 → 预清洗 → 硅片表面损伤层腐蚀 → 硅片表面制绒 → p-n 结扩散 → 减反射膜 → 电极制备 → 电池成品

图 3-2 晶体硅太阳电池的生产工艺流程

3.2 硅片的表面处理

硅片的表面处理是制备硅太阳电池的第一步重要工序,包括硅片的化学清洗和表面腐蚀。化学清洗是为了去除沾在硅片上的各种杂质;表面腐蚀是为了去除硅片表面的切割损伤,获得适合制结的硅表面。硅片表面的沾污物可能有有机物、金属离子、无机物及其他可溶性物质等,对于这些沾污杂质,可以采用专用的 Ⅰ 号液(1:1:5的 $NH_4OH:H_2O_2:H_2O$)或 Ⅱ 号液(1:1:6的 $HCl:H_2O_2:H_2O$)来去除。

3.2.1 表面腐蚀

在经过初洗去污后,接着进行表面腐蚀,其作用是去除硅片表面 10 μm 左右机械切片损伤,暴露出晶格完整的硅表面。腐蚀液主要分为酸性和碱性两大类。碱液腐蚀主要适用于单晶硅,而多晶硅中晶粒具有各种晶向,更多地采用酸液腐蚀。

3.2.1.1 硅片的腐蚀机理

人们对硅片在 HF 酸溶液中的化学腐蚀进行了大量研究。通常认为,硅片的腐蚀由两步完成,第一步为硅的氧化过程,可用通电流[2-3]的方式,或者用一些氧化剂如 CrO_3[4]、K_2MnO_3[5]和硝酸等实现硅的氧化,硅在氧化剂的作用下失去电子,形成硅的氧化物,例如:

$$3Si + 4HNO_3 \longrightarrow 3SiO_2 + 4NO + 2H_2O \tag{3-1}$$

第二步是氧化物的溶解过程,氢氟酸与硅的氧化物生成可溶性的 H_2SiF_6,促进硅的进一步腐蚀,见式(3-2):

$$SiO_2 + 6HF \longrightarrow H_2SiF_6 + 2H_2O \tag{3-2}$$

HF-HNO_3体系广泛用于微电子加工和太阳电池表面织构工艺。硅被硝酸氧化的反应可以看作阴极位置硅失掉电子,生成氧化物的溶解反应和阳极位置硝酸得到电子而消耗的反应。反应根据 HF 和 HNO_3浓度比值的不同,有不同的腐蚀方式。当$[HF]/[HNO_3] = 4.5$及比值在其附近时,硅的腐蚀速度最大[6]。此时溶液中 HNO_3 和 HF

活性物质的温度和扩散系数完全相等,硅的氧化和氧化物的溶解都立即发生,腐蚀速度值约为 28 $\mu m/s$。加入水可减慢腐蚀速度,但并不能改变最大腐蚀速度时 HF/HNO_3 的比值[7]。

3.2.1.2   在 HF/ HNO₃体系中影响硅片腐蚀速度的因素

因为酸液腐蚀硅的反应是自催化反应,人们通过多种手段控制反应速度,发现硅片腐蚀的速度除与溶液的组成有关外,还与添加剂的种类、硅片表面状态、溶液的温度等有关。

常用的稀释剂是水和冰醋酸,二者缓释作用的不同反映了它们的碱度和电离常数。水的加入降低了硝酸的浓度,从而减小了酸液对硅片的氧化能力。当用冰醋酸做稀释剂时,绝缘常数比较高的物质代替了绝缘常数比较低的水和酸性较强的物质 HF。这样,减少了硝酸的溶解,降低了反应速度[8]。当腐蚀液中含有表面活性剂时,表面的张力不同,气泡掩蔽效果将使腐蚀表面的形貌发生变化。

一般来说,硅片表面状况也会对反应速度产生影响。切割硅片腐蚀速度比光滑硅片的腐蚀速度大,这是因为腐蚀过程产生的催化剂易于被硅片表面的裂缝捕获,并易于聚集在其周围,这有助于腐蚀反应。或者可以认为,切割硅片的表面积更大,有更多的硅表面接触到了酸液。另一方面,可能是因为不均匀表面的势能不一样,电解反应从势能比较低的地方引发,致使不均匀表面的腐蚀速度较快。若硅片为多晶硅片,晶界处位错、缺陷比较多,发生反应所需能量较小,会产生晶界刻槽现象。

温度对氧化反应也有很大的影响,对扩散及溶解反应的影响比较小。温度不同,硅腐蚀反应的反应机理不同,氧化机理也会有一定的变化[9]。腐蚀过程中,硅片表面存在一个温度梯度,温度分布在扩散层内是线性的,其斜率与热分散的速度有关,温度变化会使边界层厚度发生变化。液体的黏度与温度呈指数关系,液体的密度随温度的升高而减小,而黏度反映了液体的传输性质。因此,腐蚀液的温度能影响动力学阻,也可影响物质-传输阻。

3.2.1.3   硅片在 HF/HNO₃/NH₃·H₂O/H₂O 体系中的反应规律[10]

由于通常的 HF/HNO_3 体系的酸液具有自催化性,在表面腐蚀应用中出现可控性差、重复性差等问题,因此,利用弱碱性的氨水($NH_3 \cdot H_2O$)控制 $HF/HNO_3/H_2O$ 体系的腐蚀速度。

(1) $HF/HNO_3/NH_3 \cdot H_2O/H_2O$ 体系中各溶液的影响

要对 $HF/HNO_3/NH_3 \cdot H_2O/H_2O$ 体系中各溶液的不同比例的所有组合进行全面实验是不现实的,故选取具有代表性的实验点,使实验点在实验范围内均匀分布,能全面反映情况。因此采用正交实验法,分析多个因素对某一指标的影响。在实验中,指标为硅的刻蚀率,因素即刻蚀溶液中各组分的体积比,所用酸液为富 HNO_3 的 $HNO_3/HF/NH_3 \cdot H_2O/H_2O$ 溶液。$HNO_3/HF/NH_3 \cdot H_2O/H_2O$ 体系各因素水平正交表见表 3-1。

表 3-1 $HNO_3/HF/NH_3 \cdot H_2O/H_2O$ 体系各因素水平正交表(体积比)

	HNO_3	HF	$NH_3 \cdot H_2O$	H_2O
LEV1	10	1.5	1.5	3
LEV2	10	1	1	5
LEV3	10	0.5	0.5	7

整个实验设计中规定 HNO_3 的体积为 10 份,为了实验方便,每次配制溶液的总体积都为 400 mL。这样,各个组分的体积如表 3-2 所示。

表 3-2 $HNO_3/HF/NH_3 \cdot H_2O/H_2O$ 溶液配比

实验编号	HNO_3/mL	HF/mL	$NH_3 \cdot H_2O$/mL	H_2O/mL
Exp1-1	250	38	38	75
Exp1-2	229	34	23	114
Exp1-3	214	32	4	150
Exp1-4	229	23	34	114
Exp1-5	211	21	21	147
Exp1-6	276	28	14	83
Exp1-7	211	11	32	147
Exp1-8	276	14	28	83
Exp1-9	250	13	13	125

一共设计了九组实验,分别编号 Exp1-1～Exp1-9。每次反应取 5 片硅片,放置在自制的聚四氟乙烯的花篮中。每次反应时间为 10 min,反应前用电子天平称取硅片质量。反应结束后,将花篮放入含有大量去离子水的容器中,冲洗干净,烘干。称取反应后硅片的质量。

根据式(3-3)可以算出反应前后硅片的质量损失:

$$M_{腐蚀量} = M_{反应前} - M_{反应后} \tag{3-3}$$

均值定义如下:

$$K_1^{HF} = (\text{Exp 1-1} + \text{Exp 1-2} + \text{Exp 1-3})/3 \tag{3-4}$$

表示 HF 在 LEV1 情况下所有硅片腐蚀消耗量的平均值。依此方法,分别计算每个因素的三种水平各自的三次实验结果的平均值。

极差是每个因素最大均值与最小均值的差值,有:

$$R_{HF} = K_1^{HF} - K_3^{HF} = 1.052 - 0.182 = 0.870 \tag{3-5}$$

实验结果分析见表 3-3。

表 3-3　实验结果正交分析表

实验编号	HF	$NH_3 \cdot H_2O$	H_2O	$M_{腐蚀量}$
Exp 1-1	LEV1	LEV1	LEV1	1.7912
Exp 1-2	LEV1	LEV2	LEV2	0.7457
Exp 1-3	LEV1	LEV3	LEV3	0.6193
Exp 1-4	LEV2	LEV1	LEV2	0.4914
Exp 1-5	LEV2	LEV2	LEV3	0.3522
Exp 1-6	LEV2	LEV3	LEV1	1.5470
Exp 1-7	LEV3	LEV1	LEV3	0.1588
Exp 1-8	LEV3	LEV2	LEV1	0.2063
Exp 1-9	LEV3	LEV3	LEV2	0.1819
均值 K_1	1.052	0.814	1.182	
均值 K_2	0.797	0.435	0.473	
均值 K_3	0.182	0.783	0.377	
极差 R	0.870	0.379	0.805	

表 3-3 比较了不同因素、不同腐蚀速度对极差的影响。极差反应了各溶剂对反应速度影响力的大小。从表 3-3 我们可以看出，

$$R_{HF} > R_{H_2O} > R_{NH_3 \cdot H_2O} \tag{3-6}$$

根据极差的含义，HF 影响最大，为整个反应的主要因素，水的体积对反应的影响是次要因素，而氨水对腐蚀反应的影响是最小的。根据均值 K 和溶剂之间的关系可画出组分-刻蚀率趋势图，如图 3-3 所示，图 3-3 反映了各组分的大致作用规律和影响大小。

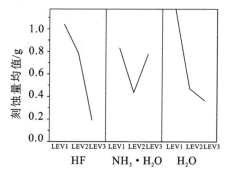

图 3-3 组分-刻蚀率趋势图

均值的作用平衡了其他因素的影响。从图 3-3 可以看出，腐蚀速度随 HF 量的增加而加快，HF 的含量直接影响了 SiO_2 的腐蚀速度。体系中 HNO_3 含量比较高，其对腐蚀速度的影响并不十分明显。当去离子水含量增加时，反应速度减小。加氨水后，反应速度变化的趋势不明确。

（2）硅片腐蚀速度随反应时间的变化

图 3-4 给出了在 $HF/HNO_3/NH_3 \cdot H_2O/H_2O$ 溶液中硅片质量损耗及溶液温度随反应时间的变化。可以看出：在反应的开始阶段，如 AB 段，硅片消耗量较大，这是因为硅片表面有损伤层，腐蚀过程产生的氢氟酸和硝酸易于被硅片表面的裂缝捕获，并易于聚集在其周围，有助于发生腐蚀反应。对于 BC 段，有两个因素决定反应速度。一方面由于氟离子含量比较高，腐蚀速度比较大。反应产生的热量大于溶液与外界交换损失的热量，温度上升，温度升高使反应速率增大的影响超过了氟离子浓度减小引起的速率降低的影响。因此，硅片腐蚀速度有所增大。CD 段，氟离子减少所引起的腐蚀速度降低的影响稍微大于由温度升高所产生的腐蚀速度增大的影响，使得反应中硅片消耗缓慢减少。很明显由氢氟酸浓度下降引起的速度下降的影响大于由温度上升引起的腐蚀速度增大的影响，DE 段硅片的腐蚀速度下

降。*EF* 段的后半段，硅片几乎不反应，其消耗几乎为零。由此可以看出，反应速度随反应时间变化的规律是硅片腐蚀的放热、体系与外界的交换热和溶液中氟离子共同作用的结果。

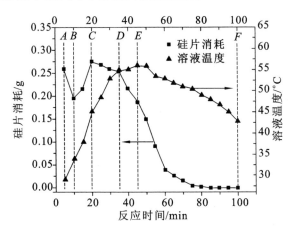

图 3-4　在 HF/HNO$_3$/NH$_3$·H$_2$O/H$_2$O 中硅片质量损耗及溶液温度随反应时间的变化

两种不同溶液的腐蚀对比结果示于图 3-5。可以看出：添加 NH$_3$·H$_2$O 后相同时间内的硅片腐蚀量有所增加。这是因为：加氨水后，相同腐蚀时间内腐蚀液温度升高得更快，腐蚀发生后 45 min 即可达到最高温度 56 ℃；而未加氨水的体系，反应 50 min 后才能达到最高温度 46 ℃。

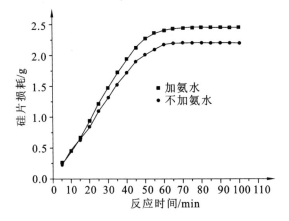

图 3-5　HF/HNO$_3$/H$_2$O 和 HF/HNO$_3$/NH$_3$·H$_2$O/H$_2$O 体系中硅片消耗随时间的变化

3.2.2 表面制绒

在太阳电池表面制备绒面可以在整个光谱范围内降低电池表面对太阳光的反射,并且由于绒面的存在,使得入射光子与电池基体的作用区域更加靠近 p-n 结,有利于 p-n 结对光生载流子的吸收。除此之外,绒面还具有陷光的作用,可以把入射到电池体内能量接近带隙的弱吸收光子限制在电池体内,使它们不能从电池的表面或背面透射出去,从而在不增加电池厚度的情况下增加了光子在电池内的传播路径。因此,可以在基本上不影响电池对光的吸收效率的情况下,将电池做得很薄,这样既可以节省材料,降低成本,又可以减小电池的质量,增加电池的抗辐照特性,非常适合于空间应用。

3.2.2.1 多晶硅绒面制备的研究概况

多晶硅太阳能电池目前占了全球光伏(PV)产量的 53%,其比重还在不断增加,效率也在不断提升。然而,多晶硅的效率总体上没有同类单晶硅产品效率高,一个重要的原因是多晶硅缺乏一个有效的表面织构工艺。有效的绒面结构有助于提高太阳电池的性能,体现在短路电流(I_{sc})的提高。单晶硅表面通过稀 KOH 或 NaOH 腐蚀来制备均匀的金字塔绒面结构。而多晶硅表面的晶面结构是随意分布的,这就使得碱液腐蚀法对多晶硅来说不是很有效。为了制得均匀的绒面结构,人们对多晶硅绒面的制备方法进行了大量研究,包括机械刻槽[11]、等离子刻蚀[12]、电火花刻蚀[13]、激光束刻蚀[14]、酸液腐蚀[15]等技术。

反应离子刻蚀(RIE)是一种干法腐蚀工艺。它不需要大量的酸液,因此也没有大量的废液污染。它是将硅片置于有大量等离子的区域,在一定的条件下,RIE 可不用任何掩膜法制备出较好的表面形貌,有很好的减反射性能。Inomata 等[16]报道了用 Cl_2 作为反应气体的无掩膜反应离子刻蚀法,并制备出了 17.1% 的大面积(225 cm^2)多晶硅太阳能电池,但 Cl_2 毒性较大且腐蚀性强。Ruby[17]等研究了用 SF_6/O_2 作为反应气体的金属催化反应离子刻蚀。RIE 工艺对硅片表面造成轻微的损伤层,增大了表面复合速度,因此,必须把表面损伤层去

除。去除损伤层后,反射率没有很大的变化,蓝光区域的光谱响应大
大提高。

掩膜反应离子刻蚀法[18]一般是用金属材料作为掩膜,即先在硅
片表面贴一层曝光后多孔的金属层,刻蚀暴露硅片的表面部分。最后
将金属层去掉,能制得大面积、规律性很好的结构。也有用平板印刷
法以 SiO_2 胶[19]为掩膜进行反应离子刻蚀的。当刻蚀气体只有 SF_6 时,
也会制得较好的绒面结构[20]。但综合比较,掩膜法成本较高,RIE 法
对硅片本身会造成一定的损伤,必须用腐蚀剂再次将其腐蚀,而酸液
腐蚀法可以将去除损伤层和绒面工艺合二为一,且酸液腐蚀的制备成
本比较低,更易于工业化生产。

在以 HF 和 HNO_3 为基础的水溶液体系中,溶液对硅片的腐蚀速
度与晶粒取向无关,因此,酸腐蚀又称为各向同性腐蚀。对于多晶硅
材料,其表面本身有很多缺陷,反应易于在缺陷处开始,这样无须加入
醋酸润湿硅表面,通过水代替醋酸同样能在硅表面形成很均匀的腐蚀
坑。这样既降低了成本,又起到了调节反应剂浓度的作用。

3.2.2.2　酸液腐蚀制备的多晶硅表面

分别进行了以下几组实验:

Exp 2-1:采用浓度为 30% 的 NaOH 水溶液,反应温度控制在
80℃,硅片放置在腐蚀液中反应 5 min。用去离子水冲洗,烘干。

Exp 2-2:采用浓度为 1.5% 的 NaOH 溶液,反应温度控制在
80℃,硅片放置在腐蚀液中反应 30 min,用去离子水冲洗,烘干。

Exp 2-3:采用 HF:HNO_3:H_2O=5:1:1(体积比)的酸性腐蚀液,
初始反应温度为 25 ℃,硅片放入反应液中 5 min,反应后在浓度为 3%
的 NaOH 溶液中常温腐蚀 1 min,用去离子水冲洗,烘干。

Exp 2-4:采用 HNO_3:HF:$NH_3 \cdot H_2O$:H_2O=10:1:5:5(体积比)
的腐蚀液,初始反应温度为 25 ℃,硅片放入反应液中 5 min,用去离子
水冲洗,烘干。

Exp 2-5:不做任何处理的硅片。

　　硅片处理后,用场发射扫描电子显微镜(FS-SEM)观察采用不同工艺制备的硅片的表面形貌,结果示于图 3-6。

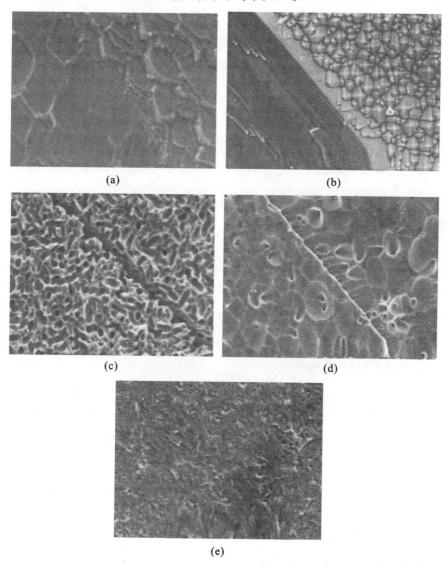

(a)　　　　　　　　　　　(b)

(c)　　　　　　　　　　　(d)

(e)

图 3-6　采用不同工艺制备的硅片的表面形貌

(a) Exp 2-1 的硅片表面;(b) Exp 2-2 的硅片表面;(c) Exp 2-3 的硅片表面;

(d) Exp 2-4 的硅片表面;(e) Exp 2-5 的硅片表面

图 3-6(a)是浓碱腐蚀的硅片,腐蚀后晶界两边有不同的表面形貌。表面的晶面不同,表面腐蚀后结构不同,晶面与晶面之间有一定的差异,晶面间晶界处有一定台阶。

图 3-6 (b)是单晶硅制备绒面配方。由图中可以看出,经稀碱高温腐蚀后,(100)面有金字塔结构出现,而晶界的另一边结构则完全不同。

图 3-6 (c)是未加氨水的情况下,$HF/HNO_3/H_2O$ 对硅片的腐蚀。酸液对晶面的腐蚀是各向同性的,晶界两边同时出现蠕虫状结构。晶界处腐蚀速度明显较快,晶界较深。腐蚀液制备的结构为多孔硅,表面有大量的 $(NH_4)_2SiF_6$ 粉末,用 3‰ NaOH 溶液常温腐蚀 1 min,将表面粉末去除。

图 3-6 (d)是加氨水腐蚀液对硅片腐蚀后形成的表面形貌,可看出,不同晶面间的差别较小,因为这种酸液对晶面的选择性较小。腐蚀后硅片表面有大量腐蚀坑,大的腐蚀坑中又含有很多小的腐蚀坑。还可看出,晶界的裂缝比多孔硅形成的裂缝小。

图 3-6 (e)是未处理硅片的表面形貌。观察到的主要是硅片切割后的表面损伤层及表面的油脂污垢,不能反映硅片表面的真实结构。

图 3-6(d)和 3-6(c)的差别在于是否添加氨水。在腐蚀液中,在有足够量氨水存在情况下,铵离子和硝酸根离子将会分解产生大量的 N_2O 气体。其中部分气体会吸附在硅片表面,发挥气泡掩蔽作用,如图 3-7 所示。

图 3-7 中,气泡掩蔽的 A 点和 B 点在气泡没有脱离表面的情况下不发生反应,而没有掩蔽的 C 点发生硅的腐蚀反应。如果气泡附着在某一区域足够长的时间,由于周围的区域不断被刻蚀,被气泡遮盖的区域将形成突起,最终将出现一些大小不一的腐蚀坑,如图 3-8 所示。腐蚀坑的大小、多少反映了表面的粗糙度,直接影响了反射率的大小。

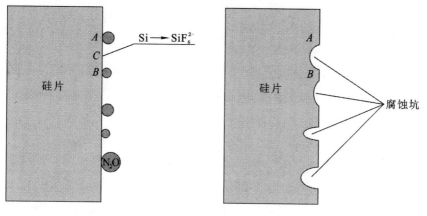

图 3-7　气泡黏附硅片表面示意图　　　　图 3-8　腐蚀坑示意图

3.3　p-n 结的制备

在当前半导体器件生产中,制备 p-n 结的方法有:热扩散、离子注入、外延、激光及高频电注入法等,其中扩散法是工业规模化生产中广泛采用的方法[21,22]。

热扩散制备 p-n 结法是采用加热方法使 V 族杂质掺入 p 型硅或 Ⅲ 族杂质掺入 n 型硅中。杂质元素在高温时由于热扩散运动进入基体,它在基体中的分布视杂质元素种类、初始浓度及扩散温度而异,这种分布方式对电池的电性能影响很大。目前硅太阳电池中最常用的 V 族杂质元素为磷,Ⅲ 族杂质元素为硼。

硅太阳电池所用的主要热扩散方法有涂源扩散、液态源扩散、固态源扩散等。太阳电池生产中最常用的方法是 $POCl_3$ 液态源扩散,其扩散装置如图 3-9 所示。液态磷源扩散法是采用三氯氧磷($POCl_3$)作为磷源,通过氮气将其携带进入扩散炉,在 $700\sim1000$ ℃之间分解,生成 P_2O_5,反应式如下:

$$5\ POCl_3 \longrightarrow 3PCl_5 + P_2O_5 \tag{3-7}$$

其中由于 $POCl_3$ 的不完全分解生成的 PCl_5 是不容易分解的,且对硅片表面有一定的腐蚀作用,生产过程中可通入适量的 O_2,使 PCl_5 进一步分解成 P_2O_5,反应式如下:

$$4PCl_5 + 5O_2 \longrightarrow 2P_2O_5 + 10Cl_2 \uparrow \tag{3-8}$$

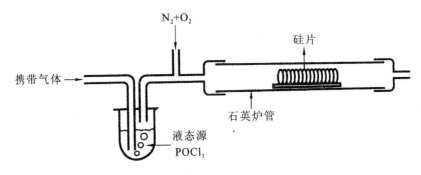

图 3-9　POCl₃ 液态源扩散炉示意图

P_2O_5 再与硅原子反应生成 P 原子，P 原子扩散进入 p 型晶体硅内成为施主杂质，在表面形成反型层，即 n 型硅，而最终形成 p-n 结结构。

$$2P_2O_5 + 5Si \longrightarrow 5SiO_2 + 4P\downarrow \tag{3-9}$$

对扩散的要求是获得适合于太阳电池 p-n 结需要的结深和扩散层方块电阻。浅结电池死层小，电池短波响应好，而浅结引起的方块电阻加大。为了保持电池有低的串联电阻，就需要增加上电极的栅线数目。两者是矛盾的，实际上要兼顾双方。常规硅太阳电池结深 $0.3 \sim 0.5~\mu m$，方块电阻 $20 \sim 70~\Omega/\square$。通过液态磷源扩散可以得到较高的表面杂质浓度。但在扩散时，会在硅片表面形成磷硅玻璃（PSG），磷硅玻璃具有吸杂作用，它会影响太阳电池的正常工作，而且在制备电极时会影响金属电极与硅片之间的欧姆接触，甚至导致电极脱落，影响电池的转换效率，所以工业生产中需要通过 HF 稀溶液进行二次清洗去除 PSG。

3.4　减反射膜

3.4.1　减反射膜的基本原理

在电池前表面沉积减反射膜层可以提高太阳电池的光吸收。对于入射的太阳光谱，沉积减反射层后，前表面反射率可从 30% 下降到 5%，将大大增加太阳电池对入射光能量的吸收。

图 3-10 显示了减反射膜的基本原理。当反射光从第二个界面返回到第一个界面,如果两光线之间的相位差为 180°,前者将在一定程度上抵消后者。

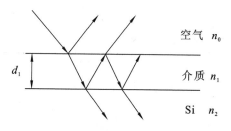

图 3-10　减反射膜的原理图

当光垂直入射时,厚度为 d_1 的透明介质层表面的反射率为:

$$R = \frac{r_1^2 + r_2^2 + 2r_1 r_2 \cos 2\theta}{1 + r_1^2 r_2^2 + 2r_1 r_2 \cos 2\theta} \tag{3-10}$$

其中 $r_1 = \dfrac{n_0 - n_1}{n_0 + n_1}$,$r_2 = \dfrac{n_1 - n_2}{n_1 + n_2}$,$n_1$ 为折射率,θ 的表达式为:

$$\theta = \frac{2\pi n_1 d_1}{\lambda_0} \tag{3-11}$$

当满足 $n_1 d_1 = \lambda_0 / 4$ 时,反射率最小:

$$R_{\min} = \left(\frac{n_1^2 - n_0 n_2}{n_1^2 + n_0 n_2} \right)^2 \tag{3-12}$$

如果透明层的减反射效果达到最好,则 $R = 0$,也就是说 $n_1 = \sqrt{n_0 n_2}$。由此可得到波长 λ_0 所要的减反射膜折射率。但当波长偏离 λ_0 时,反射率都将增大。因此,为了增加电池输出,要考虑太阳光谱和电池的相对光谱响应,取一个合理的波长 λ_0。地面太阳光谱能量的峰值在波长 $0.5~\mu m$ 处,而硅电池的相对响应峰值在波长 $0.8 \sim 0.9~\mu m$ 处,因此减反射效果最好的波长范围为 $0.5 \sim 0.7~\mu m$。对于短波响应好的电池,减反射膜厚度应取得薄一点,以增强短波光的减反射效果。

在实际晶体硅太阳电池工艺中,常用的减反射层材料有 TiO_2、SiO_2、SiN_x、MgF_2、ZnS、Al_2O_3 等,折射率示于表 3-4,厚度一般为 $60 \sim 100~nm$。化学气相沉积(CVD)、等离子体化学气相沉积(PECVD)、喷涂热解、溅射、蒸发等技术,都可以用来沉积不同的减反射膜。

表 3-4 常用减反射膜材料的折射率[23]

材料	折射率 n
MgF_2	1.38
SiO_2	1.46
Al_2O_3	1.76
Si_3N_4	2.05
Ta_2O_5	2.2
ZnS	2.36
SiO_x	1.8~1.9
TiO_2	2.62

$TiO_x(x \leqslant 2)$ 是晶体硅太阳电池制备工艺中常用的减反射膜,其光学薄膜具有较高的折射率,透明波段中心与太阳光的可见光谱波段符合良好,是一种理想的太阳电池减反射膜。SiN_x 是另一种常用的晶体硅太阳电池的减反射膜。由于氮化硅薄膜具有良好的绝缘性、致密性、稳定性和对杂质离子的掩蔽能力,氮化硅薄膜作为一种高效器件表面的钝化层已被广泛应用于半导体工艺中。而且在氮化硅的制备过程中,可以实现减反射和钝化的两重效果,明显改善硅太阳电池的光电转换效率。因此,采用氮化硅薄膜作为晶体硅太阳电池减反射膜已经成为研究和应用的热点。

3.4.2 宽角度减反射膜的设计

在进行膜系优化设计时,通常会做如下假定:

(1)薄膜在光学上是各向同性介质,其电介质特性可用折射率 n 来表征,且 n 是一个实数。对于金属和半导体,其特性可以用复折射率(或称光学导纳)$N = n - jk$ 来表征,N 是一个复数,它的实部仍是折射率,虚部 k 是消光系数,j 是虚单位。

(2)两个相邻的介质用一个数学界面分开,在这个数学界面的两边,折射率发生不连续跃变。

（3）除分界面外，允许折射率沿膜层厚度方向连续变化。

（4）膜层可用两个平行平面所分开的空间来定义，它的横向假定为无限大，膜层的厚度与光的波长在同一个数量级上。

（5）入射光是平面波。

多层膜系光学性能的结构参数有：各层膜的几何厚度 $d_1, d_2, \cdots, d_k$；入射介质、各层膜和基底的折射率 $n_0, n_1, \cdots, n_k$；光波入射角 θ 和波长 λ。膜系的光学性能，如反射率 R，取决于这些膜层的结构参数。一般情况下入射角和入射光的光谱分布是已知的，因此膜系的反射率 R 可以通过调整 $n_i d_i (i=1, 2, \cdots, k)$ 来达到预先要求的反射率。

图 3-11(a) 和图 3-11(b) 分别给出了垂直入射情形下的单层和双层减反射膜的反射率曲线。从图 3-11 中可以看出，单层减反膜的反射率曲线是 V 形的，而双层减反射膜的反射率曲线是 W 形的。这是因为单层减反射膜只能对特定波长进行减反射，当入射波长偏离此波长时，反射率大幅上升。而双层减反射膜则可以在两个波长处达到反射率最小值，效果要优于单层减反射膜。

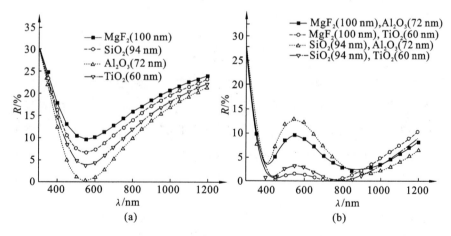

图 3-11 典型单层减反射膜和双层减反射膜的反射率曲线[24]

(a)单层减反射膜；(b)双层减反射膜

在大部分减反射膜的膜系设计过程中，仅考虑了光线垂直入射的理想情况。而在太阳电池的实际应用中，除一些特殊电池如聚光电池安装有定向追踪日光的辅助系统外，一般太阳电池均按照当地的经、纬度固定在某一个方向。在太阳升起和降落的一个循环中,减反射膜并不是时刻与入射光线保持垂直,而是一个入射角度不断发生变化的过程,称之为斜入射。当正入射下设计的减反射膜应用于斜入射时,偏振效应会使它的反射特性发生很大变化。因此,在宽入射角度下使用的减反射膜需要在宽角度下对膜系的性能参数进行重新设计,以适应太阳电池全天候使用的需要。

考虑斜入射情况,对于单层膜系,可以直接采用菲涅耳公式求得反射率;对于多层膜系,每一层膜可以用一个等效界面来表示,只要求得等效导纳 Y,就可以求得膜系的反射率 R。基本计算步骤如下[25]:

已知 m 层膜系的各层膜材料的折射率和厚度分别为 n_k、$d_k(k=1,2,\cdots,m)$,入射介质和电池基底材料折射率分别为 n_0、n_{m+1},光线入射角为 θ_0,光学导纳为 η_k。则第 k 层的干涉矩阵为:

$$M_k=\begin{bmatrix} \cos\delta_k & i(\sin\delta_k)/\eta_k \\ i\eta_k\sin\delta_k & \cos\delta_k \end{bmatrix} \tag{3-13}$$

式中,$\delta_k=2\pi n_k d_k\cos\theta_k/\lambda\ (k=0,1,\cdots,m)$ 是第 k 层的相位厚度。

整个 m 层的干涉矩阵为:

$$M=\prod_{k=1}^{m}M_k \tag{3-14}$$

在光斜入射时,由于电矢量和磁矢量在每一膜层界面上切向分量均连续因而发生偏振。对于 s 偏振,电矢量垂直于入射面;而对于 p 偏振,电矢量在入射面内。多层膜任一点上的光学导纳定义为该点上磁矢量切向分量与电矢量切向分量的比值。

$$\eta=\frac{|H_t|}{|\boldsymbol{k}\times E_t|} \tag{3-15}$$

$\boldsymbol{k}$ 是光传播方向的法向单位矢量。因此在斜入射的情况下,s 偏振和 p 偏振的导纳值是不同的。对于第 k 层膜,它们分别为:

$$\eta_k=\begin{cases} \eta_k/\cos\theta_k & p\ \text{分量} \\ \eta_k\cos\theta_k & s\ \text{分量} \end{cases} \tag{3-16}$$

而 θ_k 可由 Snell 定律得出

$$n_0\sin\theta_0=n_k\sin\theta_k(k=1,2,\cdots,m,m+1) \tag{3-17}$$

多层膜系和基片组合的导纳 $Y=C/B$，而 B、C 由下式确定

$$\begin{bmatrix} B \\ C \end{bmatrix} = M \begin{bmatrix} 1 \\ \eta_{m+1} \end{bmatrix} \tag{3-18}$$

其中 η_{m+1} 是基片的导纳。

薄膜系统的能量反射率 R 为：

$$R = \left| \frac{1-Y/\eta_0}{1+Y/\eta_0} \right|^2 \tag{3-19}$$

对于 R_s 分量，公式中 Y、η_0 需用 Y_s、η_{0s} 替代；对于 R_p 分量，公式中 Y、η_0 需用 Y_p、η_{0p} 替换。

总的能量反射率 R 有：

$$R = \frac{R_s + R_p}{2} \tag{3-20}$$

整个膜系的减反射效果主要通过调整膜系层数 m 和优化各层膜的折射率 n_k 和厚度 d_k 来实现。由于硅的光谱响应范围为 $300 \sim 1200\ nm$，所以只考虑波长在 $300 \sim 1200\ nm$ 范围内的入射光子，同时考虑太阳光谱的光强分布，实现 $300 \sim 1200\ nm$ 范围内整体反射率的最小。

在光学膜系的设计过程中需要建立一个综合评价膜系质量的函数，称为评价函数。评价函数是设计结果与期望值之差的函数，在太阳电池的减反射膜的设计中，反射率的理想值为 0，因此评价函数越小越好。考虑太阳光谱与硅的光谱响应曲线不一致，可选用评价函数 F 为：

$$F = \frac{\displaystyle\int_{0.3}^{1.2} S(\lambda) SR(\lambda) R(\lambda) \mathrm{d}\lambda}{\displaystyle\int_{0.3}^{1.2} S(\lambda) SR(\lambda) \mathrm{d}\lambda} \tag{3-21}$$

其中 $S(\lambda)$、$SR(\lambda)$、$R(\lambda)$ 分别表示太阳的光谱分布、硅的光谱响应以及减反射膜在对应波长点的反射率。因为 F 表示的是带有权重因子的平均反射率，因此又可称为加权平均反射率。

3.4.3　宽角度减反射膜的优化

一般来说，单层减反射膜只能达到 V 型减反射的效果，即在某一

个设定波长处达到较低的减反射效果,而难以实现宽谱域上理想的减反射效果。多层膜系虽然可以取得非常好的减反射效果,但由于三层及以上减反射膜对工艺、材料的要求较高而很少在太阳电池中实际应用[26,27]。因此,主要考虑双层减反射膜,结合目前太阳电池中常用的PECVD 沉积 SiN_x 工艺,设计的双层膜系为 SiN_x/SiO_2,如图 3-12 所示。其中 SiO_2 的折射率比较固定,通常认为 $n_{SiO_2}=1.46$,而 SiN_x 的折射率与 PECVD 的沉积工艺条件有关,并随薄膜中 Si 或 N 成分的变化而变化,变化范围在 1.9~2.3 之间。

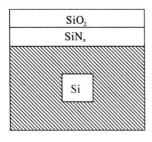

图 3-12 硅太阳电池结构

优化设计的目的是寻求合适的 n、d以保证太阳电池在全天候的使用过程中,反射率变化平稳,同时使加权平均反射率尽可能小。这样在太阳电池的使用过程中,随着入射光强的变化,整个光伏系统的输出相对稳定,更利于光伏系统的设计。对于入射太阳光,考虑入射角度范围为 $0°$~$60°$。角度过大,表示此时太阳处在刚刚升起或快要降落的过程中,太阳光强不会很强,过分考虑大角度的减反射效果会影响强光时段的减反射效果;而在入射角度范围过小或仅考虑垂直入射的情况下设计的减反射膜并不能在太阳电池一整天的工作输出中起到良好的减反射效果。

图 3-13 给出了以垂直入射优化,即入射角度为 $0°$时优化的薄膜反射率随入射角度和波长的变化。此时双层膜厚度分别为 $d_{SiO_2}=84$ nm,$d_{SiN_x}=54$ nm,$n_{SiN_x}=2.3$。虽然在 $0°$入射角时,整个波段反射率较低,但随入射角度的增大,尤其是入射角度增加到 $60°$时,反射率大幅上升,特别是在长波波段,反射率均在 10%以上。

图 3-14(a)~图 3-14(d)分别给出了以 $15°$、$30°$、$45°$、$60°$作为优化角度时,优化薄膜的反射率在不同入射角度下随波长的变化。此时优化薄膜的参数列于表 3-5。从图 3-14 中看,以 $15°$角入射优化的薄膜和 $0°$入射优化的结果大致相同,当入射光以较大角度入射时,长波段的反射率较高。而将 $60°$角优化的薄膜和 $15°$优化的结果对比发现,

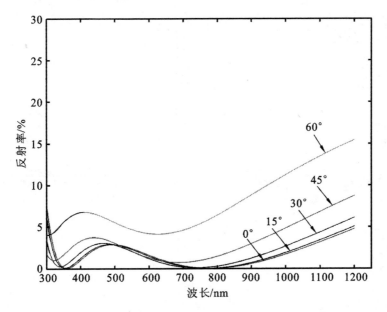

图 3-13 以 0°作优化角度时优化的薄膜反射率随入射角度和波长的变化

60°角优化可以明显降低长波范围内的反射率到 10% 以下,但不可避免短波区反射率的上扬,抑制了对太阳光谱中高能光子的吸收。以 30°优化的薄膜则表现出较好的减反射性能,在 0°～45°的入射角度中减反射曲线的变化较为平稳,全波段反射率较低。即使在 60°入射角情况下,短波和长波端的反射率都保持在 15% 以下。而以 45°进行优化的薄膜,与 60°优化的结果比较类似,大角度入射时长波段反射率下降,但小角度时对高能短波的反射率过高。

表 3-5 不同优化角度时最优化薄膜的厚度和折射率

优化角度	SiN$_x$		SiO$_2$	
	折射率	厚度/nm	折射率	厚度/nm
15°	2.3	55	1.46	86
30°	2.3	56	1.46	90
45°	2.3	59	1.46	100
60°	2.3	63	1.46	117

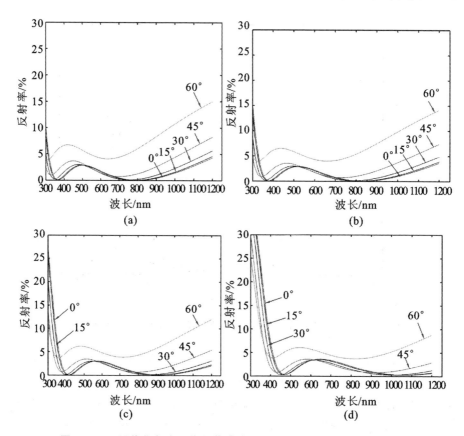

图 3-14　不同优化角度下优化薄膜的反射率随入射角度和波长的变化

(a)15°;(b)30°;(c)45°;(d)60°

表 3-5 中列出了不同优化角度时,最佳薄膜的性能参数。从表中可以看出:

① 随优化角度的变化,SiN_x薄膜的折射率无变化。这是因为根据计算结果,SiN_x膜的最佳折射率为2.5~2.7,而实际中 SiN_x膜的折射率范围为 1.9~2.3,所以优化的结果是 SiN_x膜折射率始终为2.3。

②随优化角度变化,SiN_x厚度的变化不是很明显,说明在生产过程中,需要对减反射膜厚度进行精确控制。

为进一步比较优化角度对入射光减反射的影响,考虑太阳光谱中的光强分布和硅太阳电池的光谱响应,图 3-15 给出了加权平均反射

率 F 随入射角度的变化。从图 3-15 中可以看出，以垂直入射或 15° 为优化角度，小角度入射时 F 很低，随入射角度的增大，F 迅速增大；而以 45° 或 60° 作为优化角度，虽然在大角度时 F 较小，但小角度时 F 比其他角度时的 F 都高，尤其是以 60° 优化时，小角度区域中 F 比 0° 优化结果高出超过 1 个百分点。说明以过大角度进行优化，对小角度入射时不能起到良好的减反射作用。从图 3-15 中可以清楚地看出，以 30° 作优化角度时，可对不同入射角度兼顾，因此，30° 是最佳的优化角度。

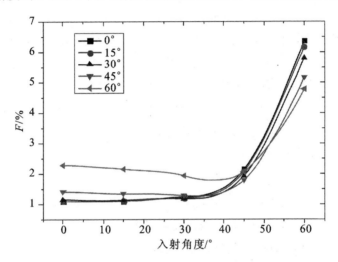

图 3-15　不同优化角度下加权平均反射率随入射角度的变化[27]

3.5　电极制备

为了引出太阳电池的电能，必须在电池上制作正、负两个电极。电极就是与电池 p-n 结两端形成紧密欧姆接触的导电材料。与 p 型区接触的电极是正极，与 n 型区接触的电极是负极。习惯上将制作在电池光照面上的电极称为上电极，制作在电池背面的电极称为下电极或背电极。上电极通常制成窄细的栅线状以克服扩散层的电阻，并由一条较宽的主栅来收集电流；下电极则布满全部或绝大部分的背面，以降低电池的串联电阻。n^+/p 型硅太阳电池的上电极是负极，下电极是正极；p^+/n 型硅太阳电池中正好相反。

丝网印刷是目前最为成熟的商业化方法。在丝网印刷中,用一层光刻胶覆盖绷在金属框上的不锈钢网或聚酯网,在光刻胶上用光刻法制作出所需电极图形的开口,用橡胶刮条以适当的压力将电极浆料通过丝网上的开口印刷到硅片表面。

随着丝网印刷工艺的完善,丝网印刷实现的金属栅线宽度可降到 $50~\mu m$ 以下,大大减少了正面电极的遮光损失。在降低栅线宽度的同时,栅线的高度被逐步提高,栅线的电阻损失减少。

丝网印刷到硅片正、背面的金属浆料,还需要经过高温烧结,才能与硅片形成欧姆接触。通常电池的正面电极采用高电导率的银浆来传导电池正面的光生电流,背面电极区使用焊接性能好的银铝浆,背面其他区域则采用铝浆制作铝背场(BSF),以减小背表面处的复合。

在丝网印刷过程中,电极图形的设计原则是使电池的输出量最大,同时使电池的串联电阻尽可能小,电池受光面积尽可能大。太阳电池的总串联电阻为:

$$R_s = r_m + r_{c1} + r_t + r_b + r_{c2} \tag{3-22}$$

式中　r_m——上电极金属栅线的电阻;

　　　r_{c1}——金属和前表面间的接触电阻;

　　　r_t——前表面(扩散层)薄层的电阻;

　　　r_b——基区电阻;

　　　r_{c2}——底电极与半导体的接触电阻。

一般情况下,r_m、r_{c1}、r_b、r_{c2} 都比较小,r_t 是串联电阻的主要部分。对图 3-16(a)所示的长条平行栅线及图 3-16(b)所示的方格形栅线,r_t 分别如下:

平行栅线:

$$r_t \propto \frac{R_\square \left(\dfrac{L}{W} \right)}{m^2} \tag{3-23}$$

方格栅线:

$$r_t \propto \frac{R_\square \left(\dfrac{L}{W} \right)}{m^2 n^2} \tag{3-24}$$

上两式中 　$R_{\square}$——扩散层方块电阻($\Omega/\square$)；

L——电池横向尺寸(cm)；

W——电池纵向尺寸(cm)；

m——横向栅线条数；

n——纵向栅线条数。

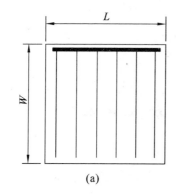 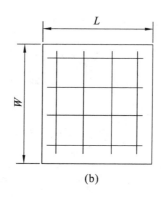

图 3-16　太阳电池的平行栅线及方格栅线电极

(a)栅状电极；(b)格状电极

　　这两式表明：为了降低 r_t，必须增加栅线数目。但是，栅线数量的增加将减小电池的受光面积。对于相邻的两条平行栅线，由于扩散层的方块电阻使短路电流在它上面产生的电压降为：

$$\Delta V = J_{sc} R_{\square} d^2 / 12 \qquad (3\text{-}25)$$

式中　J_{sc}——短路电流密度；

d——栅线间距。

　　如果该电压降小于热电压 $k_0 T/q$，可以认为它对电池性能无大的影响，有：

$$d < \sqrt{12 k_0 T / q J_{sc} R_{\square}} \qquad (3\text{-}26)$$

于是可以由栅线间距求得栅线条数。对于常规的硅太阳电池，扩散层的方块电阻为 20~70 $\Omega/\square$，相应的栅线条数取 2~4 条/cm。上电极会遮挡一部分入射到太阳电池的光，因此，上电极图案要做得窄细，以减小遮挡面积。一般上电极占电池面积的 6%~10%，若采用精细的光刻工艺，遮挡面积可减为 3%。在大面积的聚光电池中，上电极图案的设计就显得尤为重要。

对于背电极的要求是尽可能覆盖电池背面,覆盖面积一般应达到97%以上。实验证明,覆盖面积不足90%时,将引起填充因子下降。但对于背面已全部蒸铝烧结且除去背结的表面,这种影响不如腐蚀的背面那么显著。

3.6　高效晶体硅太阳电池

3.6.1　SIS 太阳电池

基于提高效率和降低成本的要求,人们提出了 SIS(Semiconductor Insulator Semiconductor)异质结太阳电池。SIS 太阳电池具备很多优点:成本较低,采用廉价半导体材料;结构简单,减少了制造步骤;低温工艺,降低了生产能耗;性能稳定,节约维护成本;理论效率较高。

SIS 太阳电池的基本结构[图 3-17(a)]是以晶体硅为基体,透明半导体材料为窗口减反射层,在晶体硅和透明半导体材料界面处有超薄绝缘层,然后是前后表面的金属电极。晶体硅为电池工作的主体,是光生载流子产生和电子-空穴对分离的核心区域;透明半导体材料为透明导电氧化物(TCO),具有导电、增透、减反射和保护电池的作用,为直接带隙的宽禁带半导体,如 ITO、AZO、IZO 等;超薄绝缘层是晶体硅和透明半导体间的缓冲层,不仅可以钝化晶体硅表面的悬挂键,而且可以辅助载流子的输运。

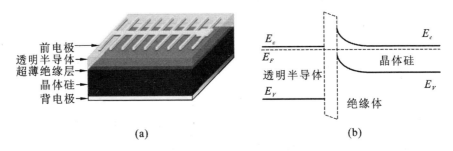

(a)　　　　　　　　　　(b)

图 3-17　SIS 太阳电池结构和能带示意图
(a)SIS 太阳电池结构示意图;(b)太阳电池能带示意图

从 SIS 器件的能带结构来看[图 3-17(b)],绝缘层在界面处形成较高的势垒,会抑制载流子的输运,因此,此结构器件中载流子的传输机制发生了根本的变化。根据量子力学一维势垒电子隧穿理论,电子隧穿的概率与势垒的高度和宽度有关。势垒的高低与绝缘层的材料性质有关,而势垒宽度(绝缘层的厚度)受制于制备工艺水平。计算显示,当绝缘层为 SiO_2 时,其厚度小于 2 nm,可使载流子的隧穿概率大大增大。因此,优良的绝缘层是制备 SIS 器件的关键。

3.6.2　PERL 电池

PERL 电池的全称是钝化发射极、背面局域扩散电池(Passivated Emitter, Rear Locally-diffused cell),结构如图 3-18 所示,是目前世界上光电转换效率最高的晶体硅太阳电池。PERL 的结构于 1989 年在澳大利亚新南威尔士大学的光伏研究中心被提出,在 1999 年转换效率达到 24.7%[28],接近晶体硅太阳电池的理论极限。

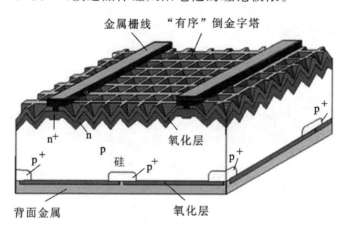

图 3-18　PERL 太阳电池结构

PERL 电池采用了 1 Ω·cm 低电阻率 Wacker FZ 单晶硅片,以保证原始硅材料内部具有极高的载流子寿命,并且在加工过程中保持了载流子的高寿命。从图 3-18 中可以看出,在 PERL 电池正、背面都有热生长氧化层钝化。正、背表面的金属接触区域,也被浓扩散区域钝化,金属接触处的复合损失减小了。这样整个电池的表面损失达到最小,内部的光生载流子接近 100% 地被 p-n 结分离形成电流。极低的复合率对应极高的开路电压。与一般晶体硅的开路电压在 600 mV

左右不同,PERL 电池的开路电压可达到 $700\sim710$ mV[29]。

PERL 电池的正面采用了有序的倒金字塔绒面结构,结合 ZnS/MgF$_2$双层减反射层,电池的正面光反射损失达到最低。此外,PERL 电池的正面金属采用了剥离(Lift-off)工艺,蒸发光刻形成的金属栅线只有 $2.5~\mu m$ 宽,电镀银后的栅线宽度也只有 $20~\mu m$,从而大大降低了栅线的遮挡损失,同时栅线间距减到小于 $1~mm$,从而在 $200\sim300~\Omega/\square$ 的高阻发射区条件下也不会有过大的发射区电阻损失。

PERL 电池的背面也用蒸发镀铝,在重掺杂的 p$^+$ 区域上形成点接触,点接触的面积不到背面总面积的 1%。这更进一步减小了背面金属接触造成的复合损失。背面的 Si/SiO$_2$/Al 结构还形成了一个最佳的背表面内反射器,与正面的金字塔结构相结合,形成了一个绝佳的陷光结构。在一个 $47~\mu m$ 超薄 PERL 电池的示例中,这个结构的陷光次数接近理想的 $4n^2$,即 50 次内反射[30]。

PERL 背面的硼扩散是以 BBr$_3$液态源扩散完成的,避免了通常硼扩散过程中表面损伤造成表面复合率的增加。这种 BBr$_3$扩散方法可制备低表面复合的 p$^+$ 区,为太阳电池的高效率奠定了基础。由于 PERL 电池的各道工序都在不断进行优化,如表面钝化、抑制减反、降低表面复合等,PERL 电池内部的光生载流子可以以接近 100% 的概率被 p-n 结收集,形成极高的输出电流。

3.6.3　IBC 电池

IBC(Interdigitated Back Contact,指交叉背接触)电池,是指电池正面无电极,正负两极金属栅线呈指状交叉排列于电池背面。它与常规电池的最大不同在于:IBC 电池的 p-n 结和金属接触处都处于电池的背面,正面没有金属电极遮挡的影响,因此具有更高的短路电流 J_{sc},同时背面可以容许较宽的金属栅线来降低串联电阻 R_s,从而提高填充因子 FF;加上电池前表面场(Front Surface Field,FSF)以及良好钝化作用带来的开路电压增益,使得这种正面无遮挡的电池不仅转换效率高,而且看上去更美观,同时,全背电极的组件更易于装配。IBC 电池结构示于图 3-19,该电池技术是目前制备高效晶体硅电池的技术方向之一。

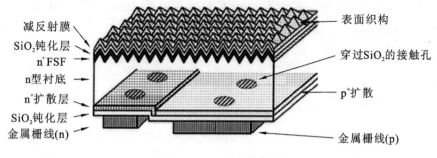

减反射膜
SiO₂钝化层
n⁺FSF
n型衬底
n⁺扩散层
SiO₂钝化层
金属栅线(n)

表面织构
穿过SiO₂的接触孔
p⁺扩散
金属栅线(p)

图 3-19　IBC 电池结构[31]

IBC 电池的概念最早于 1975 年由 Lammert 和 Schwartz[32,33] 提出,最初应用于高聚光系统中。经过近四十年的发展,IBC 电池在一个太阳标准测试条件下的转换效率已达到 25%[34],远远超过其他所有的单结晶硅太阳电池。美国的 SunPower 公司是产业化 IBC 电池技术的领导者,它们已经研发了三代 IBC 电池,最新的 MaxeonGen3 电池应用 145 μm 厚度的 n 型 CZ 硅片衬底,最高效率已达 25%。SunPower 目前拥有年产能为 100 MW 的第三代(Gen3)电池生产线,并且还有年产能 350 MW 的生产线在建。2014 年该线生产的电池平均效率已高达 23.62%,其中 V_{oc} 高达 724 mV,J_{sc} 达 40.16 mA/cm²,FF 达 81.5%,电池的温度系数低至 -0.30 %/℃,采用 IBC 电池的光伏组件效率超过 21%。

最近几年,除 SunPower 外,其他研发结构的 IBC 电池也取得了不错的成果,如德国 Fraunhofer ISE 的转换效率达到 23%[35],ISFH 的效率达到 23.1%[36],IMEC 达到 23.3%[37] 等。在中国,随着光伏产业规模的持续扩大,越来越多的光伏企业对 IBC 电池技术的研发进行了投入,如天合、晶澳、海润等。2013 年,海润光伏宣布研发的 IBC 电池效率达到 19.6%。2011 年,天合光能与新加坡太阳能研究所及澳大利亚国立大学建立合作研究开发低成本可产业化的 IBC 电池技术和工艺。2012 年,天合光能承担国家 863 计划"效率 20% 以上低成本晶体硅电池产业化成套关键技术研究及示范生产线",展开了对 IBC 电池技术的系统研发。经过不懈努力,2014 年,澳大利亚国立大学(ANU)与常州天合光能有限公司合作研发的小面积 IBC 电池效率达 24.4%,创下了当时 IBC 结构电池效率的世界纪录。同年,由常州天合光能光伏科学与技术国家重点实验室独立研发的 6 英寸(1 英寸＝2.54 cm)大面积 IBC 电池效率已达 22.9%[38]，达到了 6 英寸 IBC 电池的最高转换效率。同时，天合光能依托国家 863 项目建成中试生产线，2015 年，天合光能科研人员采用新工艺，在中试生产线上做出了平均 22.8%、最高 23.15%(内部测试)的结果，达到了当时工业级 6 英寸晶体硅电池效率的最高水平(SunPower 电池均为 5 英寸)。2016 年，天合光能以 23.5% 的光电转换效率创造了 156 mm×156 mm 大面积 n 型单晶硅 IBC 电池的世界纪录。

3.6.4 HIT 异质结太阳电池

日本三洋公司采用非晶硅异质结钝化 n 型硅片的正、背表面，得到了极高效率的 HIT(Hetero-junction with Intrinsic Thin-layer)电池[39]。

HIT 电池的发展经历了三次飞跃。起初的非晶硅钝化的异质结效率并不高，电池效率也不高，电池结构如图 3-20(a)所示。后来三洋公司发现在异质结中加入一层未掺杂的本征 i 层非晶硅可大大提高效率，如图 3-20(b)所示，电池的开路电压一瞬间超过 700 mV。但非晶硅是直接带隙半导体，具有极高的光吸收系数，而且非晶硅中缺陷多，复合率高，被非晶硅层吸收的光子基本不能对电池电流做出贡献。通过降低非晶硅层的厚度，如正面 p 层和 i 层非晶硅层厚度合计降低至 10 nm，可提高电池的转换效率。即便如此，HIT 电池的电流密度仍低于 PERL 电池。

2013 年，三洋在实验室中进一步改进了非晶硅膜层的生长工艺，在面积 143.7 cm^2、厚 97 μm 的硅片上实现了 24.7% 的转换效率。电池的开路电压达到了 750 mV，显示了极佳的异质结表面钝化性能，同时该电池还进一步提高了金属栅线的高宽比，从而使其填充因子 FF 达到了 0.832[31]。2014 年，松下将 HIT 和 IBC 电池技术相结合，开发了 HJBC 电池，电池结构如图 3-20(c)所示，将 HIT 电池的效率提升到了 25.6%，突破了尘封 15 年的硅基太阳能电池的世界纪录，电池效率示于图 3-21。

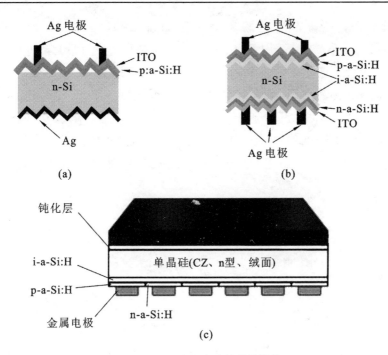

图 3-20　HIT 太阳电池的结构演化

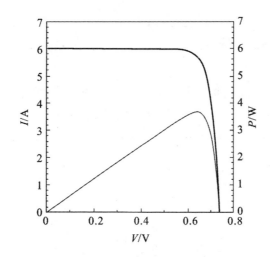

图 3-21　HJBC 电池的转换效率

　　松下是目前市场上主流的 HIT 电池和组件供应商,其组件效率也已经达到了 22.5%。目前较成熟的其他 HIT 技术供应商主要有:

Kaneka(得益于非晶硅薄膜领域多年的耕耘和技术积累,转换效率25.1%)、Sunpreme(运用 Tandem 串联结构和优化 ITO 等防反射材料,在印刷银线和镀铜两种工艺上的效率分别为 22% 和 22.5%)、Roth & Rau(磁控溅射、全铝背电极、镀铜栅线、两次印刷、较高的栅线高宽比,转换效率可达到 22.8%)。此外,美国 Silevo 公司在杭州生产的隧穿异质结电池,5 英寸电池开路电压达到 729 mV,转换效率为21.4%[40]。

参 考 文 献

[1] 施钰川. 太阳能原理与技术 [M]. 西安:西安交通大学出版社,2009.

[2] Zhang X G,Collins S D,Smith R L. Porous silicon formation and electropolishing of silicon by anodic polarization in HF solution [J]. Journal of the Electrochemical Society,1989,136(5):1561-1565.

[3] Turner D R. Electropolishing silicon in hydrofluoric acid solutions [J]. Journal of the Electrochemical Society,1958,105(7):402-408.

[4] Heimann R B. Kinetics of dissolution of silicon in CrO_3-HF-H_2O solutions[J]. Journal of Materials Science,1984,19(4):1314-1320.

[5] Schimmel D G,Elkind M J. An examination of the chemical staining of silicon[J]. Journal of the Electrochemical Society,1978,125(1):152-155.

[6] Kulkarni M S,Erk H F. Acid-based etching of silicon wafers:mass-transfer and kinetic effects [J]. Journal of the Electrochemical Society,2000,147(1),176-188.

[7] Klein D L,D'Stefan D J. Controlled etching of silicon in the HF-HNO_3 system[J]. Journal of the Electrochemical Society,1962,109(1):37-42.

[8] Robbins H, Schwartz B. Chemical etching of silicon, II, the system HF, HNO$_3$, H$_2$O and HC$_2$H$_3$O$_2$ [J]. Journal of the Electrochemical Society,1960,107(2):108-111.

[9] Schwartz B, Robbins H. Chemical etching of silicon, III, A Temperature study in the acid system [J]. Journal of the Electrochemical Society,1961,108(4):365-372.

[10] 刘志刚. 多晶硅太阳电池新腐蚀液的研究及其应用[D]. 上海:上海交通大学,2006.

[11] Gerhards C, Marckmann C, Tölle R, et al. Mechanically V-textured low cost muticrystalline silicon solar cells with a novel printing metallization[C] //Photovoltaic Specialists Conference, 1997. Conference Record of the Twenty-Sixth IEEE. IEEE, 1997:43-46.

[12] Ruby D S, Zaidi S, Narayanan S, et al. RIE-texturing of industrial multicrystalline silicon solar cells[C]//ASME 2003 International Solar Energy Conference. American Society of Mechanical Engineers,2003:399-403.

[13] Qian J, Steegen S, Vander Poorten E, et al. EDM texturing of multicrystalline silicon wafer and EFG ribbon for solar cell application[J]. International Journal of Machine Tools and Manufacture,2002,42(15):1657-1664.

[14] Tool C J J, Manshanden P, Burgers A R, et al. Wafer thickness, texture and performance of multi-crystalline silicon solar cells [J]. Solar Energy Materials & Solar Cells, 2006, 90 (18): 3165-3173.

[15] Szlufcik J, Duerinckx F, Horzel J, et al. High-efficiency low-cost integral screen-printing multicrystalline silicon solar cells[J]. Solar Energy Materials & Solar Cells,2002,74(1):155-163.

[16] Inomata Y, Fukui K, Shirasawa K. Surface texturing of large area multicrystalline silicon solar cells using reactive ion etching

method[J]. Solar Energy Materials & Solar Cells,1997,48(1): 237-242.

[17] Ruby D S, Zaidi S H, Narayanan S, et al. Rie-texturing of multicrystalline silicon solar cells[J]. Solar Energy Materials & Solar Cells,2002,74(1):133-137.

[18] Winderbaum S,Reinhold O,Yun F. Reactive ion etching (RIE) as a method for texturing polycrystalline silicon solar cells[J]. Solar Energy Materials & Solar Cells,1997,46(3):239-248.

[19] Nositschka W A,Beneking C,Voigt O,et al. Texturisation of multicrystalline silicon wafers for solar cells by reactive ion etching through colloidal masks[J]. Solar Energy Materials & Solar Cells,2003,76(2):155-166.

[20] Nositschka W A,Voigt O,Manshanden P,et al. Texturisation of multicrystalline silicon solar cells by RIE and plasma etching[J]. Solar Energy Materials & Solar Cells,2003,80(2):227-237.

[21] Mrwa A,Ebest G,Rennau M,et al. Comparison of different emitter diffusion methods for MINP solar cells: Thermal diffusion and RTP[J]. Solar Energy Materials & Solar Cells, 2000,61(2):127-134.

[22] Biro D,Preu R,Schultz O,et al. Advanced diffusion system for low contamination in-line rapid thermal processing of silicon solar cells[J]. Solar Energy Materials & Solar Cells,2002,74 (1):35-41.

[23] Tom Markvart,Luis Castaner. 太阳电池:材料、制备工艺及检测 [M]. 梁骏吾,等译. 北京:机械工业出版社,2009.

[24] 杨文华,李红波,吴鼎祥. 太阳电池减反射膜设计与分析[J]. 上海 大学学报:自然科学版,2004,10(1):39-42.

[25] Leonid A. Kosyachenko. Solar Cells silicon wafer-based technologies[M]. Croatia:Intech,2011.

[26] 徐晓峰,赵文杰,范滨,等. 利用 Rugate 膜系实现宽角度减反射膜

的设计[J].光子学报,2003,32(11):1182-1185.

[27] 陈凤翔,汪礼胜.宽角度硅太阳电池减反射膜的优化设计[J].太阳能学报,2008,29(10):1262-1266.

[28] Zhao J,Wang A,Green M A. 24. 5% efficiency silicon PERT cells on MCZ substrates and 24. 7% efficiency PERL cells on FZ substrates [J]. Progress in Photovoltaics: Research and Applications,1999,7(6):471-474.

[29] 沈文忠.太阳能光伏技术与应用[M].上海:上海交通大学出版社,2013.

[30] Wang A,Zhao J,Wenham S R,et al. 21. 5% efficient thin silicon solar cell [J]. Progress in Photovoltaics: Research and Applications,1996,4(1):55-58.

[31] Mclntosh K R,Gudzinovic M J,Smith D D,et al. The choice of silicon wafer for the production of rear-contact solar cells[C] // Proceedings of 3rd World Conference on Photovoltaic Energy Conversion,2003,1:971-974.

[32] Schwartz R J, Lammert M D. Silicon solar cells for high concentration applications[C] //Electron Devices Meeting,1975 International. IEEE,1975,21:350-352.

[33] Lammert M D,Schwartz R J. The interdigitated back contact solar cell:a silicon solar cell for use in concentrated sunlight[J]. IEEE Transactions on Electron Devices,1977,24 (4):337-342.

[34] Smith D D,Cousins P,Westerberg S,et al. Towards the practical limits of silicon solar cells[J]. IEEE Journal of Photovoltaics, 2014,6(4):1465-1469.

[35] Reichel C, Granek F, Hermle M, et al. Back-contacted back-junction n-type silicon solar cells featuring an insulating thin film for decoupling charge carrier collection and metallization geometry[J]. Progress in Photovoltaics,2013,21(5):1063-1076.

[36] Peibst R,Harder N P,Merkle A,et al. High-efficiency RISE IBC

solar cells: influence of rear side passivation on pn junction meander recombination[C]. Proc. 28th Eur. Photovoltaic Sol. Energy Conf. Exhib. ,2013:971-975.

[37] O'Sullivan B J, Debucquoy M, Singh S, et al. Process simplification for high efficiency, small area interdigitated back contact silicon solar cells[J]. 28th EU-PVSEC,Paris,2013.

[38] Zhang X,Yang Y,Liu W,et al. Development of high efficiency interdigitated back contact silicon solar cells and modules with industrial processing technologies[C]. 6th World Conference on Photovoltaic Energy Conversion,2014.

[39] Taguchi M,Yano A,Tohoda S,et al. 24. 7% record efficiency HIT solar cell on thin silicon wafer [J]. IEEE Journal of Photovoltaics,2014,4(1):96-99.

[40] Beitel C. A greater than 20-percent efficient crystalline cells without silver [C]. Photon's 8th PV Production Equipment Conference,Shanghai,2012.

4 薄膜太阳电池

4.1 非晶硅太阳电池

关于非晶硅的报道最早可追溯到 20 世纪 60 年代,当时英国标准通信实验室采用射频辉光放电制备了氢化非晶硅(a-Si:H)[1]。1975 年,英国邓迪大学的 Walter Spear 和 Peter Lecomber 报道了非晶硅的半导体特性,证实了在辉光放电混合气体中加入 PH_3 或 B_2H_6 气体可以使非晶硅的电导率增加几个数量级[2],氢能饱和硅悬键,采用替位掺杂可以制备 n 型或 p 型非晶硅。1976 年,美国 RCA 公司的 D. E. Carlson 和 C. R. Wronski[3] 在 Spear 形成和控制 p-n 结工作的基础上利用射频辉光放电法制成了世界上第一个 p-i-n 非晶硅薄膜太阳电池,之后经过 RCA 公司反复研发,使非晶硅薄膜太阳电池的转换效率达到 5%。

4.1.1 非晶硅的光学特性

非晶硅(a-Si)的原子结构与单晶硅明显不同,如图 4-1 所示。图中空心原子为硅原子,实心原子为氢原子。单晶硅(c-Si)具有金刚石晶格结构,每个硅原子可以和周围的四个硅原子形成正四面体结构,硅原子和邻近硅原子的键角和键长都是一致的。在氢化非晶硅(a-Si:H)中,每个硅原子周围一般也具有四个最近邻的硅原子,只是键角和键长发生了一些畸变,存在一定的分布,这使 a-Si:H 在保持短程有序的情况下,丧失了单晶硅的长程有序[4]。这种结构破坏了晶体硅电子跃迁的动量守恒选择定则,使之从间接带隙材料变成了直接带隙材料,所以非晶硅薄膜对光子的吸收系数较高,厚度为 $0.5~\mu m$ 的非晶硅薄膜就可以将敏感太阳光谱域的光吸收殆尽[5]。

非晶硅的吸收光谱分为 3 个区域,即本征吸收、带尾吸收和次带吸收[6],如图 4-2 所示。

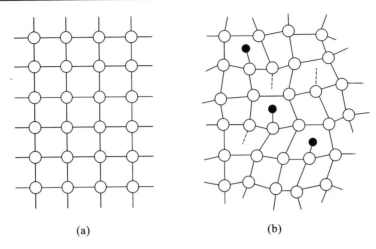

(a)　　　　　　　　　　　　　(b)

图 4-1　单晶硅和非晶硅的原子结构示意图

（a）单晶硅；（b）非晶硅

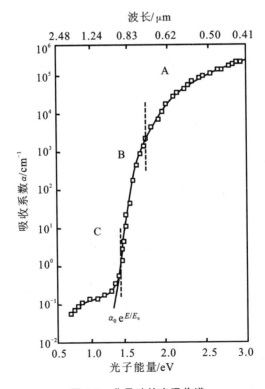

图 4-2　非晶硅的光吸收谱

本征吸收（A 区域）：光吸收源自电子从价带跃迁到导带而引起的吸收。本征吸收的长波限，也称吸收边。A 区域的吸收系数为 $10^3 \sim 10^4 \, \mathrm{cm}^{-1}$，在吸收边随光子能量增大而增加。在可见光谱范围，非晶硅的本征光吸收系数超过硅的本征光吸收系数 $1 \sim 2$ 个数量级。由于晶体硅的本征光吸收存在严格的选择定则，既要满足能量守恒，还必须满足准动量守恒，晶体硅的本征吸收过程必须有声子的参与。而非晶硅中由于结构无序，电子态没有确定的波矢，电子在吸收光子发生能带间跃迁的过程中，不受准动量守恒的限制。

非晶硅的光吸收系数 α 随光子能量 $h\nu$ 在吸收边附近遵循 Tauc 规律

$$(\alpha h\nu)^{1/2} = B(E_g - h\nu) \tag{4-1}$$

其中，B 是与带尾态密度相关的参数。实验中通常用反射-透射光谱测量吸收系数 α，由式（4-1）计算出光学带隙 E_g。

带尾吸收（B 区域）：光吸收来自价带尾态和导带尾态间的跃迁，这个区域称为 Urbach 边。此区域中吸收系数 α 的范围为 $1 \sim 10^3 \, \mathrm{cm}^{-1}$，$\alpha$ 以指数函数的形式依赖于光子能量 $h\nu$，有

$$\alpha = \alpha_0 \mathrm{e}^{h\nu/E_0} \tag{4-2}$$

式中，α_0 是常数，E_0 为 Urbach 能量。这一指数关系源自带尾态的指数分布，特征能量 E_0 与带尾结构有关，它标志着带尾的宽度和结构无序的程度。E_0 越大，带尾越宽，结构越无序。通常导带带尾态分布比价带带尾态分布更窄，非晶硅器件的 E_0 典型值小于或等于 $0.05 \, \mathrm{eV}$。

次带吸收（C 区域）：光吸收来自与缺陷态相关的跃迁，即电子从价带跃迁到带隙或从带隙跃迁到导带。C 区域的吸收系数 α 小于 $1 \, \mathrm{cm}^{-1}$。因为吸收系数反映了带隙内的跃迁，B 区域和 C 区域合称为亚带隙吸收。

非晶硅的光学带隙是研究非晶硅光学特性的重要材料参数。一般而言，材料的光学带隙越高，光吸收系数越小。器件级非晶硅的光学带隙 E_g 为 $1.7 \sim 1.8 \, \mathrm{eV}$，略高于由电导激活能确定的迁移率带隙，差值为 $0.1 \sim 0.2 \, \mathrm{eV}$。在 a-Si:H 中，光学带隙随薄膜中 H 浓度的增大而增大[7]。

4.1.2 非晶硅的电学特性[8]

a-Si:H 的电学特性往往用暗电导率 σ_d、光电导率 σ_{ph} 和迁移率寿

命乘积 $\mu\tau$ 描述,这些性能的测试往往使用的都是非晶硅测试的标准方法。器件级 a-Si∶H 的暗电导率 σ_d 一般小于 $10^{-10}\,\Omega^{-1}\,cm^{-1}$,为了测量 σ_d 和暗电导激活能 E_A,需要测量的电流很低,在皮安量级。测试时先将 a-Si∶H 薄膜沉积在高电阻率玻璃上,样品上再沉积 $1\sim2\,cm$ 长、相距小于 $1\,mm$ 的金属电极。测试过程中要特别注意湿度的影响,保证杂质扩散不会影响电流的测量,通常在真空或惰性气体气氛下进行。样品测试前需经过 $150\,℃$ 退火半小时,从而降低薄膜表面的湿度。一般在 $1\,\mu m$ 厚的 a-Si∶H 薄膜上加 $100\,V$ 电压,从而获得几十皮安的电流,则暗电导率为:

$$\sigma_d = \frac{I}{U}\frac{w}{ld} \tag{4-3}$$

式中　U——外加电压(V);

　　　I——测量得到的电流(A);

　　　l——电极的长度($1\sim2\,cm$);

　　　w——电极之间的距离($0.5\sim1\,mm$);

　　　d——薄膜厚度(μm)。

量纲分析可得 $\sigma_d \sim (A\cdot m)/(V\cdot m^2)=\Omega^{-1}\,m^{-1}$。

利用暗电导率 σ_d 对温度的依赖关系可以确定暗电导率激活能 E_A。半导体的 E_A 是费米能级到导带底的能量差,即电子从费米能级激发到导带所需的能量。σ_d 与温度的依赖关系为:

$$\sigma_d(T) = \sigma_0 \exp(-\frac{E_A}{k_0 T}) \tag{4-4}$$

式中　σ_0——电导率因子($\Omega^{-1}\,m^{-1}$);

　　　T——绝对温度(K);

　　　k_0——玻耳兹曼常数。

将式(4-4)两边取对数有 $\ln\sigma_d = \ln\sigma_0 - \dfrac{E_A}{k_0}\left(\dfrac{1}{T}\right)$,根据其斜率 E_A/k_0 可以推算出 E_A,结合 E_A 和光学带隙 E_{gopt},可以计算出薄膜的杂质浓度。对于未掺杂的 a-Si∶H,E_A 约为 $0.8\,eV$。

由于较低的载流子迁移率和 a-Si∶H 较高的迁移率带隙,未掺杂 a-Si∶H 的 σ_d 较低,E_A 较高。a-Si∶H 扩展态中载流子的典型迁移率比非晶硅低 2 个数量级,本征 a-Si∶H 的电子迁移率为 $10\sim20\,cm^2\,s^{-1}\,V^{-1}$,空

穴迁移率为 $1\sim5\ cm^2s^{-1}V^{-1}$。

在光照下 a-Si:H 的电导率会显著增加,这部分增加的电导率就是光电导。测量光电导率 σ_{ph} 的样品和仪器与测量暗电导率 σ_d 的相似,只是在 AM 1.5 光谱光照下进行。此时测得未掺杂a-Si:H薄膜的光生电流后,利用式(4-3)计算光电导率 σ_{ph},数值一般高于 $1\times10^{-5}\ \Omega^{-1}cm^{-1}$。光电导 σ_{ph} 和暗电导 σ_d 的比例称为光响应。光响应是描述太阳电池有源层稳定性的参数,较好的 a-Si:H 光响应高于10^5。

a-Si:H 光电导率的大小不仅取决于光吸收和激发情况,还与载流子复合和陷阱有关。载流子的产生率 G 依赖于吸收系数 α 和载流子产生的量子效率 η。假设 a-Si:H 的电流主要来自电子,输运和复合特性分别可以用迁移率 μ 和寿命 τ 描述,则光电导率为:

$$\sigma_{ph}=q\mu\Delta n=q\mu\tau G \tag{4-5}$$

式中　q——单位电荷;

　　　Δn——光生电子浓度。

在整个薄膜厚度 d 中的平均产生率与吸收率 A 相关,由比尔-朗伯定律有:

$$A=\Phi(1-R)(1-e^{-\alpha d}) \tag{4-6}$$

式中　Φ——入射光通量;

　　　R——薄膜表面的反射系数;

　　　α——吸收系数。

若忽略反射率随入射波长的变化,则平均产生率为:

$$G=\eta\frac{A}{d}=\eta\frac{\Phi(1-R)(1-e^{-\alpha d})}{d} \tag{4-7}$$

结合式(4-5)和式(4-7),光电导率可以表示为:

$$\sigma_{ph}=q\mu\tau\eta\frac{\Phi(1-R)(1-e^{-\alpha d})}{d} \tag{4-8}$$

式中,量子效率与迁移率及寿命乘积($\eta\mu\tau$)是一个非常有用的参数,是评价 a-Si:H 薄膜光吸收、载流子输运和复合的品质因子。对式(4-8)进行量纲分析,则 $\sigma_{ph}\sim Cm^2V^{-1}s^{-1}sm^{-2}s^{-1}/m=\Omega^{-1}m^{-1}$。如果用相对较长的单色光照射样品,可认为长波长下,吸收系数较小,从而可在 a-Si:H 薄膜中产生均匀的载流子分布,测量光生电流可得 $\eta\mu\tau$。实验中,通常

选择 600 nm 的单色光作为测试波长,联合式(4-8)和式(4-3),品质因子 $\eta\mu\tau$ 为:

$$\eta\mu\tau = \frac{I_{ph}w}{qUl\Phi(1-R)(1-e^{-ad})} \qquad (4-9)$$

若假设 a-Si:H 的量子效率 $\eta=1$,则器件级 a-Si:H 在 600 nm 的迁移率寿命乘积 $\mu\tau \geqslant 1\times10^{-7}\,\mathrm{cm^2V^{-1}}$。

4.1.3　光致衰减效应

1977 年,D. L. Staebler 和 C. R. Wronski[9]发现,用辉光放电法制备的 a-Si:H 薄膜经光照后(光强 200 mW/cm²,波长为 0.6~0.9 μm),其暗电导率和光电导率随时间增加而逐渐减小,并趋于饱和。这种 a-Si:H光致衰减变化后来被称为 Staebler-Wronski 效应(简称 S-W 效应)。a-Si:H 的光致衰减效应是可逆的,经过 150 ℃以上温度退火处理 1~3 h 后,光、暗电导率又可恢复到原来的状态。

自从观察到 S-W 效应,人们花费了大量的精力研究入射光照对 a-Si:H 结构和光电特性改变的机理[10-12],认为:光照会增加 a-Si:H 中的悬键密度,而悬键被认为是光致衰减的主要原因。根据双光束电导率 DBP 测定的吸收系数变化,光老化处理会明显增大 a-Si:H 中的缺陷密度,如图 4-3 所示。采用 He-Ne 激光器($\lambda=633$ nm),入射光强为 40 mW/cm²,在光能量 0.8~1.4 eV 的范围内,亚带隙吸收随光照时间增加,表明缺陷密度随光照时间递增。室温时 a-Si:H 中的饱和缺陷浓度约为 $2\times10^{17}\,\mathrm{cm^{-3}}$,这些缺陷能级靠近带隙中部,主要起复合中心的作用,导致 a-Si:H 薄膜材料光电特性和太阳电池性能的退化,限制了 a-Si:H 电池可达到的最高稳定效率。

光老化处理后电荷深能级瞬态谱 Q-DLTS 的变化可以给出缺陷态能量分布的信息,如图 4-4 所示。DLTS 是半导体领域研究和检测半导体杂质、缺陷深能级、界面态等的重要技术手段。最早的电容式 DLTS 只能测量轻度掺杂的 a-Si:H 薄膜,而 Q-DLTS 可以测量未掺杂的 a-Si:H 薄膜。经过光老化实验(633 nm,光强 40 mW/cm²)后,随时间变化的Q-DLTS光谱表明了 a-Si:H 光致衰减的复杂特性。在低温

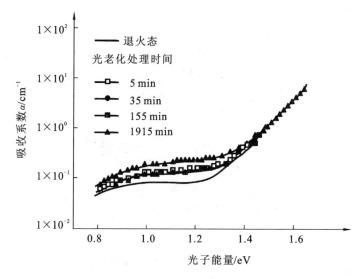

图 4-3　a-Si∶H 中光老化处理导致的亚带隙吸收系数变化

下,Q-DLTS 信号消失,370 K 处的峰值随光照时间延长显著增加,而 450 K 处的 Q-DLTS 响应不受中等光老化处理的影响。根据缺陷理论,Q-DLTS 信号描述的缺陷态可以分为带正电荷的 D_h、电中性的 D_z 和带负电的 D_e,如图 4-4 中箭头所示[13]。Q-DLTS 测量结果表明:随着光老化处理时间的推移,带正电荷的缺陷减少,带负电荷缺陷的密度几乎不变,而电中性缺陷悬键显著增加[14]。

　　利用 Q-DLTS 技术,人们对 a-Si∶H 中不同类型缺陷的机理和特性有更多的认识。可以发现[15]:除了悬键,其他类型缺陷也对 a-Si∶H 的光致衰减效应有重要的影响。禁带中线以上的带正电荷缺陷态与 Si 悬键和 H 分子的复杂结合有关,与相邻 5 个 Si 原子有共价键连接的浮动键形成了禁带中线以下的负电荷缺陷态。但是,a-Si∶H 中的光致衰减效应仍然是非常复杂的现象,很多问题有待解决。对于光致衰减效应虽然提出了很多理论模型,如 Si—Si 弱键断裂模型[16]、电荷转移模型[17]、氢碰撞模型[18]等,但还没有普遍接受的理论模型可以解释 a-Si∶H中亚稳态缺陷的形成和所有相关的实验现象。

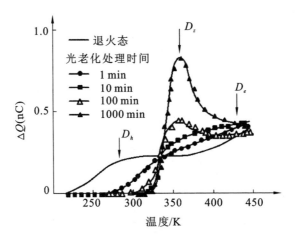

图 4-4　不同光老化处理时间下 a-Si∶H 中的 Q-DLTS 信号

4.1.4　非晶硅薄膜的红外吸收和拉曼散射

a-Si∶H 薄膜中含有 H 原子,其含量与键合状态会影响薄膜的结构和光电特性。一方面,H 原子与悬挂键结合,消除了大量的局部能级,改善了薄膜的结构和光电特性;另一方面,a-Si∶H 薄膜的光致衰减效应也与薄膜中 H 含量和 Si—H 键合方式密切相关。a-Si∶H 薄膜中过多的 H 含量会使薄膜结构中含有更多的微孔,结构疏松,导致电学性能变差。当用 TEM(透射电子显微镜)观察 a-Si∶H 薄膜的微细结构时,可以发现 SiH_2 红外吸收特征的样品呈现出明显的柱状结构,这是因为薄膜中"致密柱"与"疏松组织"的主要差别在于 Si—H 组态的不同,前者以 SiH 组态为特征,后者以 SiH_2 组态为特征。

目前,有多种研究 a-Si∶H 薄膜中 H 含量(C_H)及 Si—H 键合方式($Si—H_n$)的技术。由于 Si—H 键的振动频率是在红外范围内,所以红外吸收谱是研究 a-Si∶H 薄膜中 H 含量及 Si—H 键合方式的有效方法之一。相对于其他技术,如核反应技术、二次离子质谱仪、色谱法等,傅里叶转换红外光谱(FTIR)方法具有操作简单、对 a-Si∶H 薄膜结构无损等特点,不仅能反映 a-Si∶H 薄膜中的 H 含量,也能对薄膜中

Si—H键合方式进行表征[19]。

　　通常，在 a-Si：H 薄膜中既含有 SiH，也含有 SiH_2、SiH_3、$(SiH_2)_n$ 等。图 4-5 形象地给出了 a-Si：H 薄膜中 SiH、SiH_2 官能团的振动模式，基本上可分为三类：Si—H 键长度的变化（键伸张）、H—Si—H 类型键角的变化（键弯曲）以及 H 原子绕着键的弯曲和扭曲（键摇摆或键扭曲）等。红外吸收谱对应的波数及相应的振动模式列于表 4-1。图 4-6 给出了 a-Si：H 薄膜的典型红外吸收谱。

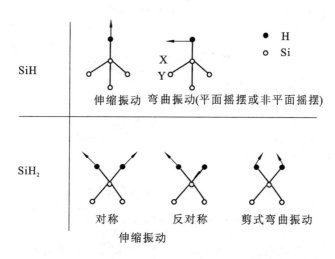

图 4-5　a-Si：H 薄膜中 SiH、SiH_2 官能团的振动模式

表 4-1　红外吸收谱对应的波数及相应的振动模式[6]

键合方式	吸收峰波数/cm^{-1}	振动模式
SiH	2000	伸张模
	630～640	摇摆模
SiH_2	2090	伸张模
	880～890	弯曲模
	630～640	摇摆模

续表 4-1

键合方式	吸收峰波数/cm⁻¹	振动模式
SiH₃	2120	伸张模
	890,850～860	弯曲模
	630～640	摇摆模
(SiH₂)ₙ	2090～2100	伸张模
	850	弯曲模
	630～640	摇摆模

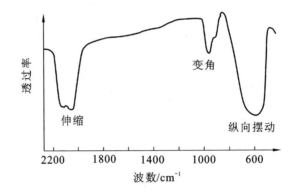

图 4-6 a-Si∶H 薄膜的典型红外吸收谱

a-Si∶H 薄膜中的 H 含量可以用 ^{15}N 和 ^{1}H 的共振核反应所产生的 γ 射线来测量,其反应式为:

$$^{15}N + {}^{1}H \longrightarrow {}^{12}C + {}^{4}H + \gamma$$

虽然这种技术能够测量 a-Si∶H 薄膜中 H 的总量,但费时、昂贵。因此,常规方法是利用红外光谱中的 Si—H 振动吸收来计算氢浓度,利用红外吸收谱 630～640 cm⁻¹,2000 cm⁻¹,2090 cm⁻¹ 吸收峰的积分(或红外透射谱中相应吸收谷的积分)来计算 a-Si∶H 薄膜中 H 的浓度。大量的实验结果指出:a-Si∶H 薄膜红外吸收谱中吸收峰的强度正比于薄膜中 H 的浓度,因此利用红外吸收谱的积分强度可确定薄膜中 H 的含量。H 的绝对含量可用式(4-10)求出。

$$C_H = A_\omega I_\omega / N \tag{4-10}$$

式中 A_ω——比例系数;

N——晶体硅的原子密度,其值为 5×10^{22} cm^{-3};

I_ω——红外吸收谱中相应吸收峰的积分强度

$$I_\omega = \int \frac{\alpha(\omega)}{\omega} d\omega \qquad (4-11)$$

由于 640 cm^{-1} 的吸收峰强度与 a-Si:H 薄膜的制备方法无关,而且此吸收峰代表了各种 Si—H 键合模式总的吸收强度,因此可选此吸收峰的积分强度 I_ω,通过式(4-10)计算出 a-Si:H 薄膜中的 C_H。

拉曼散射是指光子(一般能量在可见光或近红外光谱范围)在 a-Si:H 中由于吸收或发射声子而发生的非弹性散射。通过拉曼散射谱我们可以得到有关非晶硅网格结构的信息。非晶硅的一级拉曼谱主要在 $100 \sim 600$ cm^{-1},属远红外谱区,在研究非晶硅原子振动性质方面,与红外吸收谱相互补充。

非晶硅的拉曼散射谱与晶体硅的有很大的不同。晶体硅的一级拉曼散射谱中只有横光学模(TO)是激活的,峰位在 520 cm^{-1} 处,半高宽 3 cm^{-1}。而非晶硅的一级拉曼谱中有多种模式都是激活的,其中包含有横光学模(TO),峰位在 480 cm^{-1} 处;纵光学模(LO),峰位在 410 cm^{-1} 处;纵声学模(LA),峰位在 310 cm^{-1} 处;横声学模,峰位在 170 cm^{-1} 处。图 4-7 是 PECVD 制备的 a-Si:H 薄膜典型的拉曼散射谱,制备过程中衬底温度 200 ℃,氢稀释 $[H_2]/[SiH_4] = 10$。图中已标示出

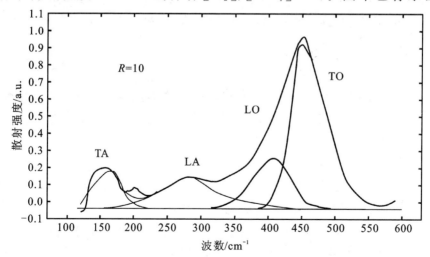

图 4-7　PECVD 制备的 a-Si:H 薄膜典型的拉曼散射谱[20]

a-Si：H有效分解为四个振动模式。

非晶硅与晶体硅的拉曼谱之所以有这么大的差别，是因为晶体硅拉曼散射要遵守严格的选择定则，即只有声子波矢 Q 近似为零的 TO 声子才能参与拉曼散射，而此声子的能量约为 64 meV，对应晶体硅拉曼谱的 TO 模峰位在 520 cm^{-1}处。而非晶硅由于网络的无序性，光学跃迁的动量选择定则放宽，散射峰位基本上对应于声子态密度谱的峰值，而且这些模式的峰形有明显的展开，如图 4-7 中 TO 模的半高宽达 51.3 cm^{-1}。

非晶硅拉曼散射谱的峰位、强度和峰宽受到薄膜微结构的影响[21]。例如，拉曼谱的 TO 模式是非晶硅短程有序的灵敏量度。TO 模散射峰的面积对应着 Si-Si 键键角振动的态密度。利用 TO 模的半高宽，可以计算出 a-Si：H 薄膜中硅网络的平均键角畸变 $\Delta\bar{\theta}$，由此可推断出图 4-7 中非晶硅样品的平均键角畸变为 7°左右，略小于一般非晶硅的键角畸变。而随着氢稀释程度的加深，拉曼谱 TO 模的峰位向高波数方向移动，半高宽减小。非晶硅拉曼谱的 TA 模是薄膜中程有序度的表征。TA 模散射峰的面积与二面角振动的态密度有关，TA 模强度的降低，表明薄膜的中程有序度提高。为便于比较，常用 TA 模和 TO 模散射强度的比值来表征薄膜的中程有序度。当 a-Si：H 薄膜发生相变到微晶硅薄膜过程中，拉曼谱也会发生明显的变化。

4.1.5　非晶硅的制备

最早成功制备 a-Si：H 薄膜的技术是 SiH$_4$ 的射频辉光放电工艺。之后，人们开发研制了多种非晶硅薄膜材料的制备方法，如化学气相沉积法（CVD）和物理气相沉积法（PVD）等。在硅基薄膜太阳电池制备过程中广泛用到的是各种各样的化学气相沉积法。从原理上来讲：化学气相沉积是在反应室中将含有硅的气体分解，分解后的硅原子或含硅的基团沉积在衬底上。常见的气体有硅烷（SiH$_4$）和乙硅烷（Si$_2$H$_6$），制备 n 型掺杂需加入磷烷（PH$_3$），而制备 p 型掺杂则需加入乙硼烷（B$_2$H$_6$）、三甲基硼烷[B(CH$_3$)$_3$]或三氟化硼（BF$_3$）。为提高制备薄膜的质量，人们通常用氢气（H$_2$）或惰性气体[如氦气（He）和氩气

（Ar）]稀释硅烷。常用的技术有等离子体辉光放电法、热丝化学气相沉积法和光诱导化学气相沉积法。根据激发源的不同，等离子体辉光放电法又可分为直流（DC）、射频（RF）、甚高频（VHF）和微波等离子辉光放电。本节主要以射频等离子体增强化学气相沉积法来介绍非晶硅薄膜的生长。

沉积器件级 a-Si：H 薄膜最常用的方法是等离子体激发频率为13.56 MHz 的射频等离子体增强化学气相沉积法（rf-PECVD）。等离子体的作用是提供 SiH_4 分解的能量源，等离子体形成的二次电子在电场中加速，积聚能量后的电子与 SiH_4 发生碰撞，使 SiH_4 分子分解为自由基。自由基是含有一个不对称电子的原子团，由于原子形成分子时，化学键中电子必须成对出现，因此具有高反应活性的自由基就夺取其他物质的一个电子，使自身形成稳定的物质。自由基黏附在生长薄膜的表面，从而生长出 a-Si：H 层。一些与电子碰撞转移到分子的能量是可见光辐射，因此 rf-PECVD 技术也被称为辉光放电。PECVD沉积的另一个优势是沉积温度仅在 200～250 ℃，因此可以在各种低成本衬底，如玻璃、不锈钢、柔性塑料等上沉积。

rf-PECVD 系统的结构如图 4-8 所示，主要包括 5 个部分：

（1）高真空反应室：含电容耦合平行电极，射频功率反馈、衬底支架和衬底加热装置；

（2）气体系统：包括流量控制器和气体阀门，控制反应过程中的气流量及气压；

（3）泵浦系统：采用分子泵和机械泵处理反应气体，保证反应室内的高真空；

（4）耗尽系统：净气器或燃烧室处理工艺后的剩余气体；

（5）电子控制系统：射频功率发生器及真空表、电压表、温度计等。

SiH_4 分解为 Si 原子的主要反应方程式如下：

$$SiH_4 + e \longrightarrow Si + 2H_2 + e$$

$$SiH_4 + e \longrightarrow SiH_3 + H + e$$

$$SiH_4 + e \longrightarrow SiH_2 + H_2 + e$$

$$SiH_4 + e \longrightarrow SiH + H_2 + H + e$$

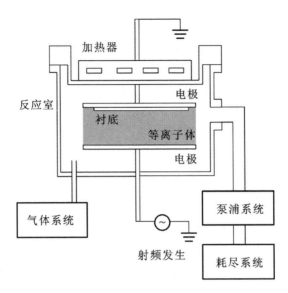

图 4-8　rf-PECVD 系统的结构

$$H_2 + e \longrightarrow 2H + e$$

在反应室中,气体的裂解反应并不像上式那么简单,而是一个复杂的物理化学过程。一般认为,在 H_2 和 SiH_4 通入反应室后,首先在电场的作用下发生分解,可能存在 Si、SiH、SiH_2、SiH_3、H、H_2 基团,以及其他少量的 $Si_mH_n(n,m>1)$ 离子基团。但是,这些基团的浓度以及对非晶硅薄膜形成的影响大不相同。SiH_3 常被认为是 a-Si:H 薄膜生长中主要的自由基。因为大部分样品表面的最外层为 H,SiH_3 自由基不能直接与薄膜形成键合,而是在表面扩散直到遇到悬键。通过与悬键发生键合,SiH_3 自由基才对薄膜生长有贡献。SiH_3 与生长薄膜键合需要悬键,而只有 H 原子脱离样品表面才能形成悬键。H 原子可以受热激发离开表面,也可以受 SiH_3 自由基抽取离开表面,从而形成一个悬键和 1 个 SiH_4 分子。与 SiH_3 相比,SiH_2 和 SiH_4 自由基有更高的黏滞系数,能直接和外层的 H 在表面结合,但这些自由基会导致薄膜生长质量较差,因此,在反应生成的等离子体中应尽量避免生成此类自由基。

由于可能存在多种化学反应,非晶硅薄膜的性能对制备工艺十分敏感,不同的设备都需要独特的优化工艺,才能制备高质量的非晶硅薄膜。一般而言,硅烷浓度在 10% 以上,流量为 50~200 mL/min,衬底温度为 200~300 ℃,射频功率为 20~50 mW/cm²,比较适合制备非晶硅薄膜。

根据以上的工艺条件可以估算太阳电池沉积 300 nm 厚的 a-Si:H 吸收层需要 25~50 min,这样的生长速率不适应大规模的工艺生产。而决定沉积速率的核心是等离子体的功率,更高的功率会在等离子体中产生更高的电子浓度和其他自由基浓度,从而提高沉积速率。但是,功率增加会导致更多的 SiH₄ 自由基出现,此时薄膜中 H 和 SiH₂ 键的浓度增大,薄膜质量下降。为了在高沉积速率下形成紧密的 Si 原子网络,需要抑制 SiH₂ 键的形成。因此,需降低等离子体的电子温度并升高衬底沉积的温度,但若衬底温度高于 500 ℃,薄膜中的 H 会从非晶硅中逸出,使 H 的钝化能力消失,最终使非晶硅薄膜的性能变差。

4.1.6 非晶硅薄膜太阳电池

非晶硅 a-Si:H 的载流子扩散长度远短于晶体硅,器件级本征 a-Si:H 的双极扩散长度为 0.1~0.3 μm,在掺杂 a-Si:H 层中,掺杂引起的缺陷密度比本征 a-Si:H 高 2~3 个数量级,少子扩散长度更短。因此,像晶体硅太阳电池那样依靠 p-n 结中性区进行少数载流子输运的太阳电池结构不宜用于非晶硅。由于扩散长度较短,掺杂 a-Si:H 中的少数载流子在到达 p-n 结耗尽区之前,将全部发生复合。若采用很薄的材料,光的吸收率会很低,相应的光生电流也很小。为了解决这一问题,硅基薄膜电池通常采用 p-i-n 型结构[22],如图 4-9 所示。

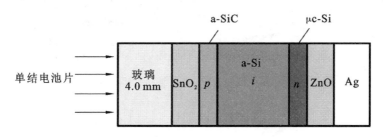

图 4-9 单结非晶硅太阳电池结构示意图

p 层和 n 层分别是硼掺杂和磷掺杂的非晶硅层,较薄;i 层是本征非晶硅。非晶硅薄膜太阳电池的掺杂层主要有两个作用:①掺杂层在本征 a-Si:H 层内形成了强大的内建电场,保证了 i 层内光生载流子的充分收集,内建电场强度依赖于掺杂层的掺杂浓度和本征层的厚度;②非晶硅太阳电池的掺杂层和外电极直接接触,所以 p 层和 n 层的重掺杂可与外电极形成低损耗的欧姆接触,降低接触电阻。

图 4-10 给出了非晶硅太阳电池的能带示意图,其中 E_C 和 E_V 分别为导带底和价带顶,E_F 为费米能级。对于 p-i-n 结构,在没有光照的平衡态时,三层具有相同的费米能级,此时本征层 i 中的导带和价带从 p 层向 n 层倾斜形成内建势场 V_{BI}。理想情形下,p 层和 n 层的费米能级差值决定了电池的内建势场,相应的电场为内建电场。由于掺杂层内缺陷浓度很高,光生载流子主要在本征层中产生,光学带隙约为1.75 eV 的本征层具有"吸收层"的作用,产生的电子-空穴对被内建电场分离为自由的电子和空穴。在内建电场的作用下,光生电子向 n 层运动,而光生空穴则流向 p 层,光生载流子进入掺杂层后被电极所收集。由于光生载流子的主要输运机制是内建电场引发的漂移,所以非晶硅薄膜太阳电池也被称为漂移器件。

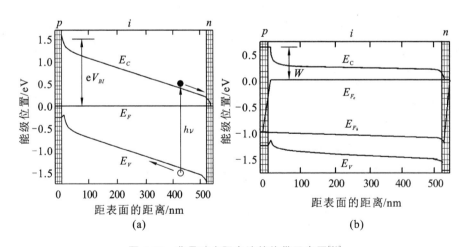

图 4-10　非晶硅太阳电池的能带示意图[23]

(a)暗态;(b)亮态

i 层 a-Si:H 薄膜的厚度是非晶硅薄膜太阳电池结构设计的关键

因素之一。本征层的厚度决定了光子吸收和载流子收集的细致平衡，更厚的本征层有助于光子的吸收，而更薄的本征层有利于载流子的收集。载流子的收集依赖于光生载流子在内建电场中的漂移，以及载流子的迁移率和寿命。掺杂层的费米能级差决定了器件的内建电压，而内建电压和 i 层厚度一起决定了内建电场强度。但是，内建电场在 i 层内分布并不是均匀的，与 i 层中空间电荷分布密切相关。非晶硅本征 i 层中的空间电荷由带尾态和缺陷态密度决定。由于带隙中局域态的密度很高，这些局域态对器件的总体电荷分布有很大影响，决定了内建电场分布。掺杂层界面处高缺陷密度会在界面区域形成较高的电场强度，导致本征层内的电场强度相对下降。

非晶薄膜电池通常分为两种结构，即 p-i-n 型和 n-i-p 型结构。p-i-n 结构的电池一般将 p、i、n 层按顺序沉积在玻璃衬底上。由于光是透过玻璃入射到太阳电池上的，也将玻璃称为"衬顶"。在玻璃上首先预沉积一层透明导电膜（TCO），作用有二：一是让光透过 TCO 进入太阳电池；二是将 TCO 作为电极使用。在透明导电膜上依次再沉积 p、i、n 层，其中 p 层通常采用非晶碳化硅合金。由于非晶碳化硅合金的禁带宽度高于非晶硅，其透过率也比通常的 p 型非晶硅高，因此 p 型非晶碳化硅合金也称窗口材料[21]。一方面，使用 p 型非晶碳化硅合金可以有效地提高太阳电池的开路电压和短路电流；另一方面，由于 p 型非晶碳化硅合金和本征非晶硅在 p/i 界面上带隙不连续，界面处易出现界面缺陷态，产生界面复合，降低电池的填充因子。为了降低界面缺陷态的密度，一般采用一个缓变的碳过渡层，在过渡层后直接沉积 i 层、n 层，背电极可直接沉积在 n 层上。常用的背电极是 Al 和 Ag。由于 Ag 的反射率高于 Al 的，因此使用 Ag 沉积可以提高电池的短路电流。但 Ag 的生产成本高于 Al 的成本，而且在长期可靠性方面存在一定问题，因此大批量非晶硅太阳电池生产中常采用 Al 电极。为提高光在背电极的有效散射，在沉积背电极之前可以先在 n 层上沉积一层 ZnO。ZnO 层有两个作用：首先，它有一定的粗糙度，可以增加光散射；其次，它可以阻挡金属离子扩散到半导体层中，从而降低由金属离子扩散引起的电池短路。

　　另一种结构是 n-i-p 型结构。这种结构通常是沉积在不透明的衬底上,如不锈钢和塑料。由于非晶硅薄膜中空穴的迁移率比电子的要小近两个数量级,所以 p 层应生长在靠近受光面的一侧。以不锈钢衬底为例,首先在衬底上沉积背反射膜,常用的背反射膜包括 Ag/ZnO和 Al/ZnO,考虑到成本问题,前者通常用于实验室,而后者多用于大批量的工业生产中。在背反射膜上依次沉积 n、i、p 型非晶硅,然后在 p 层上沉积透明导电膜。常用的透明导电膜材料为 ITO,由于 ITO 膜的表面导电率不如通常在玻璃衬底上的其他透明导电膜(如 IFO 、IZO)高,所以要在 ITO 表面添加金属栅线,以增大对光电流的收集率。

　　与 p-i-n 结构相比,n-i-p 结构有如下几个特点:首先,在背反射膜上沉积 n 层,由于通常的背反射膜为金属/ZnO 结构,而 ZnO 的稳定性较好,不易被等离子体中的 H 刻蚀,所以 n 层可以是非晶硅或微晶硅。其次,半导体材料中电子的迁移率高于空穴的迁移率,n 层的沉积参数范围较宽,便于工艺控制。再次,p 层是沉积在本征层上的,所以 p 层可以选用微晶硅。p 层使用微晶硅有很多优点,微晶硅对短波的吸收系数比非晶硅的小,所以电池的短波响应好;微晶硅 p 层的掺杂效率高,相应的电导率高,因此,p 层使用微晶硅可以有效提高太阳电池的开路电压 V_{oc}。

　　但 n-i-p 型结构也有一些缺点:首先,在 ITO 电极上添加金属栅电极来增大电流收集效率,降低了太阳电池的受光面;其次,ITO 厚度很薄,难以实现粗糙的绒面结构,电池的光散射主要取决于背反射膜的绒面结构,因此对背反射膜的要求较高。

4.2　微晶硅及纳米硅薄膜太阳电池

　　微晶硅 μc-Si 或纳米硅(nc-Si:H 或 nc-Si)通常是指用纯 SiH_4 或 SiH_4/H_2 混合气体,在低温(<400 ℃)下通过 PECVD 或相似技术制备的硅薄膜。而多晶硅薄膜则是高温下(>600 ℃)用 CVD 法制备的硅薄膜。虽然微晶硅薄膜太阳电池与非晶硅薄膜太阳电池使用相同的设备和相似的工艺,但微晶硅相比非晶硅具有如下材料特性:

（1）更复杂的材料微结构，并且微结构随沉积工艺条件而变化；

（2）带隙更低，微晶硅的带隙为 1.1 eV，而非晶硅的带隙为 1.7～1.8 eV，因此能够利用微晶硅吸收近红外波段的太阳光谱；

（3）为间接带隙半导体，在太阳光谱的可见光波段吸收系数低，需要比非晶硅更厚的吸收层和有效的陷光结构；

（4）光致衰减效应较弱。

早期，微晶硅划归非晶硅薄膜材料。20 世纪 80 年代初期人们发现[24]，采用 PECVD 技术制备非晶硅过程中，若适当提高沉积温度或加大硅烷的氢稀释率，可获得若干小晶粒均匀镶嵌在非晶无序网络结构中的薄膜材料，其电子衍射谱呈现一些结晶的环状特征，故称为微晶硅。而纳米硅和微晶硅之间并没有严格的区分，通常将硅晶粒尺寸为 1～100 nm 的硅基薄膜定义为纳米硅。此时，硅晶粒尺寸可以与其电子的德布罗意波长相比拟，从而可以观察到明显的量子尺寸限制效应和量子输运现象。

微晶硅作为一种微晶粒镶嵌在非晶硅基质中的两相结构材料中，其光电性质密切依赖于结构参数，它们之间的依赖关系可以用有效介质理论描述，包括带隙宽度、光吸收系数、光电导、暗电导等。图 4-11 显示了沉积在衬底上的微晶硅从高晶化率向非晶转变过程中结构变化的示意图，它是根据原子力显微镜（Atomic Force Microscope，AFM）、透射电子显微镜（Transmission Electron Microscope，TEM）、X 射线衍射（X-ray Diffraction，XRD）和拉曼散射谱（Raman Spectroscopy）等表征方法对大量微晶硅材料测试后分析总结得出的材料结构随晶化率的演变[5]。图 4-11 左显示了高晶化率的微晶硅材料，在这些材料里，直径达 200 nm 的柱状结构贯穿了整个薄膜，但这些柱状结构并不代表单个晶粒，它们包含着大量的 10 nm 左右的微小晶粒，晶粒与晶粒之间由层错或者孪晶分离，柱状结构之间有裂缝状微孔洞，非晶相作为晶粒间界存在。随着晶化率的下降，非晶成分的比率上升，柱状结构与晶粒的尺寸逐渐减小。在图 4-11 中央显示的是靠近过渡区具有中等晶化率的微晶硅材料，此时，柱状结构不再贯穿整个薄膜，它们之间的裂缝状微孔洞由非晶组织钝化。图 4-11 的右边显示的是以非晶成分为主的硅材料,只能看见一些尺寸很小的晶粒镶嵌在非晶硅的网格中。靠近衬底表面的区域可能存在一个微晶粒孵化层。孵化层内主要是从非晶相向微晶相的过渡,随膜厚增加,微晶粒长大,晶相比增大。

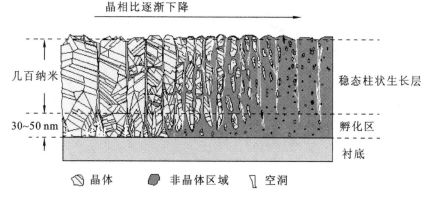

图 4-11　微晶硅两相结构示意图[5]

4.2.1　微晶硅生长模型[21]

关于氢稀释导致从非晶到微晶的转变,目前主要有三种模型:表面扩散模型、刻蚀模型和化学退火模型。

（1）表面扩散模型

图 4-12 为表面扩散示意图,这一模型认为 H 原子从等离子体中流向薄膜生长表面,在表面放出一定的热量,为结晶提供足够的局域能量。由于到达生长表面的粒子、离子扩散系数增大,而较高的扩散系数使它们易于沉积在表面能量较低的位置,所以高氢稀释条件下容易形成微晶硅。

（2）刻蚀模型

刻蚀模型的依据是:在氢稀释条件下,非晶硅的生长速率比没有氢稀释时要低,以及氢气等离子体对非晶硅的刻蚀速率高于对晶体硅的刻蚀速率。图 4-13 是刻蚀模型示意图。H 原子会打断 Si—Si 弱键,而 Si—Si 弱键主要是在非晶相,因此,H 原子将择优刻蚀非晶硅,

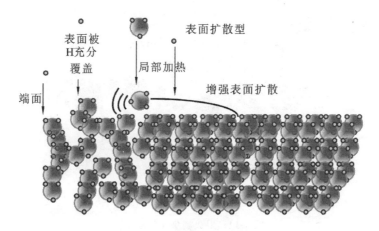

图 4-12　形成微晶硅表面扩散模型示意图[21]

而新到达生长表面的含硅粒子和离子在生长表面形成稳定的晶相结构,促进微晶硅的形成。

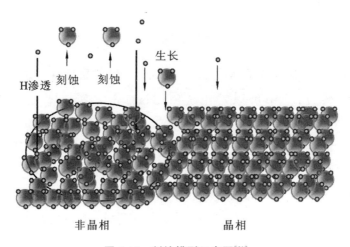

图 4-13　刻蚀模型示意图[21]

（3）化学退火模型

化学退火模型指在非晶硅的沉积过程中,原子 H 进入了材料的次原子层,引起化学退火,从而使非晶相发生晶化,如图 4-14 所示。

虽然这些模型都可以预测发生晶化时的必要条件,但是并不能解

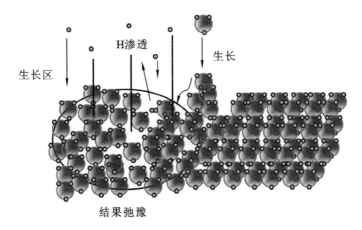

图 4-14　退火模型示意图[21]

释微晶硅生长的圆锥状微结构、结晶后表面粗糙度随厚度增大稳定增加等实验现象。因此,对微晶硅薄膜材料的生长模型还有待进一步改进和完善。

4.2.2　微晶硅的光学特性

图 4-15(a)显示了典型的 c-Si、a-Si:H 和微晶硅在不同光子能量下的吸收系数,从中可以看出 a-Si:H 的光学禁带宽度 E_g 大约为 1.75 eV(750 nm),而微晶硅与 c-Si 类似,其 E_g 约为 1.12 eV(1100 nm)。与间接带隙半导体 c-Si 相比,a-Si:H 对光的吸收率大大增大,这使得 a-Si:H 在高能端(1.8~3.5 eV)的光谱范围内比 c-Si 的吸收系数高。因此,比 c-Si 太阳电池(厚度为 200 μm)薄很多的a-Si:H太阳电池(厚度为0.5 μm)就可以充分地吸收太阳光,a-Si:H 电池的材料消耗就大大减少。

在高能光谱范围内,微晶硅比 c-Si 有更高的光吸收系数,可能是因为残留的非晶相比c-Si具有更高的吸收系数,但也可能是因为内部晶界或者粗糙表面对光线进行了散射,增加了光线在薄膜中经过的路径,从而增加了光吸收。当光子能量低于 1.1 eV 时,微晶硅比c-Si具有更高的吸收系数,这是因为微晶硅中带尾态和深能级缺陷态的吸收

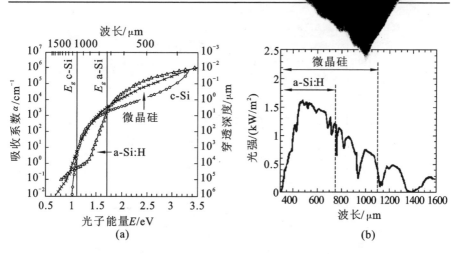

图 4-15 各太阳电池的吸收系数和对 AM 1.5 太阳光谱的利用范围

(a)晶体硅、氢化非晶硅和微晶硅在不同光子能量下的吸收系数;

(b)氢化非晶硅和微晶硅对 AM 1.5 太阳光谱的大致利用范围

所致。而在低能端(1.1~1.8 eV)光谱范围内,微晶硅的吸收系数与 c-Si 的相近,其光谱响应范围从 a-Si:H 的 750 nm 拓展到了 1100 nm,从而使 a-Si:H 和微晶硅结合制成 a-Si:H/微晶硅叠层太阳电池,增加光吸收便变得可能。

实验证实:微晶硅薄膜具有良好的光照稳定性。图 4-16 给出了 nc-Si:H、a-Si:H 和 a-SiGe:H 三种硅基薄膜太阳电池在正向偏压下填充因子随时间的变化规律[25]。由图 4-16 可以清楚地看出,对于非晶硅薄膜太阳电池,随着外加正向偏压时间的持续增加,其填充因子下降很快,而微晶硅薄膜太阳电池的填充因子则无明显变化。众所周知,非晶硅薄膜是一种典型的无序体系,其结构形态为无规则网络形式,内部存在大量的悬挂键,这使其呈现出固有的光致衰退效应;而微晶硅薄膜是一种典型的纳米结构,它由大量的纳米晶粒和包围这些晶粒的界面形成,晶粒和界面各占 50%。在正向偏压下,注入微晶硅薄膜中的过剩载流子是通过晶粒输运的,一般不会产生由缺陷形成的俘获中心对载流子的复合,从而有效抑制了非晶硅薄膜的光致衰退现象。

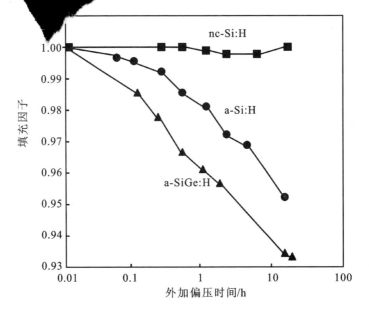

图 4-16　各类硅基薄膜电池填充因子随时间的变化

4.2.3　微晶硅薄膜的结构分析

微晶硅材料的结构分析常用手段包括 XRD 谱[26]、Raman 散射谱、IR 吸收谱及各种精细电镜技术。

图 4-17 给出的是氢稀释度为 35% 的条件下,沉积在硅片衬底上的微晶硅扫描电镜图。从图中可以看出,晶粒分布较均匀。

图 4-18 中给出的是在不同氢稀释度下沉积的微晶硅薄膜的 Raman 谱图。将 Raman 谱经 Lorentzian 分解后会在 480 cm^{-1}、510 cm^{-1} 和 520 cm^{-1} 处出现特征峰,这三个特征峰分别对应于非晶相、晶粒尺寸为几纳米的微晶相和已成核的微晶相。微晶硅薄膜的晶化率可由下式给出:

$$X_C = \frac{I_{510} + I_{520}}{I_{480} + I_{510} + I_{520}} \tag{4-12}$$

其中 I_{480}、I_{510}、I_{520} 分别对应于三个特征峰的相对积分强度。由图 4-18 可以看出,非晶硅薄膜的 Raman 谱的峰位中心在 480 cm^{-1} 附近,而微晶

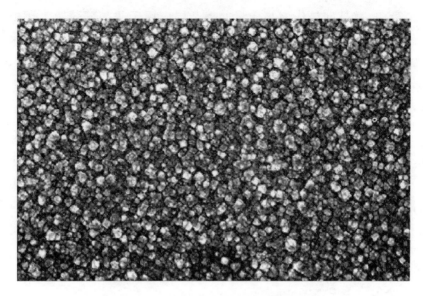

图 4-17   Si 衬底上的微晶硅扫描电镜图

硅薄膜的 Raman 谱的峰位中心在 517 cm^{-1} 附近,说明不同的氢稀释度均可使薄膜得到不同程度的晶化,氢稀释度在 35%~90% 之间,薄膜的晶化度变化不大。

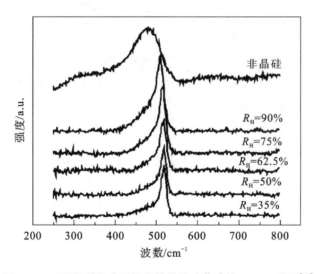

图 4-18   不同氢稀释度下沉积的微晶硅薄膜的 Raman 谱图[27]

最初,微晶硅是作为高质量的掺杂层应用于非晶硅薄膜太阳电池中的。对比非晶硅,微晶硅更易于实现掺杂,掺杂后微晶硅的费米能级可以更接近导带底或价带顶。在非晶硅中,杂质激活能较大,不小于 0.2 eV;而掺杂微晶硅中,杂质激活能可以低于 0.05 eV,从而使掺杂层具有更高的电导率。

为了从根本上提高低温沉积薄膜太阳电池的转换效率,使用双结或三结叠层结构,将不同光学带隙的数个电池叠加在一起是一种重要的方法。利用微晶硅薄膜的最佳方法是制备非微晶叠层结构,底电池为微晶硅,顶电池为 a-Si:H。假设所有能量大于带隙的光子都被有源层吸收,并且填充因子 FF 和开路电压 V_{oc} 接近理论上的理想值,可以证明,1.1 eV 和 1.75 eV 带隙的组合非常接近理论上的理想带隙,从而实现 AM 1.5 光谱的转换效率最大值[8]。

4.2.4　非晶硅/微晶硅叠层太阳电池

非晶硅/微晶硅叠层太阳电池主要包括非晶硅/微晶硅双结叠层和非晶硅/微晶硅三结叠层太阳电池。

（1）a-Si:H/μc-Si:H 双结叠层太阳电池

对比非晶硅,微晶硅在长波响应和稳定性方面的性能较好,因此 a-Si:H/μc-Si:H 双结电池是广泛研究的器件结构。由于微晶硅的禁带宽度与单晶硅接近,为 1.1 eV,可以作为良好的底电池。在具有较好背反射层的情况下,单结微晶硅电池的短路电流密度可以达到 27～29 mA/cm²,甚至超过 30 mA/cm²。为了与底电池的电流相匹配,顶电池的电流密度要达到 13～15 mA/cm²,要求较厚的本征层。而较厚的本征层有两个问题:一是会降低顶电池的填充因子,从而影响双结太阳电池的转换效率;二是影响双结太阳电池的稳定性。较厚的本征层会降低本征层中的内建电场,造成载流子收集困难,这一点在光照后表现得更为明显。

为解决上述问题,瑞士 Neuchatel 大学的研究人员在 a-Si:H 顶电池和微晶硅底电池之间插入一层起半反射膜作用的中间层[28],如

图 4-19(b)所示。利用这层半反射层将部分光子反射回顶电池,从而增大顶电池的电流,此时底电池的电流会相应减小。半反射膜一般采用氧化锌(ZnO)或其他电介质材料,其厚度和折射率是两个重要的参数。顶电池的电流随半反射层厚度的增大而增大,而底电池的电流则随半反射层厚度的增大而减小。在采用半反射层的过程中,通过 a-Si:H/ZnO 界面的光反射(无须增加 a-Si:H 顶电池的厚度),可以增大顶电池的电流和维持顶电池的稳定性;通过顶、底电池的电流匹配,可增加 a-Si:H/μc-Si:H 双结电池的总电流。借助此技术,Neuchatel 大学在实验室制得的样品稳定效率为 10.8%,而日本 Kaneka 公司制备了初始转换效率为 14.7%的双结叠层样品。

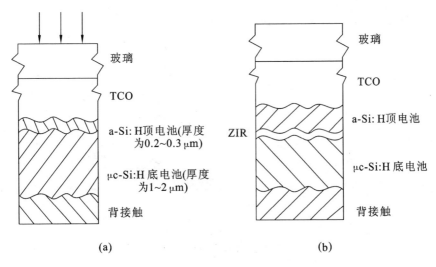

图 4-19　a-Si:H/μc-Si:H 双结叠层太阳电池

(a)无中间层;(b)ZnO 作为中间层

　　a-Si:H/μc-Si:H 双结叠层太阳电池是新一代薄膜太阳电池的主要电池结构。这种电池结构的转换效率高于单结 a-Si:H 太阳电池,电池稳定性好。基于 a-Si:H 和微晶硅薄膜光吸收的实验测量数据,并假设透明导电膜 TCO 和掺杂层具有较小的光吸收,且为理想背反射膜,用蒙特卡罗数值模拟方法计算可得带 ZnO 中间层的双结叠层电池将获得 15%的稳定转换效率[8]。

（2）a-Si：H/μc-Si：H/μc-Si：H 三结叠层太阳电池

利用 a-Si：H/μc-Si：H/μc-Si：H 三结叠层太阳电池结构可以有效地提高电池的稳定性。美国联合太阳能公司利用这种电池结构取得了 14.14％的初始效率,经过 100 mW/cm² 的白光,1000 h 和 50 ℃ 光照下,电池稳定效率达到 13.6％[29]。图 4-20 是 a-Si：H/μc-Si：H/μc-Si：H 三结电池的电流-电压曲线和量子效率曲线。三结电池的优点不仅是底电池的长波响应好,中间电池的长波响应也延伸到了 1100 nm。更重要的是三结电池的稳定性好,长时间光照所引起的衰减仅为 3％～6％。

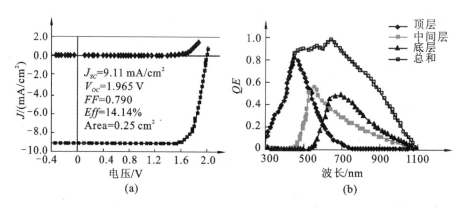

图 4-20　a-Si：H/μc-Si：H/μc-Si：H 三结电池的电流-电压曲线和量子效率曲线

(a)电流-电压曲线；(b)量子效率曲线

4.3　化合物薄膜太阳电池

4.3.1　碲化镉(CdTe)薄膜太阳电池

CdTe 薄膜太阳电池的发展经历了很长的历程。1956 年 RCA 的 Loferski 首先提出将 CdTe 应用于光伏器件中[30],1959 年 Rappaport 在 p 型 CdTe 中扩散 In 得到转换效率约为 2％的 CdTe 单晶电池[31], 1972 年 Bonnet 和 Rabenhorst 制备了转换效率为 6％的 CdS/CdTe 太阳电池[32],目前 First Solar 公司已实现最高转换效率达 22.1％的

CdTe 电池。在 CdTe 电池的发展过程中,人们对 CdTe 薄膜电池有了深入的认识,在沉积方法和制备工艺方面积累了丰富的经验。全球有两家最负盛名的 CdTe 薄膜电池组件制造商,分别是德国 Antec Solar Energy 和美国 Fisrt Solar,尤其是 First Solar,多次刷新 CdTe 电池效率的世界纪录。

在晶体结构上,CdTe 属立方闪锌矿结构,晶格常数为 6.481Å。CdTe 晶体依靠共价键结合,含一定的离子键成分。CdTe 是 Cd-Te 相位图中唯一稳定的 Cd-Te 化合物,并且固液同成分融化,容易生长制备接近化学计量比的 CdTe 薄膜。而且,Cd 原子和 Te 原子间的结合能较高,为 5.75 eV,太阳光谱中的所有光子能量都低于 CdTe 的结合能,不存在光子打断 CdTe 键而造成 Cd 释放在环境中的问题。CdTe 电池正常使用时温度一般不会超过 100 ℃,远低于其熔点,因此常规使用时 CdTe 不会分解扩散,而且 CdTe 和 CdS 在水中基本不溶解,因此使用过程中是稳定安全的。

CdTe 材料特别适合制备薄膜太阳电池,具有直接带隙($E_g = 1.45$ eV),位于最佳带隙范围 1.2～1.5 eV 内,晶体硅和 $CuInSe_2$ 的带隙略低于最佳带隙,而 $CuGaSe_2$ 和 a-Si:H 的带隙则高于最佳带隙。因为 CdTe 的光吸收系数高于 a-Si:H 的光吸收系数,并且远高于晶体硅的,几个微米厚的 CdTe 足以吸收所有入射的太阳光,而且微米级的扩散长度足以使产生的光生载流子充分地被接触电极收集,可大幅降低对材料质量的要求。此外,CdTe 和 $Cu(In,Ga)Se_2$ 等 II-VI 族多晶的晶界电活性较低,无须过多晶界钝化。

CdTe 和 CdS 的电学材料特性示于表 4-2。

表 4-2 CdTe 和 CdS 的电学特性参数[8]

特性	CdTe	CdS
熔点/℃	1092	1750
密度/(g/cm³)	5.85	4.82
分子质量/(g/mol)	240.1	144.47

续表 4-2

特性	CdTe	CdS
晶格常数/Å	$a=6.480$(闪锌矿)	$a=4.136$ $c=6.713$(纤锌矿)
带隙(300K)	1.45	2.42
电子亲和能/eV	4.28~4.5	4.5
电子有效质量 m_{n*}	$0.14m_0$	$0.15m_0$
空穴有效质量 m_{p*}	$0.37m_0$	$0.8m_0$
电子有效状态密度 N_c/cm^{-3}	7.9×10^{17}	2.24×10^{18}
空穴有效状态密度 N_v/cm^{-3}	1.3×10^{19}	1.8×10^{19}
电子迁移率 $\mu_n/\mathrm{cm^2\,s^{-1}\,V^{-1}}$	1000~1200	400
空穴迁移率 $\mu_p/\mathrm{cm^2\,s^{-1}\,V^{-1}}$	50~80	50
电学介电常数(相对值)	10.36	8.99
光学介电常数(相对值)	7.18	5.31
折射率	3.106(550 nm) 2.996(850 nm)	2.57(550 nm) 2.38(850 nm)

4.3.1.1 CdTe 薄膜太阳电池的基本结构

CdTe 薄膜太阳电池的基本结构示意图如图 4-21 所示。首先将透明导电膜 TCO 沉积到玻璃衬底上,然后依次沉积 CdS、CdTe 和背电极接触层。TCO 膜材料通常为 SnO_x 或 ZnO,制备方法常采用真空溅射、电子束蒸发、化学气相沉积等。

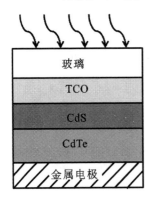

图 4-21 CdTe 薄膜太阳电池基本结构示意图

在 CdTe 薄膜太阳电池中,与 p 层 CdTe 组成 p-n 结的是 n 型 CdS。在早期的 CdS/CdTe 电池研究中,CdS 是仅有的透明层(相对超过 520 nm 的入射光而言),又被称为"窗口层"。在现在的 CdTe 电池中,窗口层是 TCO 膜,CdS 层更薄,往往被视为 TCO 和 CdTe 之间的一层缓冲层。但实际上,p-n结建立在 CdS 和 CdTe 之间,因此 CdS 薄膜的作用是不可忽视的。

CdS 薄膜作为缓冲层,同时也是 CdTe 吸收层的底层,因此在制备过程中,要求 CdS 薄膜有一定厚度并且晶粒尺寸要大;但另一方面,过厚的缓冲层会在吸收层和前接触间形成分流空洞,因为 CdS 薄膜的厚度最低为数十纳米。

在 CdTe 沉积或沉积后处理的高温过程中,CdS 和 CdTe 之间会相互扩散,尤其是沿着晶界处,S 的扩散更快。如果 CdS 的厚度不够,在局部地方,CdS 可能被完全消耗,导致吸收层和窗口层直接接触,在器件中形成旁路通道。当相互扩散太强时,器件的光生电流将减小。在后续的 CdTe 沉积过程中,通过适当提供氧或在 $CdCl_2$ 处理 CdS/CdTe 前将器件加热处理,都有助于抑制 S 的扩散。

理论上,CdS 缓冲层和 CdTe 吸收层的晶格失配会增加界面态密度 N_i,并且影响电池性能。$N_i \propto \dfrac{1}{d_{CdS}^2} - \dfrac{1}{d_{CdTe}^2} = \dfrac{1}{a_{CdS}^2} - \dfrac{1}{a_{CdTe}^2}$[8],$d$ 是晶界平面上两个相邻原子的距离。CdS 是六角形晶格,界面在(001)晶面上,$d = a$;CdTe 是立方晶格,界面在(111)晶面上,$d = a/\sqrt{2}$。根据表 4-2 的数据,$N_i \approx 4 \times 10^{13}\ cm^{-2}$。尽管晶格失配较大,但没有界面钝化的 CdS/CdTe 电池结构性能较好。因此,人们没有继续寻找与晶格更加匹配的缓冲层材料。已经证实在 CdS 和 CdTe 之间 100 nm 的窄相互扩散区域两种晶格能够平稳地转变,从而降低表面态。但是在 100 nm以上的宽转变区域会分布相同数量的体内复合态,界面态的影响与界面复合特性密切相关。

4.3.1.2 CdTe 薄膜制备

有许多方法可以用来沉积制备 CdTe 薄膜吸收层,如近空间升华、真空蒸发、电化学沉积、物理气相沉积、磁控溅射、金属有机化学气相沉积等。本节重点介绍近空间升华法、真空蒸发法。

① 近空间升华法(CSS)

目前最领先的两家 CdTe 薄膜太阳电池制造企业是德国的 Antec

Solar Energy 和美国 First Solar,它们都是用近空间升华法沉积 CdTe
吸收层。在 CSS 工艺中,沉积源可以是高纯 CdTe 的粉末、颗粒或压
片,或对应化学计量比的 Cd 和 Te 的粉末。沉积源和衬底距离保持在
2～20 mm,沉积条件保持在低真空(0.1～1 Pa)。沉积源和衬底需要
加热到 500 ℃,利用热电偶监测温度,同时沉积源的温度比衬底高出
50～200 ℃。CdTe 在真空环境中升华,而后这些活性的 Cd、Te 在温
度较低的衬底上凝结下来,得到 CdTe 薄膜,沉积速率可以达到几微
米每分钟。由于高温得到的薄膜晶粒大,CSS 法制备的 CdTe 厚度下
限为 4～5 μm。虽然也可以沉积更薄的 CdTe 薄膜,但由于针孔的出
现,超薄电池的转换效率往往不高。

　　采用 CSS 法制备 CdTe 薄膜的实验装置示意图如图 4-22 所示。
目前除了真空氛围外,也可在惰性气体(N$_2$ 或 Ar)、100 Pa 甚至大气压
下使用。这种升华技术有时被称为近空间气体输运(CSVT),采用该
技术,不但可以沉积 CdTe,还可以沉积 CdS 和 CdCl$_2$。但出于晶粒尺
寸和薄膜均匀性的考虑,一般不采用此方法制备电池的 CdS 窗口层。

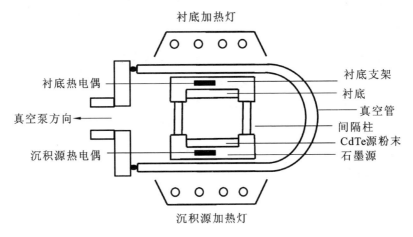

图 4-22　CSS 法制备 CdTe 薄膜的实验装置示意图

　　② 真空蒸发法

　　CdTe 是一种对沉积技术和制备条件比较"宽容"的材料,各种不
同的沉积技术都可以制备器件级的 CdTe 薄膜。CdTe 薄膜的材料性

能更多地受制于 CdCl$_2$ 的激活处理,而不是沉积工艺本身。真空蒸发法制备 CdTe 薄膜是指在真空环境中,加热单质的高纯 Cd、Te,使蒸发出来的 Cd、Te 气体分子相互撞击并化合,从而在衬底上形成连续薄膜。图 4-23 为真空蒸发法制备 CdTe 薄膜的实验装置示意图,实验时,在真空室底部放置纯度高达 99.99% 的 Cd、Te,利用真空计和 AAS(原子吸收光谱)实时监测压强和组分;用管状加热器和热电偶控制衬底温度;真空室顶部中心的监控系统用于实时监测 CdTe 薄膜的厚度和沉积速率。

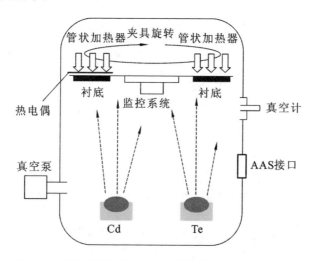

图 4-23　真空蒸发法制备 CdTe 薄膜的实验装置示意图[6]

在真空蒸发过程中,影响薄膜性能的主要工艺参数包括工作气压、蒸发源温度、衬底温度、沉积速率等。蒸发源温度影响薄膜的组分、均匀性和致密性。衬底温度高低不同,会直接影响表面沉积原子的运动、反蒸发和结晶过程。合适的衬底温度有利于形成平整的薄膜表面。真空蒸发法可以精确地控制 CdTe 薄膜组分,但成本相对较高,在大规模生产中有一定的局限性。

4.3.2　铜铟镓硒(CIGS)薄膜太阳电池

CIGS 薄膜太阳电池能将薄膜的技术优势和晶体硅太阳电池的高

转换效率和高稳定性结合在一起。有一种观点认为：一旦 CIGS 薄膜太阳电池实现大规模的商业化，将占据相当比例的光伏市场。

CIGS 薄膜太阳电池由黄铜矿晶体结构的化合物制备。典型的黄铜矿化合物为 $CuInSe_2$、$CuInS_2$ 和 $CuGaSe_2$，带隙分别为 1.0 eV、1.5 eV 和 1.7 eV。各种黄铜矿化合物具有较高的光吸收和不同的晶格常数和带隙，如图 4-24 所示。可以通过合金的方式将不同的黄铜矿化合物组合在一起制备具有中间带隙的黄铜矿化合物。

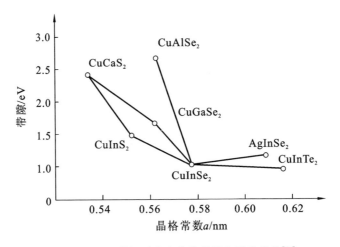

图 4-24　不同黄铜矿化合物的带隙和晶格常数[33]

早在 1974 年，单晶黄铜矿材料就用于太阳电池的研究[34]。Wanger 以 $CuInSe_2$ 制备了太阳电池的吸收层，转换效率达 12%[35]。但由于单晶 $CuInSe_2$ 制备工艺复杂、成本高，难以实现工业化生产。1976 年，Maine 大学的 L. L. Kazmerski 报道了 CIS/CdS 异质结薄膜太阳电池，CIS 薄膜由单晶 $CuInSe_2$ 和 Se 双源共蒸制备，电池效率为 4%～5%，拉开了 CIS 薄膜电池研究的序幕[36]。

1981 年，Boeing 公司的 Michelsen 和 Chen[37]等人采用"两步共蒸发"工艺制备了转换效率达 9.4% 的多晶 $CuInSe_2$ 薄膜太阳电池，人们充分认识到 CIGS 薄膜电池在光伏领域的重要性。此后的六七年间，Boeing 公司一直处于多晶 CIS 薄膜太阳电池研究的领先地位，电池效率不断提高。1982 年，其电池转换效率达 10.6%[38]，1984 年达

10.98%[39]，1986 年达11.9%[40]。1988 年，Arco Solar 公司（现 Shell 公司的前身）通过溅射 Cu、In，采用金属预制层后 H_2Se 硒化法工艺制备的 $CuInSe_2$ 薄膜太阳电池转换效率达 14.1%[41]。此后，溅射预制层后硒化法和多元共蒸发法共同成为制备高效 $CuInSe_2$ 薄膜太阳电池的主流技术。

CIS 薄膜电池经历了连续十几年的发展以后，研究热点变为如何提高器件的开路电压，这需要拓展吸收层材料的禁带宽度。$CuGaSe_2$ 和 $CuInS_2$ 比 $CuInSe_2$ 带隙宽，元素 Ga 和 S 的掺入可形成 $Cu(In,Ga)Se_2$ 和 $Cu(In,Ga)(Se,S)_2$ 化合物，这样既增加了带隙又提高了开路电压，使器件的性能大为改进。1989 年，Boeing 公司通过 Ga 的掺入制备了 $Cu(In_{0.73},Ga_{0.27})Se_2$ 薄膜太阳电池，虽然转换效率只有 12.9%[42]，但开路电压高达 555 mV，这是不含 Ga 的 $CuInSe_2$ 薄膜所不能达到的。1993 年，E. Tarrent[43] 等采用掺入元素 Ga、S 的方法，制备了具有梯度带隙结构的 $Cu(In,Ga)(Se,S)_2$（简称 CIGS）吸收层，电池转换效率达到15.1%。电池结构中吸收层靠近背电极处的高 Ga 浓度可以提供强的背电场，表面高 S 含量可以降低界面复合，同时 Ga、S 元素的掺入也拓宽了吸收层的工艺窗口，梯度带隙的引入增加了开路电压而保持着电流密度，有助于 CIGS 薄膜太阳电池转换效率的进一步提升。1994 年，美国可再生能源实验室（NERL）采用"三步共蒸发工艺"成功地在小面积 CIGS 电池中取得突破，电池效率达 15.9%，电池结构如图 4-25所示[44]。这也是迄今为止高效率 CIGS 薄膜电池的典型结构。

德国太阳能和氢能研究中心（ZSW）宣布刷新了一项新的欧洲纪录，斯图加特大学的研究人员将 CIGS 的转换效率提升到了 22%，仅比世界纪录低 0.3 个百分点。电池表面积为 0.5 cm^2，效率得到德国夫琅禾费太阳能系统研究所（ISE）的认证。在组件领域，中国的汉能太阳能的 CIGS 组件量产转化率已达 18.7%。越来越多的研究结构和产业界紧密结合，共同致力于 CIGS 的产业化水平，但与实验室小面积电池效率记录的 22.3% 仍然有较大的差距。如何缩小两种转换效率之差已成为 CIGS 产业化的努力方向，其中主要包括大面积材料成

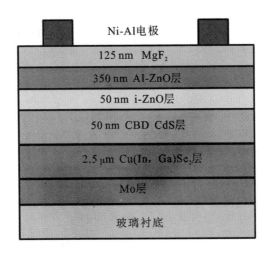

图 4-25　NERL 采用的 CIGS 薄膜太阳电池结构

分、结构、性能的均匀性，多层薄膜界面匹配的均匀性，以及工业化连续生产的重复性与稳定性等急需解决的问题[45]。

4.3.2.1　CIGS 薄膜太阳电池的基本结构

作为直接带隙半导体，CIGS 的光吸收系数高达 10^5 cm^{-1}，因此在 CIGS 太阳电池的设计中，吸收层可以做得很薄。但这也意味着入射光非常接近太阳电池的表面，光生载流子容易在表面发生复合。即使能够比较好地控制黄铜矿晶体的掺杂，并经过表面钝化，大部分在表面和 p-n 结之间产生的光生载流子仍然会通过表面复合而损失，因此同质结电池难以实现较高的转换效率。为避免这种损失，将 CIGS 薄膜太阳电池设计为具有窗口层/吸收层的异质结。由于窗口层的宽带隙，光吸收主要在吸收层发生，窗口层能吸收的入射光较少，即使没有表面钝化，异质结的载流子损失也不会太高。

CIGS 薄膜太阳电池的 p-n 结是由 p 型的 CIGS 膜和 n 型的 ZnO/CdS 双层膜组成的反型异质结。假设吸收层表面的有序空位化合物（OVC）增大了带隙，则 CIGS 薄膜电池的能带图如图 4-26 所示，它的 p 型区只有 CIGS 薄膜，而 n 型区则相对复杂，不仅有 n$^+$-ZnO、i-ZnO 和 CdS，还含有表面反型的 CIGS 薄层[46]。

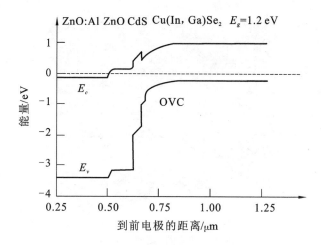

图 4-26 CIGS 薄膜电池的能带图

研究表明:高效 CIGS 薄膜太阳电池的 CIGS 吸收层表面都是贫 Cu 的,它的化学配比与体内的不同,称为有序空位化学物(OVC)[47]。贫 Cu 的 OVC 分子式为 $CuIn_3Se_5$ 或 $CuIn_2Se_{3.5}$,掺 Ga 时为 $Cu(In_{1-x}Ga_x)_3$ Se_5 或 $Cu(In_{1-x}Ga_x)_2Se_{3.5}$。在 CIGS 薄膜中形成 OVC 后,CIGS 与 CdS 之间的异质结变为两个异质结的串联:一个是 p-CIGS 与 n 型 OVC 构成的反型异质结;另一个是 n 型 OVC 与 n-CdS 构成的同型异质结。异质结的 p-n 结位于窄带隙吸收层 CIGS 中,大大减少了界面处的缺陷。同时,在 CIGS 和 CdS 两个带隙之间形成一个过渡,减小了彼此之间的带隙差,从而减少了晶格失配,降低了界面态密度,改善了异质结和 CIGS 薄膜太阳电池的性能。

CIGS 薄膜太阳电池的制备工艺是将数层薄膜沉积在刚性衬底或柔性衬底上,其 SEM 截面如图 4-27 所示。衬底上第一层是 Mo 金属电极,然后是 CIGS 吸收层、CdS 缓冲层、本征 ZnO 和 n 型重掺 Al 的 ZnO 构成窗口层。此外,在窗口层顶部还需要采用金属栅线收集电流,用减反射膜(如 MgF_2)增强太阳光的吸收率。

CIGS 薄膜太阳电池的典型工艺流程如图 4-28 所示。其中 CIS 层是电池的吸收层,是影响太阳电池转换效率的关键材料。

大部分 CIGS 光伏企业采用玻璃作为衬底,极少数公司(如 Global

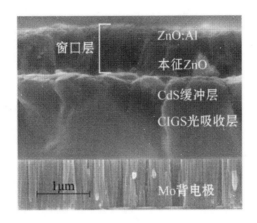

图 4-27　SEM 下的 CIGS 薄膜太阳电池截面图[6]

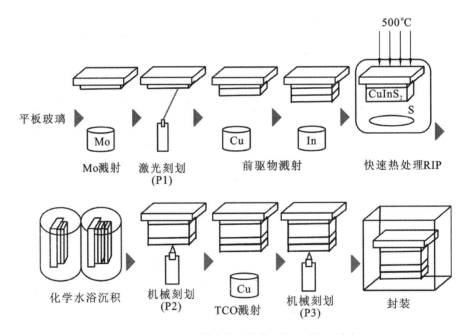

图 4-28　CIGS 薄膜太阳电池的典型工艺流程[48]

Solar 和 Solarion)采用不锈钢和聚酰亚胺(PI)等柔性材料作为衬底,因为柔性材料可以实现卷对卷工艺,有利于进一步降低生产成本[49]。工业生产中的 CIGS 薄膜电池通常以串联方式集合而成,因此,在

CIGS 层之前,为将每个子电池分开,需对 Mo 层采用激光刻划的方式进行图形布线制作。在 CIGS 吸收层制备方面,Würth Solar 和 Global Solar 采用多源共蒸的方法;也可以采用先硒化、后硫化的方法,其中 Showa Shell 采用 H_2S 进行表面硫化制备 CIGS/CIGSS 吸收层,而 Sulfurcell 直接采用溅射 Cu、In 金属预制层后进行硫化处理技术制备的 $CuInS_2$ 作为吸收层,也取得了很高的转换效率。缓冲层中,化学水浴法制备的 CdS 技术相对成熟,被大多数 CIGS 企业所采用,但由于 Cd 具有毒性,不利于环境,因此有公司采用 $Zn(S,OH)_x$ 和 In_2S_3 作为缓冲层取代有毒的 CdS。缓冲层沉积后的机械刻划工艺为沉积 TCO 电池间的串联通道做准备。而后,沉积 TCO 作为窗口层,在 TCO 层上再一次进行机械刻划来分离各个子电池,实现各个子电池的串联。

4.3.2.2 CIGS 薄膜太阳电池的制备

CIGS 薄膜是太阳电池的光吸收层,是光电转换效率的核心材料,因此,CIGS 的制备工艺起着决定性的作用。CIGS 薄膜的制备方法很多,一般可分为真空沉积法和非真空沉积法两大类。真空沉积法有多源共蒸发法、金属预制层后硒化法等,非真空沉积法有电化学沉积法、印刷法等。对比而言,虽然非真空沉积对设备要求不高,但制备的电池效率低下,仍存在一些待解决的技术问题。

① 多源共蒸发法

多源共蒸发法[50]是沉积 CIGS 薄膜最成功和应用最广泛的方法,典型共蒸发沉积系统结构如图 4-29 所示。在真空室中,使用固态单质的 Cu、In、Ga、Se 作为蒸发源,每种材料的纯度达到 99.99%,甚至更高。由于 Cu、In、Ga 金属材料具有很高的沸点,因此选用石墨坩埚作为蒸发源。而 Se 在真空中的蒸发温度较低,蒸发源温度在 ±10℃ 以内的变化对 Se 的蒸发速率有很大的影响,因此,蒸发源温度系统需要精确控制 Se 的蒸发温度。原子吸收谱(AAS)和电子碰撞散射谱(EEIS)等用于实时监控薄膜成分及蒸发速率等参数,对薄膜生长进行精确控制。

在共源蒸发过程中,影响薄膜性能的因素有很多,如工作气压、Se 源温度、衬底温度、沉积速率等。高效率的太阳电池要求薄膜晶粒尺

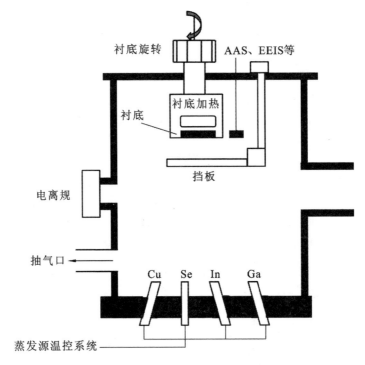

图 4-29　典型共蒸发沉积系统结构

寸大、表面平整,具有理想的化学计量比。Se 源温度影响薄膜的组分、均匀性和致密性,衬底温度会直接影响表面沉积原子的运动、反蒸发和结晶过程。沉积速率过高,原子来不及通过热运动到达晶格位置,可能引起空位或者结构的缺陷,结晶特性相对较差,最终导致电池性能较差。

　　根据 Cu 的蒸发过程,共蒸发工艺可分为一步法、两步法和三步法。因为 Cu 在薄膜中的扩散速度足够快,无论采用哪种工艺,薄膜中的 Cu 基本均匀分布。相反,In、Ga 的扩散较慢,In/Ga 流量的变化会使薄膜中Ⅲ族元素存在梯度分布。在三种方法中,Se 的蒸发始终是过量的,以避免薄膜缺 Se。过量的 Se 并不进入吸收层中,而是在薄膜表面再次蒸发。

　　三步法的工艺步骤如下:①在衬底温度为 $250\sim300$ ℃时共蒸发

In、Ga、Se 三种元素,蒸发时间 15～20 min,形成(In,Ga)Se 预制层;②将衬底温度提高到 550～580℃,共蒸发 Cu、Se,蒸发时间 15～20 min,形成表面富 Cu 的 CIGS 薄膜;③保持第二步的衬底温度,在富 Cu 的薄膜上共蒸发剩余的 10% 的 In、Ga 和 Se,使表面形成富 In 的薄层,保证制备的 CIGS 薄膜贫 Cu,蒸发时间 5～10 min。整个工艺流程如图 4-30所示。三步法是目前制备高效率 CIGS 太阳电池最有效的工艺,所制备的薄膜晶粒尺寸大,薄膜内部致密均匀,表面平整光滑,且存在 Ga 的双梯度带隙[51]。

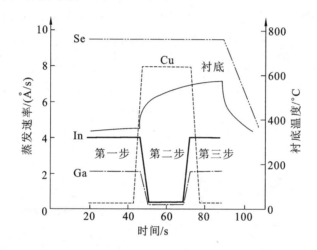

图 4-30　三步共蒸发法制备 CIGS 工艺流程[8]

虽然三步共蒸法工艺比较成熟,制作的小面积太阳电池效率也比较高,但这种方法也有缺点:蒸发工艺的精确控制对设备要求严格,因此设备昂贵;无法精确控制每种元素的蒸发速率及蒸发量;材料利用率偏低;难以实现大面积上均匀成膜,因此难以实现产业化。

② 金属预制层后硒化法

后硒化法是指首先制备 Cu-In-Ga 预制层,然后对金属预制层进行硒化处理,得到符合化学计量比的薄膜[52]。后硒化法的优点是易于精确控制薄膜中各元素的化学计量比、膜的厚度和成分的均匀分布,且对设备要求不高,因此是产业化生产的首选工艺。但与蒸发法相比,后硒化过程中无法控制 Ga 的含量及分布,很难形成双梯度结构。

　　金属预制层的制备方法有：溅射 Cu、In、Ga，蒸发 Cu、In、Ga，电沉积 Cu、In、Ga 等。硒化法有固态硒化，气态 H_2Se 硒化等不同的方法。其中溅射预制层是目前比较成熟的技术，通过控制工作气压、溅射功率、Ar 气流量等参数，可依次溅射 Cu、Ga 和 In。这种方法制备的 CIG 层成膜均匀、致密，沉积速率高、产量大、材料利用率高，在产业化方面具有很好的优势。硒化工艺则是后硒化法的难点[53]，目前多采用 H_2Se 气体或固体单质 Se 作为硒源。H_2Se 硒化实验装置如图 4-31 所示。气态 H_2Se 一般用 N_2 或 Ar 稀释后使用，并精确控制流量。硒化过程中，H_2Se 能分解为原子态的硒，通过热扩散进入预制层 CIG 中，从而反应生成高品质的 CIGS 薄膜。H_2Se 作为硒源的缺点是有剧毒、易挥发、易燃易爆、运输困难、对保存和操作的要求非常高，需要用高压容器存储。若采用固体单质 Se 源硒化，虽然成本低，设备简单可靠，操作也相对安全，但硒蒸气压难以控制，Se 原子活性差，易造成 In 和 Ga 元素的损失，降低材料利用率，同时导致 CIGS 薄膜偏离化学计量比，硒化工艺的可控性和重复性较差。

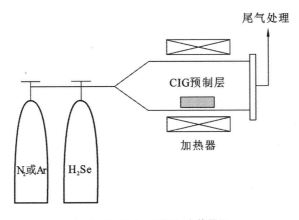

图 4-31　H_2Se 硒化实验装置图

③ CdS 缓冲层和 ZnO 窗口层的制备

高效率 CIGS 电池大多在 ZnO 窗口层和 CIGS 吸收层之间引入一个缓冲层，目前使用得最多的是用 CdS 薄膜作为缓冲层。CdS 可以在低带隙的 CIGS 和高带隙的 ZnO 之间形成过渡,减小两者之间的带隙台阶和晶格失配,调整导带边失调值,对改善 p-n 结质量和电池性能具有重要作用。缓冲层 CdS 的制备方法主要有[54,55]:真空蒸发、溅射、热喷涂分解、金属有机化合物气相沉积(MOCVD)和化学水浴等。由于 CIGS 太阳电池中 CdS 薄膜厚度约为 50 nm 且致密无针孔,溅射、蒸发制备的薄膜很难达到这一要求,而化学水浴法(CBD)则可以做到这一点。而且在沉积过程中,CBD 不需要真空和高温装置,可以降低薄膜制备成本,有利于规模化生产。

CBD 使用的溶液一般是由镉盐、硫脲和氨水按一定比例配制而成,反应机理是硫脲在 Cd^{2+} 的碱性溶液中分解为 S^{2-},它们以离子接离子的方式凝结在衬底上。将反应溶液加热到 $60\sim80℃$ 时,将 CI(G)S 基板浸入反应溶液中,大约 30min 后 CdS 制备完成。通常在溶液中加入氨水,这样既可以与镉离子形成络合物,从而控制溶液中 Cd^{2+} 的浓度,又可以水解,从而为分解硫脲提供 OH^-。CBD 制备 CdS 的反应方程式为[56]:

$$Cd(NH_3)_4^{2-}+SC(NH_3)_2+2OH^-\longrightarrow CdS+CH_2N_2+4NH_3+2H_2O$$

在反应溶液中,为了水解平衡加入氨水,反应如下:

$$NH_4OH\longrightarrow NH_4^++OH^-\longrightarrow NH_3+H_2O$$

除了 n-CdS/p-CIGS 薄膜形成 p-n 结外,CIGS 还需要厚度 $30\sim50nm$ 的 i-ZnO 薄膜和铝掺杂氧化锌(AZO)两层。ZnO 既是电池 n 型区,与 p 型 CIGS 组成异质结,成为内建电场的核心,又是电池的上表层,与电池的上电极一起成为电池功率输出的主要通道。ZnO 的制备方法很多,其中磁控溅射具有沉积速率高、重复性和均匀性好等特点,是目前科研和生产中应用最多、最成熟的方法。AZO 在波长 $300\sim700$ nm 范围的透过率大于 85%,掺杂层电阻率小于 $5\times10^{-4}\ \Omega\cdot cm$,本征层电阻率为 $100\sim400\ \Omega\cdot cm$,可以很好地满足 CIGS 薄膜电池的需要。

参 考 文 献

[1] Sterling H F, Swann R C G. Chemical vapour deposition promoted by r. f. discharge[J]. Solid-State Electronics, 1965, 8 (8): 653-654.

[2] Spear W E, Lecomber P G. Substitutional doping of amorphous silicon[J]. Solid State Communications, 1975, 17(9): 1193-1196.

[3] Carlson D E, Wronski C R. Amorphous silicon solar cell[J]. Applied Physics Letters, 1976, 28(11): 671-673.

[4] 何宇亮, 陈光华, 张仿清. 非晶体半导体物理学[M]. 北京: 高等教育出版社, 1989.

[5] 罗培青. HWCVD 制备硼掺杂氢化纳米硅及银纳米粒子增强硅薄膜太阳电池光谱响应的研究[D]. 上海: 上海交通大学, 2009.

[6] 沈文忠. 太阳能光伏技术与应用[M]. 上海: 上海交通大学出版社, 2013.

[7] Hama T, Okamoto H, Hamakawa Y, et al. Hydrogen content dependence of the optical energy gap in a-Si: H[J]. Journal of Non-Crystalline Solids, 1983, 59: 333-336.

[8] Jef Poortmans, Vladimir Arkhipov. 薄膜太阳能电池[M]. 高扬, 译. 上海: 上海交通大学出版社, 2014.

[9] Staebler D L, Wronski C R. Reversible conductivity changes in discharge-produced amorphous Si[J]. Applied Physics Letters, 1977, 31(4): 292-294.

[10] Stutzmann M, Jackson W B, Tsai C C. Light-induced metastable defects in hydrogenated amorphous silicon: A systematic study [J]. Physical Review B, 1985, 32(1): 23.

[11] Fritzsche H. Development in understanding and controlling the Staebler-Wronski effect in a-Si: H [J]. Annual Review of

Materials Research,2001,31(1):47-79.

[12] Shimizu T. Staebler-Wronski effect in hydrogenated amorphous silicon and related alloy films[J]. Japanese Journal of Applied Physics,2004,43(6R):3257-3268.

[13] Powell M J,Deane S C. Improved defect-pool model for charged defects in amorphous silicon[J]. Physical Review B,1993,48 (15):10815.

[14] Nádaždy V,Durny R,Thurzo I,et al. Correlation between the results of charge deep-level transient spectroscopy and ESR techniques for undoped hydrogenated amorphous silicon[J]. Physical Review B,2002,66(19):195211.

[15] Nádaždy V,Zeman M. Origin of charged gap states in a-Si:H and their evolution during light soaking[J]. Physical Review B, 2004,69(16):165213.

[16] Stutzmann M,Jackson W B,Tsai C C. Kinetics of the Staebler-Wronski effect in hydrogenated amorphous silicon[J]. Applied Physics Letters,1984,45(10):1075-1077.

[17] Adler D. Defects in amorphous chalcogenides and silicon[J]. Le Journal de Physique Colloques,1981,42(C4):C4-3-C4-14.

[18] Branz H M. Hydrogen collision model of light-induced metastability in hydrogenated amorphous silicon[J]. Solid State Communications,1998,105(6):387-391.

[19] 李伟. 太阳能电池材料及其应用[M]. 成都:电子科技大学出版社,2014.

[20] Zhang S,Xu Y,Hu Z,et al. Characterization of diphasic nc-Si/a-Si:H thin films and solar cells[C]//Proceedings of PVSC IEEE-29 New Orleans. Louisiana,USA,2002,1182-1185.

[21] 朱美芳,熊绍珍. 太阳电池基础与应用[M]. 2 版. 北京:科学出版社,2014.

[22] 李伟,顾得恩,龙剑平. 太阳能电池材料及其应用[M]. 成都:电子科技大学出版社,2014.

[23] Deng X, Schiff E A. In handbook of photovoltaics engineering [M]. Chichester:Johy Wiley and Sons,2003.

[24] Tsu R, Izu M, Ovshinsky S R, et al. Electroreflectance and Raman scattering investigation of glow-discharge amorphous Si:F:H[J]. Solid State Communications,1980,36(9):817-822.

[25] 彭英才,傅广生. 新概念太阳电池[M]. 北京:科学出版社,2014.

[26] 郜小勇,李瑞,陈永生,等. 微晶硅薄膜的结构及光学性质的研究[J]. 物理学报,2006,55(1):98-101.

[27] 祝祖送,张杰,易明芳,等. 优质高稳定性微晶硅薄膜的制备[J]. 四川大学学报:自然科学版,2016,53(1):157-162.

[28] 蔡宁,耿新华,赵颖,等. 非晶/微晶硅叠层电池中间层的研究进展[J]. 太阳能学报,2009, 30(3):338-343.

[29] Yue G, Yan B, Sivec L, et al. Hydrogenated nanocrystalline silicon based solar cell with 13.6% stable efficiency[C]//MRS Proceedings. Cambridge:Cambridge University Press,2012, 1426:33-38.

[30] Loferski J J. Theoretical considerations governing the choice of the optimum semiconductor for photovoltaic solar energy conversion[J]. Journal of Applied Physics, 1956, 27(7): 777-784.

[31] Rappaport P. The photovoltaic effect and its utilization[J]. Solar Energy,1959,3(4):8-18.

[32] Bonnet D, Rabenhorst H. New results on the development of a thin-film p-CdTe-n-CdS heterojunction solar cell [C]. Photovoltaic Specialists Conference, 9th, Silver Spring, Md. 1972:129-132.

[33] Jaffe J E, Zunger A. Electronic structure of the ternary

chalcopyrite semiconductors $CuAlS_2$, $CuGaS_2$, $CuGaSe_2$ and $CuInSe_2$[J]. Physical Review B,1983,28(10):5822.

[34] Wagner S, Shay J L, Migliorato P, et al. $CuInSe_2$/CdS heterojunction photovoltaics detectors [J]. Applied Physics Letters. 1974,25(8):434-435.

[35] Shay J L, Wagner S, Kasper H M. Efficient $CuInSe_2$/CdS solar cells[J]. Applied Physics Letters,1975,27(2):89-90.

[36] Kazmerski L L, White F R, Morgan G K. Thin-film $CuInSe_2$/ CdS heterojunction solar cells [J]. Applied Physics Letters, 1976,29(4):268-270.

[37] Mickelsen R A, Chen W S. Development of a 9. 4% efficient thin film $CuInSe_2$/CdS solar cell[C]//Proceedings of the 15th IEEE PVSC,Orlando,1981:800-803.

[38] Mickelsen R A, Chen W S. Polycrystalline thin film $CuInSe_2$ solar cells[C]//16th IEEE PVSC,San Diego,1982:781-784.

[39] Mickelsen R A, Chen W S, Hsiao Y R, et al. Polycrystalline thin-film $CuInSe_2$/CdZnS solar cells [J]. IEEE Transactions on Electron Devices,1984,31(5):542-546.

[40] Deb S K, Zunger A. Ternary and multinary compounds: Proceedings of the Seventh International Conference, Snowmass, CO, Sept. 10-12, 1986 [J]. NASA STI/Recon Technical Report A,1987,88:28550.

[41] Mitchell K W, Eberspacher C, Ermer J, et al. Single and tandem junction $CuInSe_2$ cell and module technology[C]. Proceedings of 20th IEEE PVSC,Las Vegas,1988:1384-1389.

[42] Rockett A, Birkmire R W. $CuInSe_2$ for photovoltaic applications [J]. Journal of Applied Physics,1991,70(7):R81-R97.

[43] Tarrant E, Ermer J. I-III-VI_2 multinary solar cells based on $CuInSe_2$ [C]. Proceeding of 23th IEEE Photovoltaic Specialist

Conference, Louisville, KY, 1993.

[44] Gabor A M, Tuttle J R, Albin D S, et al. High-efficiency $CuIn_x$-$Ga_{1-x}Se_2$ solar cells made from $(In_xGa_{1-x})Se_3$ precursor films [J]. Applied Physics Letters, 1994, 65(2):198-200.

[45] 韩安军. 超薄 CIGS 太阳电池及组件的研究[D]. 天津:南开大学, 2013.

[46] 王启明, 褚君浩, 郑有炓. 太阳电池发展现状及性能提升研究 [M]. 北京:科学出版社, 2014.

[47] Pudov A O. Impact of secondary barriers on $CuIn_{1-x}Ga_xSe_2$ solar-cell operation [D]. Colorado:Colorado State University, 2005.

[48] Klenk R, Klaer J, Scheer R, et al. Solar cells based on $CuInS_2$-an overview [J]. Thin Solid Films, 2005, 480:509-514.

[49] 敖建平. CIGS 薄膜、缓冲层材料及太阳电池研究[D]. 天津:南开 大学, 2007.

[50] Ard M B, Granath K, Stolt L. Growth of Cu (In, Ga) Se_2 thin films by coevaporation using alkaline precursors[J]. Thin Solid Films, 2000, 361:9-16.

[51] Ramanathan K, Contreras M A, Perkins C L, et al. Properties of 19.2% efficiency $ZnO/CdS/CuInGaSe_2$ thin-film solar cells [J]. Progress in Photovoltaics: Research and Application, 2003, 11 (4):225-230.

[52] Chen G S, Yang J C, Chan Y C, et al. Another route to fabricate single-phase chalcogenides by post-selenization of Cu-In-Ga precursors sputter deposited from a single ternary target[J]. Solar Energy Materials and Solar Cells, 2009, 93(8):1351-1355.

[53] Zaretskaya E P, Gremenok V F, Zalesski V B, et al. Properties of Cu (In, Ga) (S, Se)$_2$ thin films prepared by selenization/ sulfurization of metallic alloys[J]. Thin Solid Films, 2007, 515 (15):5848-5851.

[54] Kapur V K, Basol B M, Tseng E S. Low cost methods for the production of semiconductor films for CuInSe$_2$/CdS solar cells [J]. Solar Cells, 1987, 21(1): 65-72.

[55] Chaure N B, Bordas S, Samantilleke A P, et al. Investigation of electronic quality of chemical bath deposited cadmium sulphide layers used in thin film photovoltaic solar cells[J]. Thin Solid Films, 2003, 437(1): 10-17.

[56] Ortega- Borges R, Lincot D. Mechanism of chemical bath deposition of cadmium sulfide thin films in the ammonia-thiourea system in situ kinetic study and modelization [J]. Journal of the Electrochemical Society, 1993, 140 (12): 3464-3473.

5 太阳电池的基本测试

太阳电池的测试技术,部分借鉴了超大规模集成电路测试技术。在超大规模集成电路制造过程中,硅中各种有害的金属元素、非金属元素及各类缺陷等,都需要进行严格的监控,因此硅材料的测试技术已发展得相当成熟。而太阳电池对硅材料的纯度要求没有集成电路那么高,监控项目也无须那么多。太阳电池的基本测试可以分为两大类:材料测试(含中间过程)和电池性能测试。本章将以硅太阳电池的制备工艺为主线,介绍太阳电池生产制备过程中的基本测试。

5.1 半导体晶向测试

晶向即晶体中连接原子、离子或分子阵点的直线所代表的方向,沿晶体的不同方向晶体的性质不同,如对于硅晶体,(111)面之间原子结合力弱而面内原子结合力强,大多数单晶采用[111],[100]晶向生长。因此,在制造工艺中需对晶向进行控制。切籽晶时,要对晶体定向,定向后按照要求的偏离度来切籽晶。制造太阳电池硅片,要按一定晶向切成一定厚度,如不注意取向问题,任意划分,将影响硅片的强度,碎片率比较高,并且影响载流子浓度。

晶向一般可以从外观判断,如[111]晶向的硅单晶有三条互成120°的棱线;[100]晶向的硅单晶有四条互成90°的棱线。但是这种判断是比较粗略的,在晶体生长过程中,往往生长方向与晶向之间存在一定的偏离角度。这个偏离角度无法用肉眼发现,需要用仪器测定。本节主要介绍两种常用的单晶晶向测定方法——X射线衍射[1]及光点定向。

5.1.1 X 射线衍射法测半导体单晶晶向

如果用一束固定波长的 X 射线(或称单色 X 射线)入射到一块晶体上,则晶体中某一定晶面便会对 X 射线发生衍射,可以通过测量衍射线的方向来确定晶体的晶向。这是因为 X 射线被晶体衍射时,入射线、衍射线和衍射晶面的法线之间的关系必须遵守布喇格定律。由于不同晶体和不同晶面的衍射线方向不同,所以定向时必须先知道晶体某些重要晶面的布喇格角,以便于确定衍射线的方向。

(1)测试装置

图 5-1 所示为 X 射线确定晶向方法的示意图。其中 S 为 X 射线光源,从 S 射出的 X 射线,经过滤色片后得到单色 X 射线,再通过一套准直狭缝照射到样品 C 上。样品装在测角仪的样品台上,能沿各个方向进行转动。当样品转动到某一晶面满足布喇格定律时,从某一角度反射出衍射线,被放置在一定位置 E 处的辐射探测器所记录。

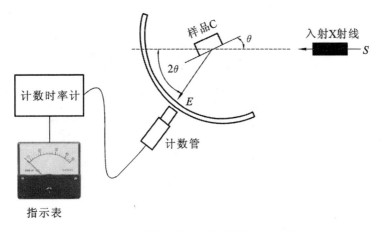

图 5-1 X 射线衍射确定单晶晶向示意图[2]

衍射定向仪所用的辐射探测器通常有盖革-米勒计数器(G-M 计数管)和正比计数器两种。当 X 射线进入计数器中,使惰性气体电离,产生反冲电子,这些电子受管内高压电场加速获得很大的动能,又与气体分子碰撞,使它电离后产生次级电子,次级电子又继续电离管内气体分子,形成类似雪崩效应,极短的时间内有大量的电子涌向阳极金属丝上,气体离子则趋向阴极,产生脉冲电流,使阳极丝的电压在极短的时间内突然下降,然后用电子仪器将这种电流脉冲记录下来。

（2）测试原理

单晶体可看作由原子在三维空间中周期性排列形成的。当入射的 X 射线波长为 λ,入射线与晶体中某一晶面间夹角为 θ 时,设晶面间距为 d,它们之间满足布喇格定律:

$$2d\sin\theta = n\lambda \tag{5-1}$$

X 射线衍射光束强度达到极大值,如图 5-2 所示。式中 n 为衍射级数。

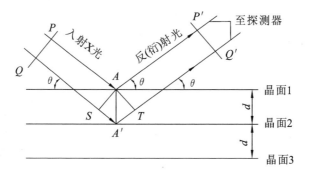

图 5-2　X 射线衍射几何条件[3]

对于立方晶胞结构,面间距 d 和晶格的点阵常数 a 有如下关系:

$$d = \frac{a}{\sqrt{h^2 + k^2 + l^2}} \tag{5-2}$$

其中,h、k、l 是晶面指数。将上式代入式(5-1)便可得到布喇格角 θ:

$$\sin\theta = \frac{n\lambda}{2} \frac{\sqrt{h^2 + k^2 + l^2}}{a} \tag{5-3}$$

式(5-3)适用于 n=1 的一级衍射情形。

用 X 射线衍射测定晶向时,一般使用铜靶阳极,X 射线束靠一个狭缝系统校正,穿过一个薄的镍制滤光片后成为单色 X 射线,波长为 λ=1.542 Å。硅晶体属于金刚石型结构,是立方晶系,点阵常数 a=5.43073±0.00002 Å。利用式(5-3)可以计算出不同晶面时的布喇格角。单晶低指数反射面对于铜靶衍射的布喇格角 θ 示于表 5-1。

表 5-1 单晶低指数反射面对于铜靶衍射的布喇格角[3]

衍射晶面(hkl)	硅($a \approx 5.4305$ Å)	锗($a \approx 5.6575$ Å)	砷化镓($a \approx 5.6534$ Å)
111	14°14′	13°39′	13°40′
220	23°40′	22°40′	22°41′
311	28°05′	26°52′	26°53′
400	34°36′	33°02′	33°03′
331	38°13′	36°26′	36°28′
422	44°04′	41°52′	41°55′
511	47°32′	45°7′	45°9′

X 射线衍射方法的定向精度可达到 $\pm 15'$，其精度主要受以下三方面因素的影响：

① X 光束的发散性；

② X 光束的准直性；

③ 转角读数刻度的精度。

另外，在实验过程中，须注意保证入射 X 光束、衍射光束、基准面法线及探测器窗口在同一平面内，这对实验操作至关重要。

5.1.2 光点定向

光点定向就是利用硅单晶晶体构造时所具有的宏观对称性，在晶体某晶面经过研磨和择优腐蚀后，出现许多微小的凹坑。这些凹坑被约束在与材料的主要结晶方向相关的平面上，并被这些边界平面决定其腐蚀面凹坑形状。当一束光平行入射到凹坑上，就被这些小平面反射到不同方向上去。如果用光屏挡住这些反射线，就在光屏上出现晶体的光象。这种光象也具有与腐蚀坑相应的宏观对称性。如果确定了晶体光象的对称性、光点的偏离角度，不仅可以确定晶体的生长方向，而且也可以确定晶体的晶向偏离角，从而保证按一定晶向切割。光象上 n 条对称分布的光瓣，反映入射方向的晶体具有 n 次对称轴，这样就可以根据光象图反过来推测晶体的内部构造。

如图 5-3 所示,由激光光源发出一束准直的平行光,通过光屏中心的光孔(直径 1 mm 左右),入射到被测晶体上,同时须保证入射光线与被测晶体的表面相垂直。因为样品表面已在光点定向前被研磨、腐蚀,样品表面有一系列腐蚀坑。腐蚀坑底就是与样品表面平行的最低指数面,如图 5-4 所示。入射光束被晶体腐蚀坑底的低指数面反射后在屏幕上形成中心光点,而坑壁的密排低指数面所反射的光束在屏幕上形成对称光瓣。

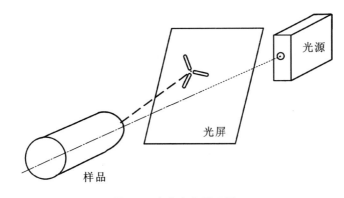

图 5-3　光点定向原理图

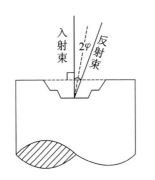

图 5-4　入射光在腐蚀坑底的反射

图 5-5 分别是硅单晶(100)、(110)、(111)晶面腐蚀后的反射特征光图,从图中可以看出,它们分别为 4 度、2 度和 3 度对称,与晶体的对称性完全一致。

由于光斑强度较弱而且往往有弥散现象,因而光点定向方法精度不高,一般只能达到 ±1° 左右,而且此方法需要对样品预研磨和腐蚀,这需要较长的时间,属于一种破坏性的方法。但对比 X 射线衍射,光点定向对设备要求不高,操作简单,结果直观。

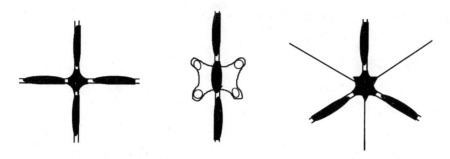

图 5-5　硅单晶(100)、(110)、(111)晶面腐蚀后的反射特征光图[4]

5.2　电阻率及薄层电阻测试

5.2.1　电阻率测试

电阻率是半导体材料的重要电学参数之一。它反映了补偿后的杂质浓度,与半导体中的载流子浓度有直接关系。例如,n 型半导体材料的室温电阻率可表示为:

$$\rho = \frac{1}{(N_D - N_A)q\mu_n} \tag{5-4}$$

式中　N_D——施主杂质浓度;

　　　N_A——受主杂质浓度

　　　μ_n——电子迁移率;

　　　q——电子电荷。

电阻率测定是单晶硅常规物理参数测量项目之一。单晶硅电阻率测量主要有:(1)两探针法;(2)四探针法;(3)单探针扩展电阻法;(4)范德堡法等。在此主要介绍常用的两探针法和四探针法。

由电学基本知识可知:当电流流过金属电阻时,可以采用测量电阻两端的端电压 V 及电流 I 的大小,而后根据样品的尺寸计算样品的电阻率,如图 5-6 所示。电阻率大小为

$$\rho = \frac{A}{l}\frac{V}{I} \tag{5-5}$$

式中　A——样品的截面积；

　　　l——样品的长度。

　　因为采用接触法测量半导体的电阻率时会遇到电压表的金属探针和半导体样品的接触问题：金属与半导体接触的地方有很大的接触电阻，这种接触电阻可以达到几千欧姆，可以远远超过半导体样品本身的体电阻，因此，电压表上的电压并不是加在半导体的体电阻上，而是加在了接触电阻上，可以用图 5-6(b) 中的等效电阻来描述这种情形。

$$u = u_{c1} + u_b + u_{c2} = u_c + u_b \qquad (5\text{-}6)$$

式中　u_c——接触电压降；

　　　u_b——体电压降。

　　由于 $u_c \gg u_b$，所以 $u \gg u_b$。这种情形下，只有求出体电阻上的电压降 u_b，在欧姆定律成立的条件下才能计算出半导体的体电阻率。

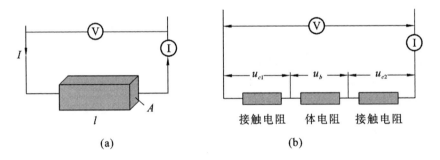

图 5-6　测量金属电阻率的方法

(a)电路图；(b)等效电路图

　　金属与半导体之间的接触电阻主要来源于阻挡层电阻和金属探针与半导体之间造成的扩展电阻。因为金属与半导体之间可以构成多数载流子势垒，界面区缺乏载流子，从而产生很大的电阻，称为阻挡层电阻[5]。

　　从以上分析可知，不能直接用万用表或如图 5-6 那样去测量半导体的电阻率，而应设法寻找抵消或避免接触电阻的测量方法。因而人们提出了两探针和四探针等方法来测量半导体样品的电阻率。

　　(1) 两探针法

　　两探针法测量半导体样品电阻率的实验装置如图 5-7 所示。样品为长条形或棒状,电阻率均匀,样品以欧姆接触的方式连接在电路中。样品的电流回路上串一个标准电阻 R_s,用电压表测量电阻上的压降,从而计算出通过样品的电流 I,A、B 两根靠弹簧压紧的探针垂直压在样品侧面,测量 AB 间的电压降 V(单位:V),并且测量出两点间的距离 L(单位:cm)。那么电流(单位:A)和样品的电阻率(单位:Ω·cm)计算如下:

$$I = \frac{V_s}{R_s} \tag{5-7}$$

$$\rho = \frac{V_T}{I} \frac{S}{L} \tag{5-8}$$

式中,S 为样品的截面积(单位:cm^2)。由于电压探针上没有样品电流流过,因此测出的样品电阻率与金属和半导体间的接触电阻无关。

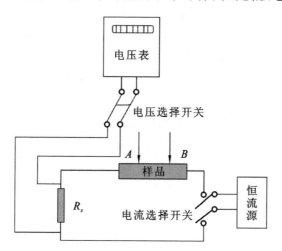

图 5-7 两探针法测量半导体样品电阻率的实验装置

两探针法测量硅单晶电阻率,适用于截面积均匀的圆形、方形或矩形硅单晶的电阻率。测量电阻率的范围为 $10^{-3} \sim 10^4$ Ω·cm,样品长度与截面的最大尺寸之比应不小于 3:1。为使测量结果准确,金属探针针尖的几何尺寸一般为 $25 \sim 50$ μm,测量表面要经过喷砂处理。由于光照、温度均对电阻率结果有影响,因此所有测试应在暗室中进行,测试温度保持在(23±1)℃。探针压力对测量结果也有影响,测试中应选择合适的探针压力。

（2）四探针法

四探针法是用针距为 s 的四根探针同时压在样品的平整表面上，探针离样品的边缘不得少于 6 mm。如图 5-8 所示，利用恒流源给外面的两根探针通以小电流，测量在中间两根探针上产生的电压，根据测得的电流和电压值，按下式计算电阻率：

$$\rho = C\frac{V}{I} \tag{5-9}$$

式中　C——四探针的探针系数（cm），C 的大小取决于四探针的排列方法和针距，探针距离确定后，C 就是一个常数，与样品无关；

　　　V——四探针法测量时二、三探针间的电压（V）；

　　　I——流过样品的电流（A）。

在无穷大的样片上，若四根探针处在同一平面的同一条直线上，且等间距，间距为 s，那么 $C=2\pi s$。当 $s=1$ mm 时，$C=0.628$ cm。若调节恒流 $I=0.628$ mA，则读出二、三探针间电压值，即为样片的电阻率[6]。

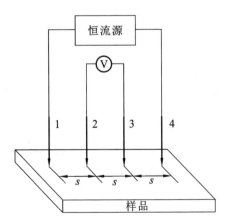

图 5-8　四探针法测半导体样品电阻率

四探针法的优点在于探针和半导体样品之间不必制备合金结电极，这样给测量带来了方便，但测量电阻率精度稍逊于两探针法。四探针法测量电阻率范围为 $(1\sim3)\times10^3$ Ω·cm，可测量从样品边缘与任一探针端点的最近距离均大于探针间距 4 倍的单晶硅的电阻率,或样品直径大于探针间距 10 倍、厚度小于探针间距 4 倍的单晶硅圆片电阻率。不同电阻率硅样品的实验参考电流值见表 5-2。

表 5-2 不同电阻率硅样品的实验参考电流值[3]

电阻率/$\Omega \cdot cm$	电流/mA	圆片电流值/mA
<0.03	≤100	100
0.03~0.30	<100	25
0.3~3	≤10	2.5
3~30	≤1	0.25
30~300	≤0.1	0.025
300~3000	≤0.01	0.0025

实际上用四探针测量电阻率时,四根探针不一定都得排成一条直线。从原理上讲,可以排成任何几何图形。用得较多的是正方形四探针或矩形四探针,采用这种四探针的优点是可以减小测量区域,方便观察电阻率的不均匀性。矩形四探针法和直线四探针法没有很大差异,只是由于探针的排列方式改变了,因此式(5-9)中的探针系数须做相应调整,列于表 5-3(适用于半无限大样品)。

表 5-3 非线性四探针测量电阻率[2]

名 称	图 形	电阻率计算公式
正方形四探针	I S V	$\rho = \dfrac{2\pi s}{2-\sqrt{2}} \dfrac{V}{I} = 10.7s\dfrac{V}{I}$
矩形四探针	I nS S V	$\rho = \dfrac{2\pi s}{2-(2/\sqrt{1+n^2})} \dfrac{V}{I} = 10.7s\dfrac{V}{I}$

5.2.2 薄层电阻测试

在半导体材料经过扩散后,半导体中形成 p-n 结,那么扩散层的质量是否满足设计要求,薄层电阻就是重要的测试指标。可以认为,对应于一确定数值的结深和薄层电阻,扩散层的杂质分布就是确定的。也就是说,将薄层电阻的测量同结深的测量结合起来,就能了解到扩散入 Si 内部杂质的具体分布。

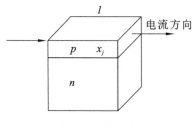

图 5-9　薄层电阻

扩散层的薄层电阻也称方块电阻,常用 R_s 或 $R_\square$ 表示。所谓薄层电阻,就是表面为正方形的半导体薄层,在电流方向(电流方向平行于正方形的边)所呈现的电阻,如图 5-9 所示。类比金属电阻 $R = \rho l / S$ 可知,薄层电阻的大小应为

$$R_\square = \bar{\rho}\frac{l}{lx_j} = \frac{\bar{\rho}}{x_j} \tag{5-10}$$

由上式可见,薄层电阻 $R_\square$ 与薄层平均电阻率成正比,与薄层的厚度成反比,与正方形的边长无关,其单位为 Ω。为表示薄层电阻不同于一般电阻,其单位用 Ω/□ 表示。

一般来说,在杂质均匀分布的半导体内,电阻率和杂质浓度之间有如下关系:

$$\rho = \frac{1}{\sigma} = \frac{1}{nq\mu} \tag{5-11}$$

在薄层中,n 是 x 的函数,所以 μ 也是各处不等的,但平均值

$$\bar{\rho} = \frac{1}{\bar{n}\,q\bar{\mu}}$$

代入式(5-10)有

$$R_\square = \frac{\bar{\rho}}{x_j} = \frac{1}{\bar{n}\,q\bar{\mu}x_j} \tag{5-12}$$

其中,$\bar{n} \cdot x_j$ 为单位表面积内扩散薄层中的净杂质含量。式(5-12)表示 $R_\square$ 与单位表面薄层内的净杂质含量成反比。所以,$R_\square$ 越大,表示杂质含量越少;反之,表示扩入硅中的净杂质含量越高。

薄层电阻测试通常采用直线四探针法,通过电流探针的电流为 I,电压探针所测得的电压为 V,则薄层电阻 $R_\square$ 可以表示如下:

$$R_\square = F^* \times \frac{V}{I} \qquad\qquad (5\text{-}13)$$

式中，F^* 为所测薄层电阻的校正因子。

常规直线四探针法除了给外侧的两个探针通电流，并采用内侧的两个探针测电压方式外，电流、电压的布置还可以采用其他的五种组合方式，如表 5-4 所示，其对应的 F^* 也在表中列出。

表 5-4　薄层电阻测试时直线四探针法的校正因子 F^*[6]

电流探针	电压探针	薄层电阻修正因子 F^*
1,4	2,3	$\pi/\ln 2 \approx 4.532$
1,2	3,4	$2\pi/(\ln 4 - \ln 3) \approx 21.84$
1,3	2,4	$2\pi/(\ln 3 - \ln 2) \approx 15.50$
2,4	1,3	$2\pi/(\ln 3 - \ln 2) \approx 15.50$
3,4	1,2	$2\pi/(\ln 4 - \ln 3) \approx 21.84$
2,3	1,4	$\pi/\ln 2 \approx 4.532$

从表 5-4 可以看出，F^* 的大小与直线四探针中电流或电压的选取有关。当样品的直径有一定大小时，还要考虑边缘效应的影响，对 F^* 的取值做进一步修正。

5.3　太阳电池的少数载流子寿命测试

测量少数载流子寿命有许多方法，但通常分为两大类[7]。第一类称为瞬态法或直接法。瞬态法是利用脉冲电或脉冲光在半导体中激发出非平衡载流子，来调制半导体的体电阻，通过测量电阻或两端电压的变化规律直接观察半导体材料中非平衡载流子的衰减过程，从而测定它的寿命。例如：对均匀半导体材料有光电导衰退法、双脉冲法、相移法；对 p-n 结二极管有反向恢复时间法、开路电压衰减法。第二类称为稳态法或间接法，是利用稳定光照的方法，使半导体中非平衡少子的分布达到稳定状态，然后测量半导体中某些与寿命有关的物理参数,从而推算出少子寿命。例如:扩散长度法、稳定光电导法、光磁效应法、表面光电压法等。在硅单晶质量的检测及器件检测工艺中应用最广的是光电导衰退法和表面光电压法,这两种测试方法是已被列入美国材料测试学会(ASTM)的标准方法。但对太阳电池的测试却没有标准测试方法的出台。在本节主要介绍对半导体材料测试常用的少子寿命测试的标准方法,并比较各种方法的优缺点。

5.3.1　光电导衰减法

光电导衰减法是一种常见的测量少数载流子寿命的标准方法,主要用于测量单晶硅、锗的少数载流子寿命[8],根据测量手段的不同可分为直流光电导衰减、高频光电导衰减和微波光电导衰减。其中直流光电导衰减和微波光电导衰减都是测试少数载流子寿命的标准方法。直流光电导衰减虽然是一种无损的方法,但对样品的形状、表面情况有一定的要求。可测寿命的上限由样品的形状决定,而下限由光源的下降时间决定。对硅、锗材料测试样品的详细说明见本章参考文献[8]。

直流光电导衰减法的测试原理如图 5-10 所示,脉冲光源照到被测样品的表面,引起样品中过剩载流子的产生,样品电导率发生变化,在与恒流电源的串联电路中,样品上的电压发生变化。在脉冲光照结束后,样品的电导率逐渐恢复到平衡态,通过检测样品上的电压情况可以检测出样品的少数载流子寿命。

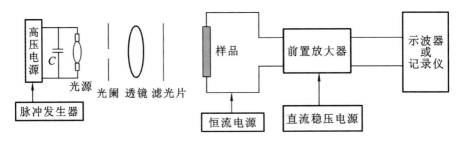

图 5-10　光电导衰减法测量载流子寿命的原理框图

设样品的电阻率为 ρ，横截面积为 S，长度为 l，则样品电阻 $R=\rho\dfrac{l}{S}$。

样品无光照时，样品内无非平衡载流子，样品两端电压为

$$V=IR \tag{5-14}$$

若在样品表面进行光照，样品中就产生了非平衡载流子，引起电导增加，电阻下降，样品上有光照时，假设样品电阻变化量为 ΔR，那么样品两端电压变化量为

$$\Delta V=I\Delta\left(\rho\frac{l}{S}\right)=I\frac{l}{S}\Delta\left(\frac{1}{\sigma}\right) \tag{5-15}$$

设样品在无光照时的电阻率为 σ_0，光照后的电导率为 σ，那么

$$\Delta\left(\frac{1}{\sigma}\right)=\frac{1}{\sigma}-\frac{1}{\sigma_0}=\frac{\sigma_0-\sigma}{\sigma\sigma_0}=-\frac{\Delta\sigma}{\sigma\sigma_0} \tag{5-16}$$

将式(5-16)代入式(5-15)有

$$\Delta V=I\frac{l}{S}\cdot\left(-\frac{\Delta\sigma}{\sigma\sigma_0}\right) \tag{5-17}$$

假设在光照不太强的情况下，注入半导体中的非平衡载流子比较少，因此样品电导率的变化较小，此时即满足小注入条件：$\sigma_0\approx\sigma$，$\left|\dfrac{\Delta\sigma}{\sigma_0}\right|\ll1$，进一步简化式(5-17)，有

$$\Delta V=I\cdot\frac{l}{S}\left(-\frac{\Delta\sigma}{\sigma_0^2}\right)=\frac{-Il\Delta\sigma}{s\sigma_0^2} \tag{5-18}$$

对一块 p 型样品来说

$$\Delta\sigma=\Delta n(q\mu_p+q\mu_n)=\Delta n\mu_p q(1+b) \tag{5-19}$$

式中　　Δn——光激发的非平衡载流子浓度；

　　　　μ_p,μ_n——空穴和电子的迁移率，$b=\dfrac{\mu_n}{\mu_p}$。

将式(5-19)代入式(5-18)有

$$\Delta V\approx-I\frac{l}{S}\frac{1}{\sigma_0^2}q(\mu_p+\mu_n)\Delta n=-V\frac{\Delta n}{p_0}\frac{b+1}{b}\quad(\sigma_0=p_0q\mu_p) \tag{5-20}$$

一般将 $\dfrac{\Delta n}{p_0}$ 称为注入比，当满足 $\dfrac{\Delta n}{p_0}<1\%$ 时，称为小注入。

在小注入情况下,有 $\Delta V \propto \Delta n$,即用样品上电压的变化反映非平衡载流子的变化。在示波器上反映的是 ΔV 的衰减(假设示波器的线性不失真的话),$\Delta V = \Delta V(0) \mathrm{e}^{-\frac{t}{\tau_V}}$,而 $\Delta n = \Delta n(0) \mathrm{e}^{-\frac{t}{\tau_n}}$。在小注入时,有 $\dfrac{\Delta V}{\Delta n} = \dfrac{\Delta V(0)}{\Delta n(0)}$,所以 $\tau_V = \tau_n$,也就是说,由示波器的电压衰减曲线所得到的就是样品中的少子寿命。

实际半导体样品中扩散到表面被复合掉的少数载流子往往不能忽略。假设样品表面复合速度为 S,则在光照停止后,示波器上仍然可以得到指数型的光电导曲线,这时曲线的衰减常数取决于样品的有效寿命 τ_{eff},即有

$$\Delta V(t) = \Delta V(0) \mathrm{e}^{\frac{-t}{\tau_{eff}}} \tag{5-21}$$

5.3.2 表面光电压衰减法

表面光电压法可以无损检测硅单晶锭条、抛光片和外延片的少数载流子扩散长度及其在表面各点的分布,而且可以对成品的太阳电池基体材料的少数载流子扩散长度进行测试[9]。此法测试设备简单,对于电阻率在 $0.1 \sim 50\ \Omega \cdot \mathrm{cm}$ 之间的 n 型和 p 型样品,短至 2 ns 的少子寿命亦可以测量。表面光电压法也是 ASTM 认可的标准测试少子寿命的方法[10]。

表面光电压法的原理如下:一束平行光照射到硅片表面,在硅材料内部产生大量电子-空穴对。由于表面处晶格发生中断,在表面处形成表面势,光注入产生的过剩电子-空穴对受表面势影响,发生分离,从而建立表面光电压[11]。

如图 5-11 所示,p 型样品,厚度为 d,反射率为 R,少子寿命为 τ,少数载流子扩散系数为 D_n,少子扩散长度为 L_n,前、后表面复合速度分别为 S_1、S_2,入射单色光的光子流密度为 Φ,波长为 λ,吸收系数为 α。仅考虑少数载流子沿 x 方向的传播,过剩少数载流子浓度 $\Delta n(x)$ 在稳态光照下遵循如下所示的一维连续性方程:

$$D_n \frac{\mathrm{d}^2 \Delta n(x)}{\mathrm{d}x^2} - \frac{\Delta n(x)}{\tau} + G(x) = 0 \qquad (5\text{-}22)$$

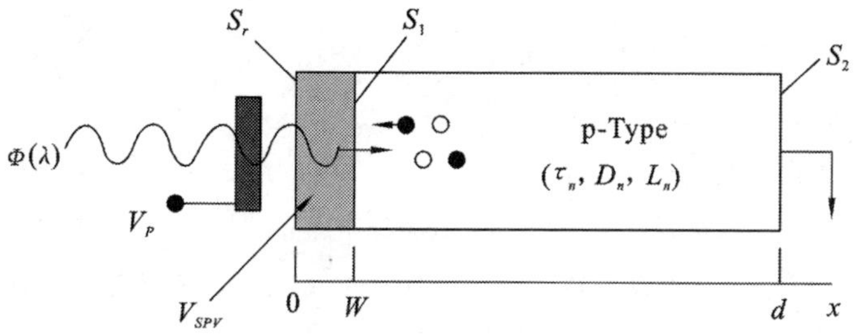

图 5-11　表面光电压法测少子寿命[12]

边界条件为:

$$\begin{cases} x=0: \dfrac{\mathrm{d}\Delta n(x)}{\mathrm{d}x}\bigg|_{x=0} = S_1 \dfrac{\Delta n(0)}{D_n} \\[3mm] x=d: \dfrac{\mathrm{d}\Delta n(x)}{\mathrm{d}x}\bigg|_{x=d} = -S_2 \dfrac{\Delta n(d)}{D_n} \end{cases} \qquad (5\text{-}23)$$

通常认为样品中的电场很弱,不考虑少数载流子的漂移运动,入射光的产生率为:

$$G(x,\lambda) = \Phi(\lambda)\alpha(\lambda)[1-R(\lambda)]e^{-\alpha(\lambda)x} \qquad (5\text{-}24)$$

考虑量子效率为 1,即吸收一个能量大于禁带带隙的光子可在半导体中产生一对电子-空穴对。方程(5-22)的解为:

$$\Delta n(x) =$$

$$\frac{(1-R)\Phi\alpha\tau}{(\alpha^2 L_n^2 - 1)} \left\{ \frac{K_1 \sinh\left(\dfrac{d-x}{L_n}\right) + K_2 \cosh\left(\dfrac{d-x}{L_n}\right) + e^{-\alpha l}\left[K_3 \sin\left(\dfrac{x}{L_n}\right) + K_4 \cosh\left(\dfrac{x}{L_n}\right)\right]}{\left[\left(\dfrac{S_1 S_2 L_n}{D_n} + \dfrac{D_n}{L_n}\right)\sinh\left(\dfrac{d}{L_n}\right) + (S_1 + S_2)\cosh\left(\dfrac{d}{L_n}\right)\right]^{-1}} - e^{-\alpha x} \right\}$$

$$(5\text{-}25)$$

其中

$$K_1 = \frac{S_1 S_2 L_n}{D_n} + S_2 \alpha L_n, \quad K_2 = S_1 + \alpha D_n$$

$$K_3 = \frac{S_1 S_2 L_n}{D_n} - S_1 \alpha L_n, \quad K_4 = S_2 - \alpha D_n$$

在 SPV 测量中,表面电荷感应的空间电荷区厚度为 W,示于

图 5-11。利用 p-n 结原理,在空间电荷区边缘的过剩载流子与表面电压 V_s 的关系为:

$$\Delta n(W) = n_0 (\mathrm{e}^{\frac{qV_S}{kT}} - 1) \approx n_0 qV_s/kT \qquad (5\text{-}26)$$

其中,n_0 为平衡态少数载流子浓度。

为了得到表面电压值,须知道过剩载流子在 $x = W$ 处的载流子浓度。利用 $W \ll d$,即 $d - W \approx d$,同时假设样品厚度 d 远大于少数载流子的扩散长度 L_n,即 $d - W \gg L_n$。当 $W \ll L_n$ 且 $\alpha(d-W) \approx \alpha d \gg 1$ 时,假设 $\alpha W \ll 1$,有:

$$\Delta n(W) = \frac{(1-R)\Phi\alpha L_n}{(\alpha L_n + 1)}\left\{\left(1 + \frac{D_n}{S_2 L_n}\right)\left(1 + \frac{S_1 W}{D_n}\right) \times \left[S_1 + \frac{D_n}{L_n}\left(1 + \frac{D_n}{S_2 L_n} + \frac{S_1}{S_2}\right)\right]^{-1}\right\}$$
$$(5\text{-}27)$$

假设背表面复合速度非常大,如 $S_2 \to \infty$,$S_1 W/D_n \ll 1$,式(5-27)变为:

$$\Delta n(W) = \frac{(1-R)\Phi}{S_1 + D_n/L_n} \cdot \frac{\alpha L_n}{1 + \alpha L_n} \qquad (5\text{-}28)$$

$\Delta n(W)$ 与表面复合速度 S_1 相关,值得注意的是,在图 5-11 中,S_1 指空间电荷区边缘 $x = W$ 处的复合速度,而不是样品表面 $x = 0$ 处的复合速度。表面的复合速度以 S_r 表示。

一般认为探测到的电压 V_p 等于表面光电压 V_s,有:

$$V_p = \frac{kT}{q} \cdot \frac{(1-R)\Phi}{n_0(S_1 + D_n/L_n)} \cdot \frac{L_n}{L_n + 1/\alpha} \qquad (5\text{-}29)$$

在光照情况下,光生载流子也会发生扩散和复合。由于电子和空穴的扩散系数和迁移率都不相同,迁移率的差异会产生丹倍(Dember)电压,表示为:

$$V_b = \frac{kT}{q} \cdot \frac{b-1}{b+1}\ln\left[1 + \frac{(b+1)\Delta n}{n_0 + bp_0}\right] \qquad (5\text{-}30)$$

其中 $b = \frac{\mu_n}{\mu_p}$,μ_n、μ_p 分别指电子、空穴的迁移率。对于 p 型硅,室温下 $b \approx 3$,$p_0 \gg n_0$,且通常 $\Delta n/p_0 = (10^{-6} \sim 10^{-4})$,对应 $V_b \approx (1.7 \times 10^{-8} \sim 1.7 \times 10^{-6})$V。这个数量级远低于表面光电压,所以在表面光电压测量中,丹倍电压可以忽略不计。

SPV 法通常有两种应用方式[13],分别可称为常量表面光电压法

(CMSPV)和线性光电压常数光子流法(LPVCPF)。常量表面光电压法主要是通过调制入射光的强度使不同波长的光产生的光电压相等,即整个过程中 V_p 保持常数,Φ 和 α 的关系为:

$$\Phi = \frac{n_0 V_p (S_1 + D_n/L_n)}{(kT/q)(1-R)} \cdot \frac{(L_n + 1/\alpha)}{L_n} = C_1 (L_n + 1/\alpha) \quad (5\text{-}31)$$

V_p 为常数时可以认为 C_1 为常数。对式(5-31),当 $\Phi = 0$ 时有 $L_n = -1/\alpha$,即直线在 $1/\alpha$ 轴上的负截距即为少子扩散长度。在实验中,改变不同入射光的光子流,保持表面光电压为常数,以波长的吸收系数倒数和光子流量分别作为 x、y 轴,延伸到 x 轴的截距就是少子的扩散长度值。

线性光电压常数光子流法需要首先采用光子流强度可调的白光来确定表面光电压随光子流强度线性变化的范围。其次在这个线性范围中采用相同强度的不同波长的单色光照射被测样品。要求入射光能量高于样品的带隙。记录下对应不同波长的 SPV 值。此时整个过程中 Φ 为常数,将式(5-29)变形为:

$$\frac{1}{V_p} = \frac{n_0 (S_1 + D_n/L_n)}{(kT/q)(1-R)\Phi} \cdot \frac{(L_n + 1/\alpha)}{L_n} = C_2 (L_n + 1/\alpha) \quad (5\text{-}32)$$

同样,作 $1/V_p$ 与 $1/\alpha$ 的关系图可得在 $1/\alpha$ 轴上的负截距为少子扩散长度。

表面光电压法的优点在于测得的扩散长度值与表面复合无关(仅限于小注入情况[14]),因此不需要对样品进行任何表面处理。同时测试结果不受陷阱效应的影响。它的缺点在于:①样品的厚度必须四倍于少子的扩散长度;②样品必须处于低注入水平。一些文献[15-17]对扩散长度大于样品厚度的情况也进行了探讨,使表面光电压法的适用范围得到了推广。

5.3.3 微波反射光电导衰减法(MWPCD)

微波反射光电导衰减法是 ASTM 认可的另一种标准方法[18],可测少子寿命的范围为 0.25 μs 到 1 ms 以上。测量的下限由光源的截止特性和对衰减信号的最低分辨率所决定;测量上限由测试样品的尺寸和样品的表面钝化条件所决定。微波反射光电导衰减法的最大特点是可以非接触、无损地测量样品的少子寿命,应用广泛[19-21]。

用于测量材料的 MWPCD 方法可根据光源的不同分为两大类[22,23]:第一类是瞬态方法,激励光源是脉冲光源,主要研究脉冲结束后材料中过剩载流子的演变。一般采用 Nd:YAG 激光器产生的 1064nm 的红外光,因为硅材料对这个波长的光吸收系数很小,可认为此时材料中的过剩载流子分布均匀。采用脉冲光源的微波反射光电导法也称为 TRMC(Time Resolved Microwave Conductivity)法。它的优点在于过剩载流子的衰减过程直接反映了少数载流子的复合。第二类是稳态方法,通过对稳态光源加机械斩波器(低频)或光声耦合器(高频)进行调制而产生的调制光源,主要研究材料的频响与入射光之间的关系。此时检测部分中应加装锁相放大器代替示波器,用来测量入射波和反射波之间的相差。调制光源比脉冲光源更容易实现,但其结果分析更加复杂。采用调制光源的微波反射光电导法又被称为 FRMC(Frequency Resolved Microwave Conductivity)法。在本节中我们主要分析的是脉冲光源。

微波反射光电导衰减法的实验装置如图 5-12 所示。脉冲光源照射到样品的表面,在样品中产生过剩少数载流子。微波源产生微波,通常采用的微波源工作频率为 10 GHz。对于 0.5 Ω·cm 的硅材料,微波的趋肤深度为 350 μm;对于 10 Ω·cm 的硅材料,微波的趋肤深度为 2200 μm[24]。对于厚度在 $300\sim400$ μm 范围内的常用硅片,10 GHz 的微波足够满足实验要求。通常在微波源和负载中加入隔离器,它的作用是使微波源的功率可顺利通过隔离器输出,而负载的反射却不能进入微波源,防止产生的微波回到微波源从而对微波源产生损害[25]。采用魔 T 而不是常用的环形器,主要利用了魔 T 的"边通对不通"的性质,通过调节衰减器和利用短路器来消除暗电导,使测量时检测到的信号完全是光电导衰减信号。检波器的作用是检测反射的微波信号,并将微波的电信号转化为电压信号,并送入示波器或其他的显示设备(如计算机)进行显示、存储、处理和分析等。通常假定在 $\Delta P/P < 0.03$ 的条件下,检测到的微波信号正比于载流子的浓度,其

中 P 是反射微波的能量，ΔP 是光照条件下反射能量的变化，但这个条件也可以放大[26]。也可以将样品放置在 x-y 平台上，通过对样品的逐点扫描得到样品的少子寿命 Mapping 图。

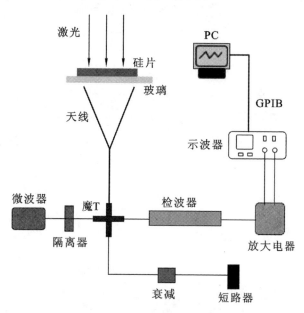

图 5-12　微波反射光电导衰减法的实验装置

在测试过程中需保证样品处于小注入条件，通常认为反射的微波能量正比于样品的电导率，有：

$$P(\sigma_0)\propto\sigma_0$$

$$P(\sigma_0+\Delta\sigma)\propto\sigma_0+\Delta\sigma$$

两式相减有：

$$\Delta P=P(\sigma_0+\Delta\sigma)-P(\sigma_0)\approx\Delta\sigma\frac{\partial P}{\partial\sigma}\Big|_{\sigma=\sigma_0} \tag{5-33}$$

其中 σ_0 表示样品的暗电导，$\Delta\sigma$ 表示光照后电导率的变化。对于 $\frac{\partial P}{\partial\sigma}$ 为常数，有

$$\Delta P\propto\Delta\sigma$$

而 $\Delta\sigma\propto\Delta n$，所以

$$\Delta P\propto\Delta n$$

通常过剩载流子的衰减呈指数形式，所以我们通过测量衰减曲线的指数系数可以求得少子寿命的值。

5.3.4　准稳态光电导衰减（QSSPC）

准稳态光电导方法首次由 R. A. Sinton 和 A. Cuevas[27] 在 1996 年提出，此方法原理与稳态光电导方法相似，称为"准稳态"，是因为采用的光源衰减非常缓慢，脉冲下降沿有 17～18 ms，远远高于被测材料中的少数载流子寿命，因此，可以认为在测量过程中被测材料中的过剩载流子始终处于恒定值。少子寿命的计算公式和稳态情况的结果一致，表示为：

$$\tau = \frac{\Delta n_{av}}{g_e} \tag{5-34}$$

其中 g_e 为入射光的产生率。

式(5-34)中的 Δn_{av} 可通过 $\Delta n_{av} = \frac{\Delta\sigma}{q\,(\mu_n + \mu_p)d}$ 计算出，其中 d 是样品的厚度。值得注意的是，μ_n、μ_p 也是注入浓度的函数，所以需要反复迭代来确定 Δn_{av} 的值。g_e 随入射光强的衰减而变化，通常采用一个已校准过的光探测器或标准参考电池来确定到达样品单位面积上的入射光子流 N_{ph}。为标准太阳光谱时 $N_{ph} = 2.7 \times 10^{17}$ cm^{-2} s^{-1}，这个光子流量称为一个太阳强度。由于待测样品的有限厚度以及表面发射，只有一部分能量能被吸收。对于抛光的光片，吸收比率 $f_{abs} \approx 0.6$；若硅片表面有合适的减反射膜，如 70 nm 厚的 SiN 或氧化钛膜，则 $f_{abs} \approx 0.9$；表面又有绒面又有减反射膜的吸收比率可以达到 1[28]。对一般的测试样品，产生率为：

$$g_e = \frac{N_{ph}f_{abs}}{d} \tag{5-35}$$

图 5-13 所示的是 Sinton Consulting Inc 提供的 WCT-120 型硅材料寿命测试仪结构，采用的方法就是准稳态光电导。利用射频线圈耦合来测量样品中的过剩载流子的浓度变化。选择合适的调节桥电路，在光照情况下，桥电路的输出电压与样品中的过剩少子直接相关。射

频线路信号随时间的变化可用示波器来记录并转化为光电导信号。选择合适的迁移率模型[29]可以将光电导信号转化为过剩载流子浓度。同时，入射光的光强度可以通过已校准的太阳电池片进行测量，考虑测量片和校准片的反射差别，可得到待测片的产生率 g_e。利用式(5-34)可得到样品的少数载流子寿命。

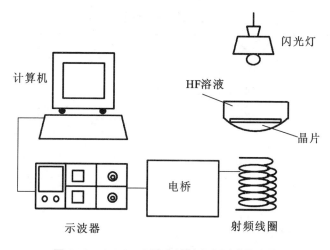

图 5-13　WCT-120 型硅材料寿命测试仪结构

对比稳态光源，准稳态光源有两个优点：①避免了样品的发热现象。以稳态光源照射时，样品会迅速发热导致少子寿命发生变化；准稳态光源的光强在数毫秒之内会缓慢下降到 0，避免了样品的发热现象。②光强的逐步下降意味着注入水平的不断变化。所以准稳态光照可以同时测量少子寿命随注入浓度的变化。与其他瞬态的方法相比，它可以测量非常低的寿命而无须对脉冲信号的电性质加以控制（如调节脉冲宽度），寿命测量下限由脉冲光强决定。当入射光强达到 1000 suns（1 sun＝100 mW/cm²），最低可测寿命为 3 ns[27]。

少数载流子寿命是样品中过剩少数载流子复合的一个统计平均结果，受到很多复合机理的同时作用，如 SRH 复合、表面复合等。在此主要探讨少数载流子寿命在小注入浓度时的值，并假定在小注入情况下，少数载流子浓度是一个常数，不随注入浓度而变化。同样认为复合速度也是常数,与注入浓度无关。这两个假设在小注入情况下都是可行的。

半导体中少数载流子寿命测量的方法有很多,本节介绍了具有代表性的几种方法,直流光电导衰减法、表面光电压法、微波光电导衰减法和准稳态光电导法。各种方法的比较见表 5-5。

表 5-5　各种少数载流子寿命测量方法的比较[9]

测量方法	测量要求	测量范围	优点	缺点
直流光电导衰减法	接触	上限:由样品形状决定 下限:由光源的下降时间决定	设备简单	对样品形状有要求
准稳态光电导法	非接触	上限:1 ms 下限:3 ns	可测量少子寿命随注入浓度的变化	过剩载流子浓度计算过程复杂
表面光电压法	接触	上限:受样品限制 下限:2 ns	无表面复合影响	低注入条件,对样品有要求
微波光电导衰减法	非接触	上限:1 ms 下限:0.25 μs	设备简单	限于小注入条件

5.4　太阳电池的 *I-V* 性能测试

测量太阳电池和组件的光伏性能,需在稳定的自然光或太阳光模拟器及恒温条件下,显示出电池的电流-电压特性曲线,同时根据入射光的辐照度计算电池的光电转换效率。为了使光伏性能测试报告具有可比性,国际电工委员会(IEC)规定了标准测试条件(简称 STC)。地面用太阳电池的标准测试条件为[30]:测试温度 25 ℃,光源辐照强度 1000 W/m²(或 100 mW/cm²),并具有标准的 AM1.5G 光谱分布。而航空航天用的太阳电池的标准测试条件为[31]:测试温度 25 ℃,光源辐照强度 1367 W/m²,具有标准的 AM0 太阳光谱。

5.4.1　标准测试条件与太阳能模拟器等级

太阳电池的标准测试条件是一种理想情形,在实际当中无法直接获得,而且日常生活中的太阳辐射会随时随地发生变化,因此需要一种模拟标准太阳辐射的装置来为光伏器件测试提供光照,这种用于模拟太阳辐射的装置称为太阳能模拟器。

太阳能模拟器主要采用人工光源,但人工光源不可能复制出标准测试条件下的太阳光谱,这是因为常用的人工光源(如氙灯、碘钨灯等)的发光光谱与太阳光谱有着较大的差异。图 5-14 显示了最接近太阳光的氙灯光谱与 AM1.5 太阳光谱的分布对比。

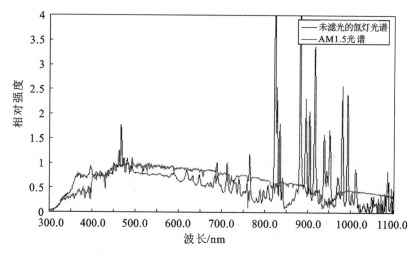

图 5-14　氙灯光谱与 AM1.5 太阳光谱的光谱分布对比[32]

从图 5-14 可以看出:氙灯光谱在可见光区间非常接近太阳光谱,色温为 5700～6000K,但在近红外区域,氙灯光谱有很多"尖峰",这与 AM1.5 光谱差异较大。而硅太阳电池的光谱响应在 400～1100 nm,覆盖了从近紫外到近红外的范围,因此,需要在近红外范围内使用滤光片对氙灯光谱进行修正。

常见的太阳能模拟器由短弧氙灯和滤光片组合而成,如图 5-15 所示。氙灯发出的光经过凹面反射镜聚焦后,通过一组滤光片,滤光片的目的是除去 800～1100 nm 内的氙灯"尖峰",使发射光谱更接近 AM1.5 或 AM0 的太阳光谱。然后光线经过积分器,使出光面分布均匀,再通过石英透镜形成平行光,使位于测试平面上的太阳电池受到模拟的均匀太阳光的照射。

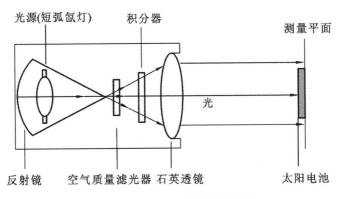

光源(短弧氙灯)　　积分器　　　　　　测量平面

光

反射镜　　空气质量滤光器 石英透镜　　　　太阳电池

图 5-15　太阳能模拟器的基本结构

　　太阳能模拟器分为稳态、长脉冲和短脉冲三种。长脉冲模拟器可以在一个脉冲周期内测出整条 *I-V* 曲线,而短脉冲模拟器每次只能测出 *I-V* 曲线上的一个数据点。稳态模拟器一般使用滤光氙灯或改进的汞灯作为光源,这类模拟器适合于单体电池和小组件的测试。脉冲模拟器由一个脉冲或两个脉冲氙灯组成,这类模拟器在大面积范围内辐照均匀性好,能更好地适用于大尺寸组件的测试。对比稳态模拟器,脉冲模拟器在测试过程中不会使被测的太阳电池发热,从而与周围环境温度保持一致。但对于光响应速度比较慢的染料敏化电池或钙钛矿太阳电池,一般要使用稳态模拟器进行 *I-V* 测试。对不同大小的电池或组件,需选用合适的太阳能模拟器,以保证光源的均匀度、稳定度能满足测试准确性的要求。

　　太阳能模拟器根据光谱失配度、辐照度不均匀度和辐照度不稳定性三个指标来进行分级。模拟器的光谱辐照度分布应当与标准太阳电池光谱辐照度分布相匹配。选取 400～1100 nm 波段的标准光谱辐照度并分为 6 段,分别计算出各段积分辐照度占 400～1100 nm 波段范围内总积分辐照度的比例,见表 5-6。

表 5-6 标准太阳光谱辐照度分布（AM1.5）[33]

	波长范围 λ/nm	占 400～1100 nm 总辐照度的百分比
1	400～500	18.4%
2	500～600	19.9%
3	600～700	18.4%
4	700～800	14.9%
5	800～900	12.5%
6	900～1100	15.9%

根据 IEC60904-9 的要求,测量太阳能模拟器的辐照度时,探测单元的最小面积为测试平面有效光照面积的 1/64,但是不能超过 20 cm×20 cm;AM 1.5 光谱考虑的波长范围为 400～1100nm。将模拟器在每个同样波段内测试的结果占总辐照度的百分比与表 5-6 列出的标准辐照度分布百分比进行比较,所得比例即为模拟器在该波段的光谱匹配度,6 段之中最差者定为模拟器的光谱匹配级别。

辐照度不均匀度的计算公式如下:

$$辐照度不均匀度(\%) = \frac{最大辐照度 - 最小辐照度}{最大辐照度 + 最小辐照度} \times 100\% \quad (5\text{-}36)$$

辐照度不稳定度的计算公式如下:

$$辐照度不稳定度(\%)$$
$$= \frac{最大辐照度(时间段 \Delta t) - 最小辐照度(时间段 \Delta t)}{最大辐照度(时间段 \Delta t) + 最小辐照度(时间段 \Delta t)} \times 100\% \quad (5\text{-}37)$$

光谱失配度定义为:

$$光谱失配度(\lambda_1, \lambda_2) = \frac{\dfrac{\displaystyle\int_{\lambda_1}^{\lambda_2} E_{sim}(\lambda)\,\mathrm{d}\lambda}{\displaystyle\int_{400}^{1100} E_{sim}(\lambda)\,\mathrm{d}\lambda}}{\dfrac{\displaystyle\int_{\lambda_1}^{\lambda_2} E_{std}(\lambda)\,\mathrm{d}\lambda}{\displaystyle\int_{400}^{1100} E_{std}(\lambda)\,\mathrm{d}\lambda}} \quad (5\text{-}38)$$

式中 $E_{sim}(\lambda)$, $E_{std}(\lambda)$——太阳能模拟器输出光的光谱和标准测试条

件下的太阳光谱(AM 1.5G)。

当 $\lambda_1=400,500,\cdots,800$ 时, $\lambda_2=\lambda_1+100$;当 $\lambda_1=900$ 时, $\lambda_2=\lambda_1+200$ (波长单位:nm)。太阳能模拟器的光谱失配度越接近 1,说明与标准光谱越接近。

根据太阳能模拟器光学性能的优劣,IEC 制定了太阳能模拟器的划分标准,如表 5-7 所示。

表 5-7 太阳能模拟器的等级划分[34]

	A	B	C
辐照不均匀度	2%	5%	10%
长时辐照不稳定度 (Long Term Instability,LTI)	2%	5%	10%
短时辐照不稳定度 (Short Term Instability,STI)	0.5%	2%	10%
光谱失配度	0.75~1.25	0.6~1.4	0.4~2.0

一个太阳能模拟器的级别用三个字母表示,顺序为光谱失配度、辐照不均匀度和辐照不稳定度。如 AAA 级太阳能模拟器,表示该太阳能模拟器的光谱失配度、辐照不均匀度和辐照不稳定度均能达到 A 级。

5.4.2 太阳电池的 *I-V* 测试原理

太阳电池的 *I-V* 特性与测试条件密切相关,必须在统一规定的标准测试条件下进行测量,或将测量结果转换为标准测试条件下的结果,才能鉴定太阳电池的优劣。

太阳电池 *I-V* 特性测试电路图如图 5-16 所示。图中标准电池用于测量光源的辐照度。测量中,标准太阳电池和被测电池应置于均匀光照范围内的同一水平面内,共面误差小于 2°。如果光源均匀光照的面积不足以同时容纳标准电池和被测电池,则在用标准电池调整光源达到所需辐照度后,将被测电池换到原来位置进行 *I-V* 特性测量。如果标准太阳电池的测试温度与标准温度之差大于 2 ℃,则应对其标定值进行校正。

为使测试结果准确可靠,所有仪表需经过认真标定,电流和电压

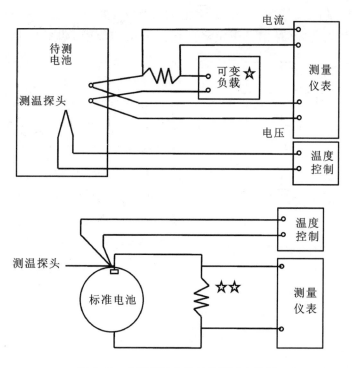

图 5-16　太阳电池 *I*-*V* 特性测试电路图

测量准确度达到±0.2％,温度准确度测量达到±1 ℃。所用电压表内部需大于 20 kΩ。测量电流和电压时应从待测电池的端点分别引出导线。理论上,要求可变负载从零变到无穷大,达到开路状态,来测量太阳电池的短路电流和开路电压。实际上,即使可变负载达到无穷大,也不是开路状态,因此,通常采用负载的补偿电路来满足上述要求。

负载的补偿电路如图 5-17 所示。为避免导线电阻的影响,采用"四线"连接,电池用两根粗线连接,通过电流,另两根线测电压用。取样电阻也同样用四线连接。在可变电阻两端连接两个相同的电阻 *r*,并且并联一个补偿电路,构成桥路。当可变电阻滑动点在中间位置(*O* 点)时,电桥平衡。因为太阳电池开路时,全部光生电流都通过 p-n 结,相当于二极管导通。所以,如果此时把可变电阻从 *O* 点向 *A* 点调整,电桥平衡一经破坏,外加电源就可以给电池正向偏压。随着离开

平衡点 O 的距离增大,正向电流也随之增大,并可使流过结的电流略大于光生电流,此时相当于负载曲线进入第四象限,如图 5-18 所示。

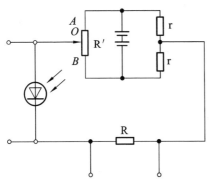

图 5-17　负载的补偿电路

当可变电阻滑动头从 O 点向 B 点滑动时,情况与上述正好相反,电池开始受外加电源的反向偏压。电池在短路状态时光生电流全部流过外电路,p-n 结处于截止状态。当电池处于不充分截止状态时,结内存在少量的正向电流流过,但当反向偏压增大到一定程度时,反向电流增大到与正向电流相等,即正好处于截止状态,再增大反向偏压则 p-n 结流过反向电流,使得二极管充分截止,相当于曲线进入了第二象限。

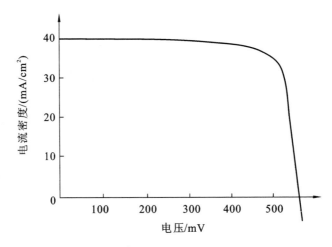

图 5-18　用补偿电路测出的电池负载特性曲线

根据上述原理可知,太阳电池在负载电阻由零变到无穷大的过程中,相当于电池 p-n 结从截止到导通的过程。换言之,如果利用一个外电源(不用可变电阻)给电池的 p-n 结施加一个由负到正的电压,使得 p-n 结由充分截止连续变化到超额导通,此时和补偿法效果完全一样,可得到在三个象限的伏安特性曲线。这就是电子负载的基本原理。

图 5-19 是典型的电流-电压曲线，从中可以得到该太阳电池的开路电压、短路电流和最大功率点。根据第二章的知识可知，由最大功率输出与入射光总辐照度之比可求出太阳电池的光电转换效率。

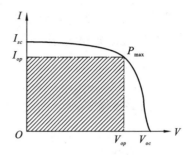

图 5-19 电流-电压特性曲线

$$\eta = \frac{FF \cdot I_{sc} \cdot V_{oc}}{P_{in}}$$

5.4.3 太阳能模拟器特性对测试结果的影响

5.4.3.1 辐照不均匀性对测试结果的影响

太阳能模拟器的辐照不均匀性可以采用多种方法来实现，如对于多光源太阳能模拟器，改变其中一盏灯的功率即可实现辐照不均匀；或在不同区域使用不同透光度的滤光片等。通过改变灯的功率和滤光片的方法虽然能改变辐照不均匀度，但同时也改变了辐照光谱。为此，可以简单地采用遮挡的方式来模拟辐照不均匀情形，如图 5-20 所示。

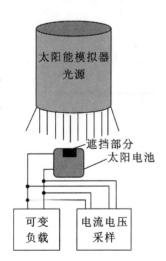

图 5-20 太阳电池部分遮挡实验示意图[35]

具体操作方法为[35]：

（1）选一块性能良好的太阳电池片；

（2）用面积为电池面积 1/30 的黑色纸片遮住电池的一块，模拟该太阳电池表面上辐照度下降 1/30；

（3）在辐照均匀性较好的太阳能模拟器下测试该部分被遮挡的太阳电池的伏安性；

（4）假设有其余 71 片性能一样的太阳电池工作在无遮挡的辐照下，且与该遮挡的电池串联成一个组件，显然其电流会受到遮挡电池的限制，那么可认为该组件所处测试环境的辐照不均匀度为：$(30-29)/(30+29) \times 100\% = 1.7\%$；

（5）往被遮电池上每次添加一片同样大小的纸片，该电池的遮挡面积比例依次变为：2/30，3/30，4/30，5/30，6/30，7/30，…，依次重复步骤（3），我们可以计算出（4）中所述的辐照不均匀度依次为：3.4%，5.2%，7.1%，9.1%，11.1%，13.2%，…；

（6）分析上述不同辐照均匀度对单体电池以及对模拟组件输出特性的影响。

在单片太阳电池遮挡面积增大的实验中，对该电池片的开路电压、短路电流、最大功率随遮挡面积变化的规律进行分析，结果如图 5-21所示。

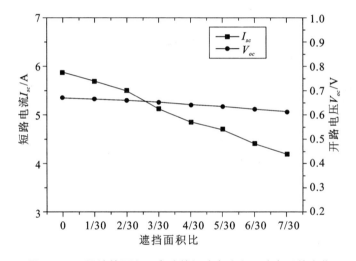

图 5-21 不同遮挡面积下电池的短路电流和开路电压的变化

从图 5-21 可以看出：遮挡面积越大，短路电流越小，而开路电压随遮挡面积变化不大。而从图 5-22 可以发现：太阳电池的最大输出功率和短路电流一样，随遮挡面积增大而降低。

图 5-23 给出了辐照不均匀性对光伏组件输出性能的影响。将辐照不均匀度为零时各参数作为参考，可以看到太阳能模拟器辐照不均匀性越差，光伏组件的短路电流和最大功率测量值偏差越大，而开路电压变化不大。如果太阳能模拟器的辐照不均匀性处于 B 级的上限（5%），那么光伏组件的短路电流和最大功率测量值偏差可能达到 −10%；如果太阳能模拟器的辐照不均匀性为 A 级下限（2%），则短路

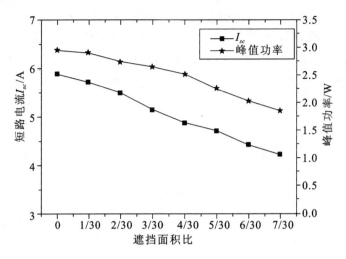

图 5-22 不同遮挡面积下电池的短路电流和最大输出功率的变化

电流和最大功率测量值最大偏差可达到 −3％。为了降低光伏测试的误差，太阳能模拟器的辐照不均匀度最好达到 A 级或更优异的水平。

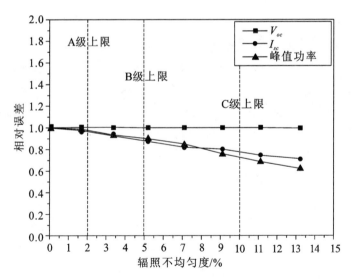

图 5-23 辐照不均匀性对光伏组件输出性能的影响

5.4.3.2 非标准条件到标准测试条件的转化

在实际使用太阳电池中，光源的光强和电池的温度并不与标准测试条件一一对应。为了将电池的电性能统一到同一状态下，必须用相应的温度系数进行折算。为了获得这些温度系数，将电池放在温度可以控制的恒温器上，在温度从 -50 ℃ 到 100 ℃ 的范围内，在固定的温度间隔（如每 5 ℃）测一组伏安曲线，再改变一个光强再测一组伏安曲线。这样就求得不同光强时电池的电流密度温度系数或电压温度系数。

实际上不同光强和温度范围内电流密度或电压随温度的变化速率是不同的，但真正实用的温度系数是在标准测试状态附近的。根据 STC，光强为 100 mW/cm^2，温度为 25 ℃，被测电池的电流密度为 J_{sc0} 和 V_{oc0}。然后提高温度约 10 ℃，稳定后电池温度为 T_1，此时测出的电流密度和电压为 J_{sc1} 和 V_{oc1}；再将温度提高 10 ℃，稳定后电池温度为 T_2，此时测出的电流密度和电压为 J_{sc2} 和 V_{oc2}。则电流密度和电压的温度系数为[36]：

$$a = \frac{1}{2}\left(\frac{J_{sc1} - J_{sc0}}{T_1 - T_0} + \frac{J_{sc2} - J_{sc1}}{T_2 - T_1}\right) \tag{5-39}$$

$$b = \frac{1}{2}\left(\frac{V_{oc1} - V_{oc0}}{T_1 - T_0} + \frac{V_{oc2} - V_{oc1}}{T_2 - T_1}\right) \tag{5-40}$$

如果构成组件或方阵的单体电池和测试电池的材料和工艺都相同，那么它的电流密度和电压的温度系数分别为：

$$a' = N_p a \tag{5-41}$$

$$b' = N_s b \tag{5-42}$$

上两式中　N_p——并联的电池数目；

　　　　　N_s——串联的电池数目。

温度系数的测试可以在自然阳光下进行，也可以在 BBB 级以上的太阳能模拟器下进行。

当测试温度、辐照度和标准测试条件不一样时，可用以下换算公式校正到标准测试条件[37]：

$$I_2 = I_1 + I_{sc}\left(\frac{G_2}{G_1} - 1\right) + \alpha(T_2 - T_1) \tag{5-43}$$

$$V_2 = V_1 - R_s(I_2 - I_1) - K I_2(T_2 - T_1) + \beta(T_2 - T_1) \tag{5-44}$$

上两式中　I_1, V_1——测试得到的电流、电压值；

　　　　　I_2, V_2——校正到标准测试条件下的结果；

I_{sc}——待测电池实测的短路电流(A);

G_1——标准电池测得的辐照度(W/m^2);

G_2——标准辐照度,AM 1.5 则对应 1000 W/m^2;

T_1——实测温度(℃);

T_2——标准测试温度(℃);

K——曲线修正因子,一般可取 1.25×10^{-3} Ω/℃;

α, β——所测电池在标准辐照度下,在所需温度范围内的短路电流温度系数和开路电压温度系数,α(A/℃),β(V/℃);

R_s——所测电池的内部串联电阻(Ω)。

辐照度 G_1 通常由标准电池测量,若标准电池在 STC 条件下测得的值为 $I_{RC,STC}$,而实测的短路电流为 I_{RC},测试时的温度为 T_{RC},则测试时的辐照度(单位:W/m^2)为

$$G_1 = \frac{1000 \cdot I_{RC}}{I_{RC,STC}} [1 - \alpha_{RC}(T_{RC} - 25)] \qquad (5\text{-}45)$$

式中,α_{RC} 为标准电池的温度系数。从上述分析可以看出,精确测量电池的温度是很重要的,测试中要求每组测试温度变化幅度都控制在 ± 2 ℃以内。

5.5 太阳电池中的缺陷检测

太阳电池缺陷的检测是电池生产过程中重要的工艺。在太阳电池、组件的制作过程中,材料、机械、人为等因素造成的缺陷不可避免,而检测的准确性直接影响光伏组件的效率。缺陷检测的方式多种多样,分布在太阳电池、组件制造的各个环节中。

5.5.1 发光检测技术

对半导体而言,最常用的激发方法有三种:光注入、电注入以及电子轰击,由此产生的发光分别称为光致发光(PL)、电致发光(EL)和阴极发光(CL)技术。由于发光过程与激发方式无关,接下来重点讨论 PL 和 EL 技术。

当半导体受到激发时,电子从价带跃迁到导带,从而产生了过剩的电子-空穴对。非平衡的电子可以直接落入价带,与价带中的空穴复合;也可以先到达禁带中的缺陷或杂质能级,再与空穴发生复合。复合时,能够产生辐射的复合即为辐射复合,即发光。除了发光之外,有些复合是非辐射性的,如表面复合、俄歇复合以及发射多个声子的复合。显然,非辐射复合对发光效率是不利的。对发光器件而言,应尽可能减少它们的影响。发光的频率、相位、振幅、方向、偏振态等,携带了材料的大量基本信息,是一种探测材料电子结构的重要方法,它与材料无接触、无损伤,灵敏度高,被广泛地应用于材料的带隙检测、杂质等级与缺陷检测、复合机制以及材料品质鉴定等多个领域。

5.5.1.1　PL 技术

PL 是指物质吸收光子(或电磁波)后重新辐射出光子(或电磁波)的过程。PL 属多种形式的荧光(Fluorescence)中的一种。PL 测量的基本原理是:当激光光源发出 $h\nu > E_g$ 的光照射到被测样品表面时,由于激发光在材料中的吸收系数很大(通常大于 10^4 cm^{-1}),通过本征吸收,在材料表面约 $1\ \mu m$ 以内的区域内激发产生大量的电子-空穴对,使样品处于非平衡态。这些非平衡载流子一边向体内扩散,一边发生复合。通过扩散,发光区将扩展到深入体内约一个少子扩散长度的距离。电子-空穴将通过不同的复合机构复合,其中的辐射复合就发出叠加在热平衡辐射上的光发射,俗称荧光。荧光在逸出表面之前会受到样品本身的自吸收。荧光逸出后,经汇聚进入单色仪分光,此后经探测器接收转变为电信号并进行放大和记录,从而得到发光强度按光子能量分布的曲线,即光致发光光谱图。

PL 常规的实验装置如图 5-24 所示,图 5-24 为一套稳态 PL 测试装置。滤波片 F_1 用来限制入射激光信号。1、2、3 号镜的作用是调整入射光,使其垂直照射到样品。目前最常用的激光光源是气体激光器,如氩离子激光器、氪离子激光器、氦氖激光器等。为消除激光器工作在红外波段的弱发射谱线,需在光源后加带通滤波片。选用不同的激光器,最主要的原因是利用它们不同的工作波长,以适用于各种不同禁带宽度的半导体的测量。

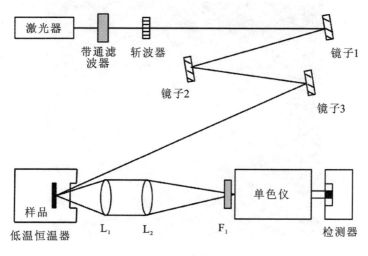

图 5-24 PL 装置示意图

PL 的实验装置简单,测量本身是非破坏性的,而且对样品尺寸、形状以及样品两个表面间的平行度都没有特殊要求。PL 在探测的量子能量和样品空间大小上都具有很高的分辨率,因此适合于做薄层分析和微区分析,为光伏电池缺陷检测提供了非常好的解决方案。由于发光强度与此处非平衡少数载流子的浓度成正比,而缺陷是少数载流子的有效复合中心,因此,缺陷周围的少数载流子浓度降低,导致荧光效应减弱,在发光图像中表现为暗色的点、线或一定的区域,而样品复合较少的区域则表现为较亮的区域,如图 5-25 所示。通过观测样品的光致发光图像,利用高灵敏度高分辨率的照相机进行感光,然后通过软件对图像进行分析,就可以判断样品中是否存在缺陷、杂质等影响太阳电池效率的因素,每片样品检测时间可小于 1 s,实现真正的在线检测。

上面简单地介绍了稳态 PL 测量的实验方法。根据激励/检测模式的不同,可以将 PL 测量分为两类[38]:(1)均匀光照/局域检测模式(Uniform Excitation/Local Detection or U/L),样品受均匀光照,采用 CCD 相机或点到点的 Mapping 技术检测信号。(2)局域光照/局域检测模式(Local Excitation/Local Detection or L/L),基于共聚焦模式实现。此时入射光和信号采集均利用同一个光学显微镜,采集到的信号仅来自入射点。从测试速度来看,由于 U/L 模式可以通过 CCD 对整

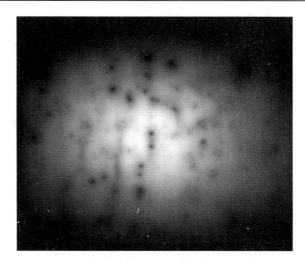

图 5-25　PL 测试缺陷图

个样品拍照成像,测试效率较高,而 L/L 模式需要对每一点进行信息采集,速度慢,且两者的空间分辨率并不相同,从理论上和实验上已证实同一个缺陷在 L/L 模式下表现得更细小,而在 U/L 模式下更大,如图 5-26 所示(测试区域 50 μm×50 μm)。

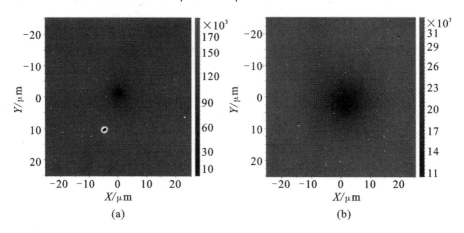

图 5-26　同一个缺陷的 PL 测试结果

(a)L/L 模式;(b)U/L 模式

近年来,随着 PL 技术的不断发展,瞬态的时间分辨光谱、激发光谱以及调制光谱技术已经广泛地应用于研究工作中。时间分辨光谱

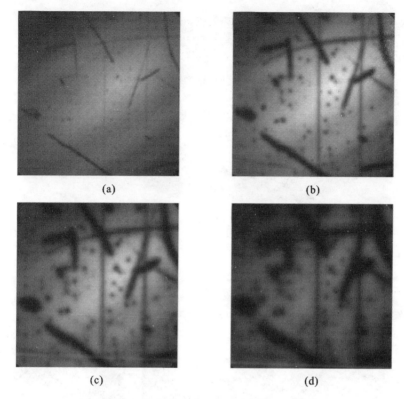

图 5-27　CdTe 样品中缺陷的时间分辨 PL 信号[39]

(a)脉冲光照结束后 0.5 ns;(b)脉冲光照结束后 5 ns;

(c)脉冲光照结束后 10 ns;(d)脉冲光照结束后 25 ns

可以记录缺陷随时间的变化,典型结果如图 5-27 所示。从图中可以看出,随着时间的延长,缺陷的影响不断增加,缺陷显得更大、更黑。

5.5.1.2　EL 技术

EL 技术,即电致发光,测试原理如图 5-28 所示。在晶体硅太阳电池外加正向偏压,外加偏压向太阳电池注入大量非平衡载流子,注入扩散区的过剩载流子不断地复合发光,放出光子,然后利用 CCD 相机成像,信号传给计算机,经处理后显示出来,整个测试过程在暗室中进行。

由于晶体硅的带隙约为 1.12 eV,对应直接辐射复合的 EL 光谱的峰值约在 1150 nm 附近,因此,EL 的发光属于近红外光(NIR)。同 PL 技术类似,EL 图像的亮度越均匀,表明电池片的质量越好,反之暗区越多,则电池片的性能越差。通过 EL 图像的分析可以有效地发现硅材料

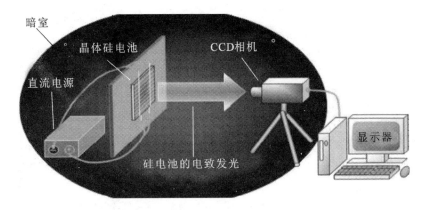

图 5-28 EL 测试原理图[40]

缺陷、印刷缺陷、烧结缺陷、工艺污染、裂纹等问题[41]，见图 5-29。

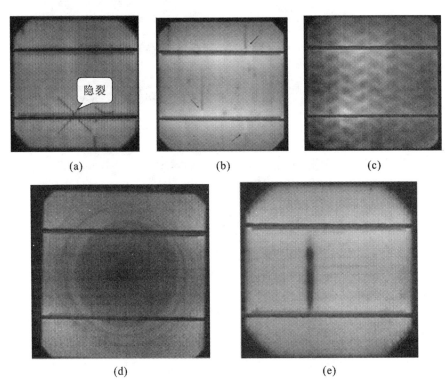

图 5-29 问题太阳电池的 EL 图像

(a)隐裂；(b)断栅；(c)烧结缺陷；(d)黑心片；(e)漏电

　　图 5-29(a)给出的是隐裂问题。硅材料硬度高,但脆度大,因此在电池生产过程中,很容易产生裂片。裂片分两种,一种是显裂,另一种是隐裂。前者可以直接用肉眼观察,后者却不行。但后者在组件的制作过程中更容易产生碎片等问题,影响产能。由于(100)面的单晶硅片的解理面是(111),因此,单晶电池的隐裂一般是沿着硅片的对角线方向的"X"状图形,但由于多晶硅片存在晶界影响,难以自动识别晶界与隐裂。

　　图 5-29(b)显示的是断栅问题。印刷不良导致正面的银栅线断开,在 EL 图中显示为黑线状。这是因为细栅线断开后,从主栅上注入的电流在断栅附近的电流密度较小,致 EL 发光强度下降。

　　图 5-29(c)显示的是烧结缺陷。一般而言,烧结参数没有优化或设备存在问题时,EL 图上会显示网纹印。采取顶针式或斜坡式的网带则可有效消除网带问题。

　　图 5-29(d)则是俗称的"黑心片"。直拉单晶硅拉晶系统中的热量传输过程对晶体缺陷的形成与生长起着决定性的作用。提高晶体的温度梯度,能提高晶体的生长速率,但过大的热应力极易产生位错。从图中可以清楚地看到清晰的旋涡缺陷,它们是点缺陷的聚集,产生于硅棒生长时期。此种材料缺陷势必导致硅的非平衡少数载流子浓度降低,从而降低该区域的 EL 发光强度,属于硅材料原料问题。

　　图 5-29(e)则是"漏电"问题。漏电电池一般指电性能测试时 I_{rev} 值(给电池加反向偏置电压－12 V 时的电流值)偏大的电池。从图中可以看出,EL 显示的较粗黑线表明该区域没有探测器可探测到的光子放出。若给电池加反向偏压测试其发热情况,将会发现与 EL 对应区域发热严重。这是由于硅片表面存在划伤,在电池正面印刷银浆时,浆料进入裂缝的 p-n 结位置;加－12 V 电压时,正面 p-n 结烧穿短路。因此,EL 测试时,该区域显示为黑色。

　　除了单片电池的 EL 缺陷检测仪器,组件的 EL 缺陷检测设备也广泛地应用于质量阶段,在组件层压前和成品阶段,均可以使用 EL 抽检组件质量问题。图 5-30 给出了组件抽检的 EL 图,可以看出组件内部部分电池隐裂、断栅、黑心片等问题。

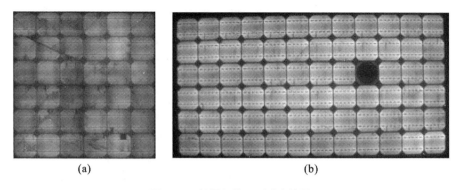

(a)　　　　　　　　　　　　(b)

图 5-30　问题组件 EL 测试结果

与单片 EL 测试相比,组件尺寸大,若采用单个 CCD 相机,无论像素多高,都会产生四角图形畸变,而且由于景深的限制,周围的电池图片不会拍摄得非常清楚;如果采用多相机或连续拍摄拼接图片的方式,则对软件控制要求较高,要求实现较好的图像拼接。

5.5.2　EBIC 技术

EBIC 技术即电子束感生电流技术[42],是指当能量适当的电子束(入射电子束能量 E 的范围为 5~200 keV)入射到半导体样品上,在半导体内的一定范围内产生大量电子-空穴对,没有被复合的电子-空穴对通常可用一个平行于入射表面的收集场(p-n 结或金属-半导体接触)来收集,这样就能在外电路中产生电流(感生电流),如图 5-31 所示。

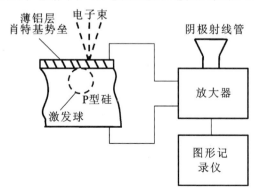

图 5-31　EBIC 装置简图[43]

电子束入射到样品中产生的电子-空穴对,受到电场的作用,偏离原来的扩散运动方向,产生了漂移运动。扩散电流与漂移电流叠加在一起,作为 EBIC 的成像信号。电子和固体之间相互作用的复杂性,使得 EBIC 的严格分析非常困难。为避免三维模型的复杂性,可作一个最有利的几何安排:p-n 结平行于表面,电子束垂直入射其表面。G. E. Possin介绍了一个计算 EBIC 的模型[43],如图 5-32 所示。将电子轰击作为有一确定强度的稳态点源,对均匀掺杂的 p-n 结,可得到感生电流增益:

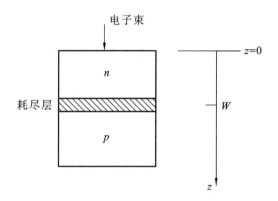

图 5-32 电子束照射 p-n 结图

$$G = \frac{I_i}{I_b} = \int_0^\infty \frac{1}{E_i} \frac{\mathrm{d}E}{\mathrm{d}z} P(z) \mathrm{d}z \qquad (5\text{-}46)$$

式中 I_i——电子束感生电流(mA);

      I_b——初始的电子束电流(mA);

      E_i——产生电子-空穴对所需的平均能量(eV);

      $P(z)$——在 z 处载流子能被收集产生电流的概率。

设寿命 τ 在 n 区内是有限的和恒定的,于是复合率 $U = P/\tau$,并且有关系式:

$$\left. \begin{array}{ll} P(z) = \dfrac{\sinh(z/L) + [D/(LS)]\cosh(z/L)}{\sinh(W/L) + [D/(LS)]\cosh(W/L)} & z < W \\ P(z) = 1 & z \geqslant W \end{array} \right\} \quad (5\text{-}47)$$

式中 L——n 区的扩散长度(μm);

      S——表面复合速度(cm/s);

D——扩散系数（cm^2/s）；

W——样品的 n 区厚度（μm）。

对肖特基势垒，假定扩散长度恒定，掺杂情况也恒定，则在顶面以下深度为 W 的耗尽层区之外，$P(z) = e^{\frac{W-z}{L}}$；在耗尽层区内 $P(z)=1$；在金属化区域 $P(z)=0$。

若坐标原点（即电子束入射点）改放在 p-n 结区，在忽略表面复合影响时，J. Y. Chi 给出浅结的感生电流增益为

$$G = \int_0^{R_s} \frac{1}{E_i} \frac{dE}{dz} e^{-\frac{z}{L_p}} dz \qquad (5\text{-}48)$$

式中，L_p 为空穴的扩散长度。结合式（5-46）～式（5-48），已知 dE/dz、L、R_g 和 E_i（对硅，$E_i = 3.7$ eV），就能计算积分，得到增益。

当电子束穿过缺陷区，无论是杂质位错或层错等，只要是电活性的，一般来说，它们总是有效的复合中心，能使电子束感生的载流子部分复合掉，从而导致外电路的 EBIC 降低。将感生电流转换成视频信号，通过图像显示，EBIC 的强弱在图像上反应为明暗的变化。从显示的图像可以看到缺陷的分布，无须高温处理，对样品无破坏性，而且图形分辨率和 PL/EL 技术相当。

EBIC 衬度图像形成的基本原则是：测量收集到的少数载流子数目与注入的少数载流子数目之比。定义 EBIC 缺陷衬度为 C，有

$$C = (I_b - I_d)/I_b \qquad (5\text{-}49)$$

I_b 和 I_d 分别指在无缺陷处（背景）和缺陷处收集到的 EBIC 电流。若缺陷复合能力很强，$I_d = 0$，$C = 1$。无缺陷处，$I_d = I_b$，$C = 0$，所以 C 越大，反映缺陷对少数载流子的复合能力越强。

最早利用 EBIC 进行测量的半导体参数是少数载流子的扩散长度 L。Miyazaki 和 Miyaji[44] 借鉴扫描光束实验的经验，提出了式（5-50），此式成为后期测定 L 的基础。对式（5-50）进行变换，得到式（5-51），有：

$$I_{cc} = I_{max} e^{-\frac{x}{L_s}} \qquad (5\text{-}50)$$

$$L_s \approx -\left(\frac{d\ln I_N}{dx}\right)^{-1}, \quad I_N = \frac{I_{cc}}{I_{max}} \qquad (5\text{-}51)$$

式中　I_{cc}——收集到的 EBIC 电流（mA）；

L_s——少数载流子有效扩散长度（μm）；

I_N——标准化 EBIC 电流（mA）；

x——入射电子到 p-n 结的距离（μm）。

维持电子束为一常量，测一组 $\ln I_N$ 与 x 的曲线，求其斜率，即可得 L_s。目前虽然有多种测量扩散长度的方法，如光电导衰减法、表面光电压（SPV）法等，但这些测试方法一般是测试大面积上的平均值，因此空间分辨率低，无法观察微小区域（微米级）的不均匀性。与上述技术相比，EBIC 的主要优点为：利用电子束作为激发源，能精确控制电子束的能量和辐照尺寸；电子束的直径可调整到很精细，特别适合微区薄层的测量，同时也适合较小扩散长度、较短寿命的测量。

如果固定入射电子束，对样品进行二维 Mapping 扫描，记录 I_{cc}，成像的衬度为 $\Delta I_{cc}/I_{cc}$，通过成像，即可在形貌图上提示出 EBIC 衬度 C 的空间分布及变化。根据这一原理，从其图像中能够获得许多有用的信息，如 p-n 结的位置、杂质的分布情况、结晶学缺陷等。利用 EBIC 图像可以区分两类缺陷。第一类通常指器件制作（包括器件结构）上的缺陷，如 p-n 结在尺寸、形状上的偏差。这类缺陷很容易通过 EBIC 图像检测发现。而利用 EBIC 图像更重要的应用则在于检测分析第二类缺陷，即结晶学缺陷。一般会在器件制作或晶体生长过程中引入，如位错、层错、沉淀，这一类缺陷通常会促进少数载流子的复合，进而降低少数载流子寿命，减小 I_{cc}。因此，具有电学活性的缺陷，可以在成像中反映出来。EBIC 还可与其他技术联用，如 TEM、X 射线形貌学、腐蚀、光学显微镜技术等，更加利于检测电学性能缺陷或在器件工作过程中潜在的具有破坏性的缺陷。

与光激发方法相比，EBIC 有两个主要优点：（1）电子束能量损失函数由材料的密度所决定，而光子能量损耗深度（特别在深穿透时）对缺陷密度、能带结构和半导体的掺杂水平都非常敏感。电子束可透入光束不能通过的非晶态及多晶半导体等材料。（2）电子束也易做到浅穿透。硅中光穿透深度小于 0.1 μm 时需要采用远紫外技术，而用 1 keV 的电子束可达到 0.02 μm 的穿透深度。

EBIC 的弱点主要表现在衬度成像方面,想要从观察到的图像中单独来鉴别各种非均匀性的本质,还有困难,必须进行一系列配套的实验工作,并与其他方法做对比,才能整理出各类缺陷的特性图谱。

5.6 太阳电池的量子效率和光谱响应

5.6.1 量子效率

量子效率分为内量子效率和外量子效率,两者的差异在于是否考虑器件表面的光反射损失。量子效率定义为每个入射光子产生的电子-空穴对数,而光谱响应则定义为每单位功率入射所产生的电流。

图 5-33 为基于滤波片的量子效率测试系统。首先用斩波器将氙灯发出的连续光谱斩成周期信号,滤光片滤光后,变成窄带光,经透镜和固定镜反射后,入射到放置在真空台上的 PV 样品上。滤光片和快

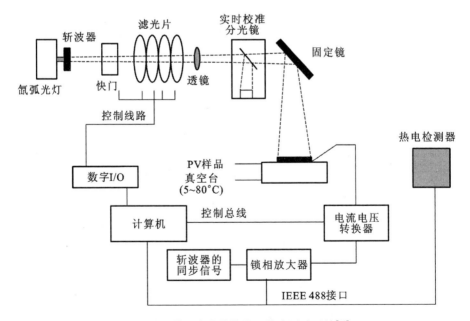

图 5-33 基于滤光片的量子效率测试系统[45]

门受步进电机控制转动。PV 样品的电流信号经电流电压转换器后进入锁相放大器,而斩波器的同步信号也进入锁相放大器。然后整个系统的控制、信号采集和处理都由计算机处理完成。未使用单色光源时,必须使用快门才能测量到交流电压表信号;有单色光时,可以采用锁相放大器测量周期单色光的信号,无须使用快门。单色光的功率使用热电检测器测量,可实时测量单色光的功率,将采集到的功率与波长的关系曲线存储在文件中。

图 5-34 为另一种利用光栅单色仪的量子效率测试系统。采用单模光栅分光,用 M_1、M_2、M_3 和透镜将单色光投射到 PV 样品中,其他部分与基于滤波片的测试系统相同。如果使用双光栅单色仪,可消除紫外段的杂散光;如果仅使用单模光栅,采用钨灯作光源,那么在 300～600 nm 范围需添加一个带通滤光片,来选择合适的波长。一般来说,滤光片面积较大,使用滤光片可以保证待测器件能均匀地被单色光照射,而从单模光栅出射的单色光只能照射到器件的局部位置,所以利用光栅单色仪的测试系统虽然比基于滤波片的系统光谱分辨率更高,但测试信号不能反映整个器件的真实情形,绝对测量时误差较大。

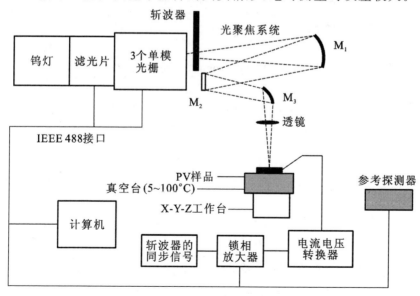

图 5-34 采用光栅单色仪的量子效率测试系统[46]

5.6.2　光谱响应

在太阳电池电性能测量中,光谱响应是仅次于电流-电压特性的重要特性。太阳电池的光生电流(短路电流)的大小,由两个因素决定:光源的光谱辐照度和电池对各种光谱辐照度的响应。响应是指一定能量的单色光照射到太阳电池上,产生的光生载流子被收集后形成的光生电流的大小。原则上讲,一个入射光子只能产生一对电子-空穴对。从这点讲,也称太阳电池的光谱响应为量子效率。为了测量的方便,通常以光谱响应的最大值将整条光谱响应曲线进行归一化,称为相对光谱响应。硅太阳电池的相对光谱响应图如图 5-35 所示。

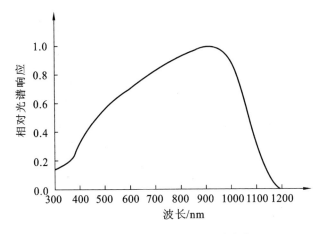

图 5-35　硅太阳电池的相对光谱响应图

光谱响应曲线包含了很多太阳电池的重要信息,不仅能反映电池各层的质量,也能反映界面层的质量及辐照损伤等。太阳电池的短路电流密度 J_{sc} 和太阳能光谱的辐照度分布 $F(\lambda)$ 满足下式:

$$J_{sc} = q \int_{\lambda_1}^{\lambda_2} S(\lambda) F(\lambda) \mathrm{d}\lambda \tag{5-52}$$

式中　$S(\lambda)$——太阳电池的绝对光谱响应;

　　　λ_1,λ_2——该太阳电池光谱响应中最短和最长的波长,对晶体硅而言,分别设定为 400 nm 和 1100 nm。

光伏器件相对光谱响应的测量是在其响应范围内用一系列不同

波长的单色光照射待测器件,并测量其短路电流密度和辐照度得到的。光源需均匀照射器件,并对器件的温度进行精确控制,测出的电流密度除以辐照度,即

$$S(\lambda) = \frac{j_{sc}(\lambda)}{P_{in}(\lambda)} \qquad (5\text{-}53)$$

而后以波长作为横轴,即可得到太阳电池的绝对光谱响应。如果采用单色仪,通过控制单色光通过狭缝的宽度使辐照度保持不变,则通过电流密度的大小可获得相对光谱响应。

IEC60904-8 标准中给出了一种常用的太阳电池光谱响应测试原理,如图 5-36 所示。

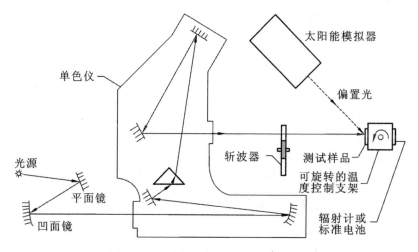

图 5-36　单色仪测量太阳电池光谱响应

从图 5-36 中可以看出,光谱响应测试过程中,为了模拟太阳电池的实际工作情形,有时需附加一个模拟光源(AM1.5 或 AM0)照射到被测电池表面,即需外加偏光,但偏置光对光谱响应的影响随不同电池类型而异,而且偏置光的均匀性也会影响光谱响应测试的准确性。若经实验证实偏置光对太阳电池光谱响应无明显影响,测量时可不加偏置光。

在测量太阳电池的相对光谱响应时,如果标准电池的相对光谱响应 $S(\lambda)$ 已知,则待测电池的相对光谱响应 $S'(\lambda)$ 为:

$$S'(\lambda) = \frac{S(\lambda) \cdot j'_{sc}(\lambda)}{j_{sc}(\lambda)} \qquad (5\text{-}54)$$

式中　$j'_{sc}(\lambda)$——待测太阳电池在波长为 λ 时的短路电流密度（A/cm²）；

　　　$j_{sc}(\lambda)$——标准电池在波长为 λ 时的短路电流密度（A/cm²）。

参 考 文 献

[1] 峨眉半导体材料厂. 半导体单晶晶向测定方法:GB/T 1555—2009 [S]. 北京:中国标准出版社,2010.

[2] 孙以材. 半导体测试技术[M]. 北京:冶金工业出版社,1984.

[3] 段光复. 高效晶硅太阳电池技术:设计、制造、测试、发电[M]. 北京:机械工业出版社,2014.

[4] 阙端麟,陈修治. 硅材料科学与技术[M]. 杭州:浙江大学出版社,2000.

[5] 刘恩科,朱秉升,罗晋生. 半导体物理学[M]. 7 版. 北京:电子工业出版社,2008.

[6] 刘新福,杜占平,李为民. 半导体测试技术原理与应用[M]. 北京:冶金工业出版社,2007.

[7] 孙恒慧,包宗明. 半导体物理实验[M]. 北京:高等教育出版社,1986.

[8] ASTM F28-02，Standard test methods for minority-carrier lifetime in bulk germanium and silicon by measurement of photoconductivity decay [S]. 2002.

[9] 陈凤翔. 太阳电池的少数载流子寿命测试[D]. 上海:上海交通大学,2004.

[10] 孙燕,卢立延,杜娟,等. 非本征半导体中少数载流子扩散长度的稳态表面光电压测试方法:YS/T 679—2008[S]. 北京:中国标准出版社,2008.

[11] 包宗明,杨恒青,黄淑蓉. 表面光电压法直读少子扩散长度[J]. 太阳能学报,1981(2):81-86.

[12] Schroder D K. Surface voltage and surface photovoltage: history, theory and applications [J]. Measurement science and technology, 2001, 12(3): R16-31.

[13] Choo S C, Tan L S, Quek K B. Theory of the photovoltage at semiconductor surfaces and its application to diffusion length measurement [J]. Solid-State Electronics, 1992, 35(3): 269-283.

[14] Zhang X, He G, Song J. Effect of surface recombination and injection level on the diffusion length obtained by simulation of the SPV method [J]. Semiconductor Science and Technology, 1992, 7(7): 888-891.

[15] Lagowski J, Kontkiewicz A M, Jastrzebski L, et al. Method for the measurement of long minority carrier diffusion lengths exceeding wafer thickness [J]. Applied Physics Letters, 1993, 63 (21): 2902-2904.

[16] Tousek J, Dolhov S, Touskova J. Interpretion of minority carrier diffusion length measurements in thin silicon wafers [J]. Solar Energy Materials & Solar Cells, 2003, 76(2): 205-210.

[17] Castaldini A, Cavalcoli D, Cavallini A, et al. Surface photovoltage analysis of crystalline silicon for photovoltaic applications [J]. Solar Energy Materials & Solar Cells, 2002, 72(1): 559-569.

[18] 国家质检总局, 国家标准委员会. 硅片载流子复合寿命的无接触微波反射光电导衰减测试方法: GB/T 26068—2010[S]. 北京: 中国标准出版社, 2011.

[19] 王正秋, 龚海梅, 李言谨, 等. 一种测试少子寿命的装置: 中国, 95243479. 2[P]. 1996.

[20] Helmut T, Gerhard B, Marinus K. Microwave measuring and apparatus for contactless non-destructive testing of photosensitive materials: U. S. 4704576[P]. 1987.

[21] Michel M, Jean F, Yasuhide N, et al. Method and apparatus for evaluating semiconductor wafers by irradiation with microwave

and excitation light：U. S. 5430386[P]. 1995.

[22] Sirleto L，Irace A，Vitale G F，et al. Separation of bulk lifetime and surface recombination velocity obtained by transverse optical probing and multi-wavelength technique[J]. Optics and Lasers in Engineering，2002，38(6)：461-472.

[23] Citarella G，Von Aichberger S，Kunst M. Microwave photoconductivity techniques for the characterization of semiconductors[J]. Materials Science and Engineering：B，2002(91)：224-228.

[24] Rodriguez M E，Mandelis A，Pan G，et al. Minority carrier lifetime and iron concentration measurements on p-Si wafers by infrared photothermal rediometry and microwave photoconductance decay [J]. Journal of Applied Physics，2000，87(11)：8113-8121.

[25] 顾继慧. 微波技术[M]. 北京：科学出版社，2008.

[26] Janos B，et al. Method and apparatus for measuring minority carrier lifetime in semiconductor materials：U. S. ，5406214 [P]. 1995.

[27] Sinton R A. Cuevas A. Contactless determination of current-voltage characteristics and minority-carrier lifetimes in semiconductors from quasi-steady-state photoconductance data [J]. Applied Physics Letters，1996，69(17)：2510-2512.

[28] Cuevas A，Macdonald D. Measuring and interpreting the lifetime of silicon wafers[J]. Solar Energy，2004，76：255-262.

[29] Pang S K，Rohatgi A. A new methodology for separating Shockley-Read-Hall lifetime and Auger recombination coefficients from the photoconductivity decay technique[J]. Journal of Applied Physics，1993，74(9)：5554-5560.

[30] Photovoltaic devices-part 3：Measurement principles for terrestrial photovoltaic (PV) solar devices with reference spectral irradiance data：IEC 60904-3 2008[S]. 2008.

[31] 航天系统. 单结太阳能电池. 测量和校准规程：ISO 15387—2005

[S],2005.

[32] 沈文忠.太阳能光伏技术与应用[M].上海:上海交通大学出版社,2013.

[33] 朱美芳,熊绍珍.太阳电池基础与应用[M].2版.北京:科学出版社,2014.

[34] Solar simulator performance requirements:IEC standard 60904-9 [S]. Photovoltaic Devices:International Electro-technical Commission,Switzerland,2007.

[35] 刘锋.太阳能模拟器对光伏测试的影响与最优化光学设计[D].上海:上海交通大学,2008.

[36] 赵富鑫,魏彦章.太阳电池及其应用[M].北京:国防工业出版社,1985.

[37] Photovoltaic devices-procedures for temperature and irradiance corrections to measurement I-V characteristics:IEC 60891 2009 [S]. 2009.

[38] Chen F X, Zhang Y, Gfroerer T H, et al. Spatial resolution versus data acquisition efficiency in mapping an inhomogeneous system with species diffusion [J]. Scientific Reports,2015, 5:10542.

[39] Fluegel B, Alberi K, Dinezza M J, et al. Carrier decay and diffusion dynamics in single-crystalline CdTe as seen via microphoto luminescence[J]. Physical Review Applied,2014,2 (3):034010.

[40] Takahashi Y,Kaji Y,Ogane A,et al. "Luminoscopy"-novel tool for the diagnosis of crystalline silicon solar cells and modules utilizing electroluminescence [C] //2006 IEEE 4th World Conference on Photovoltaic Energy Conference. IEEE,2006,1: 924-927.

[41] 墨恺.晶硅太阳电池电致发光成像缺陷检测及自动识别[D].上海:上海交通大学,2013.

［42］陈君.铸造多晶硅晶界电学特性的 EBIC 研究［D］.杭州：浙江大学,2005.

［43］施锦行,周秋敏.电子束感生电流（EBIC）及其在半导体研究中的应用［J］.物理,1984(5):315-319.

［44］Miyazaki E，Miyaji K. Enhancement of reverse current in semiconductor diodes by electron bombardment［J］. Japanese Journal of Applied Physics,1963(2):129-163.

［45］Emery K，Dunlavy D，Field H，et al. Photovoltaic spectral responsivity measurements［C］//Proc. of the Second World Conf. and Exhibition on Photovoltaic Solar Energy Conversion，Vienna,Austria,1998:2298-2301.

［46］Metzdorf J. Calibration of solar cells. 1:The differential spectral responsivity method［J］. Applied Optics，1987，26（9）:1701-1708.

6 太阳电池的模拟技术

太阳电池是将太阳光能转换为电能的光电转换器件。为了提高太阳电池的转换效率,除了从实验手段,通过改进工艺不断摸索提高电池效率的方法外,随着计算机技术的发展,通过建立理论模型,利用计算机模拟技术仿真研究影响太阳电池转换效率的各项因素,合理构建电池结构,筛选优化材料,确定先进工艺,获得提高电池效率和稳定性的途径,使理论真正成为实验的预测和指导工具。

太阳电池的模拟软件崛起于 20 世纪 90 年代。早期在大规模集成电路发展过程中,已出现一些用于二维器件模拟的软件[1],如先驱(AVANTI)公司的 Medici;Silvaco 公司的 Silvaco 软件;Crosslight 公司的 Apsys 软件等。这些软件主要针对二极管、三极管、LED 等的光电特性进行模拟,伴随着太阳电池产业的蓬勃发展,也添加了一些太阳电池的相关模块,以扩大软件的应用范围。这些模块都高度智能化,用户只需设置很少的参数即可完成模拟。但是,光伏器件的模拟需要更复杂的物理模型对材料的特别性质和器件的工作过程进行更为精细的描述。这些复杂的模型在一般的商业软件中未能实现,而对于一些具体电池来说,商业软件包中太阳电池的模型、工作条件设置过于简化,并不完全适用。因此,世界各国的光伏科学家们,纷纷开发了一些适用于太阳电池的模拟软件,其中应用得最广泛的有 PC1D[2]、Afors-Het[3]、AMPS[4]、SCAPS[5]等,接下来将一一介绍。

6.1 半导体器件物理的基本方程

太阳电池的器件模拟一般分为以下三个步骤[6]:(1)建模,即建立所研究对象的器件结构,并根据所使用软件,输入器件模拟所需的相关参数。(2)运算,即采用一定的数学方法,对模拟的器件结构进行网格划分，而后根据基本方程和设定的边界条件，对方程组进行求解。求解过程需特别注意计算结果的敛散性，如果不收敛，则需重新对相关参数或边界条件进行设置，直到获得合适的模拟结果。（3）验证，即将模拟结果和相关的实验结果进行比较，理论结果和实验结果应无重大偏差，否则要仔细分析原因，重新设置参数计算，具体的模拟计算流程如图 6-1 所示。整个模拟过程中，物理模型和数学工具，两者相辅相成，缺一不可。

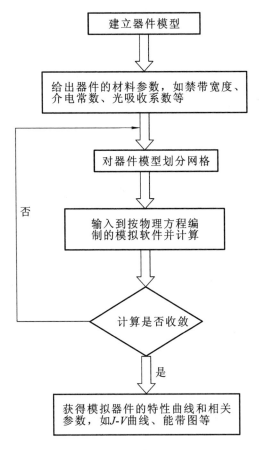

图 6-1　模拟计算流程示意图

随着太阳电池加工技术的发展，晶片尺寸越来越大，同时越来越薄，因此，大部分的太阳电池都可以等效为一维模型，即不同的半导体层沿厚度方向堆积而成。而随着模拟技术的升级，大部分的太阳电池软件也可以模拟二维模型，如美国 Hanwha Solar 公司在 2011 年将 PC1D 升级为 PC2D[7]；德国 R. Stangl 教授开发的 Afors-Het 软件在 2.4 版本后，也可以选择 2D 模拟。从总体上来讲，太阳电池的模拟可分为两个方面：光学模拟和电学模拟。对于每一层半导体的参数，需要分别设置它的光学参数和电学参数，才能开展性能模拟。

6.1.1　光学模拟

对于太阳电池这类光电转换器件的设计，光照是必须考虑的因素之一。好的光学设计是制备高效率太阳电池的重要途径，它包括降低表面反射和增强电池内部陷光。这一方面要选用高吸收系数的光伏材料，尽可能多地吸收光子；另一方面，在光伏材料选定的基础上，优化器件的光学设计（尺寸和机构的设计），保证入射到材料内部的光能被有效地吸收。目前有多种陷光技术可以达到减反射效果，如晶体硅中的金字塔绒面机构、薄膜电池中的 TCO 绒面机构、可增加背电极反射的复合电极层等。而随着光管理研究的兴起，利用光在不同折射率介质交界面，光会倾向进入高折射率材料的传播特点，来实现增强太阳电池的光吸收成为新的研究热点。DBR 结构、光子晶体和金属纳米颗粒的表面等离激元效应等纷纷应用到不同类型的太阳电池上，提高了它们的光生电流密度和转换效率。

光在物质中的传播涉及光的吸收、反射和折射等问题。折射率 n 是重要的参数之一。在半导体材料中 x 处，单位体积、单位波长、单位时间内被波长为 λ 的光子所激发产生的电子-空穴对的数目 $g_{sp}(x,\lambda)$ 可表示为

$$g_{sp}(x,\lambda) = [1-R(\lambda)]\Phi(\lambda)\alpha(\lambda)e^{-\alpha(\lambda)x} \qquad (6-1)$$

式中取量子效率为 1，即每个能量大于带隙的光子均能产生一对电子-空穴对。$R(\lambda)$ 为反射率，$\alpha(\lambda)$ 为半导体材料的光吸收系数，$\Phi(\lambda)$ 为波长为 λ 的入射光子流谱密度。

电子-空穴对的总产生率 $G(x)$ 对应太阳光谱中所有能量大于带隙的波长范围内产生率的积分，有

$$G(x) = \int_{\lambda_1}^{\lambda_2} g_{sp}(x, \lambda) \mathrm{d}\lambda \qquad (6\text{-}2)$$

上式中积分下限为材料吸收所对应的波长吸收限,而上限为太阳光谱的上限,此处可选为无穷。

实际太阳电池的制备中,会采用绒面结构或减反射膜系以实现降低反射、增加陷光的目的。绒面的反射、散射和平面是不同的。对于薄膜电池,若界面中包含多个绒面和平面,则需要考虑入射光的多次反射和相干叠加问题。对于实际太阳电池,需根据实际情形来选择适当的光学模型。

6.1.2 电学模拟

在求出了太阳电池的电子空穴总产生率 $G(x)$ 后,接下来要进行电学模拟。非平衡条件下半导体器件中的物理规律基本方程组如下[8,9]:

$$\frac{\mathrm{d}}{\mathrm{d}x}\left(\varepsilon \frac{\mathrm{d}\varphi}{\mathrm{d}x}\right) = -\rho \qquad (6\text{-}3)$$

$$\frac{1}{q}\frac{\mathrm{d}J_n}{\mathrm{d}x} = U - G \qquad (6\text{-}4)$$

$$\frac{1}{q}\frac{\mathrm{d}J_p}{\mathrm{d}x} = G - U \qquad (6\text{-}5)$$

式(6-3)为一维泊松方程,式中 ε 为介电常数,φ 为电势,ρ 为电荷密度;式(6-4)、式(6-5)分别为电子、空穴的连续性方程,式中 U 为净复合率,电子电流密度 J_n 和空穴电流密度 J_p 分别为:

$$J_n = qD_n \frac{\mathrm{d}n}{\mathrm{d}x} + \mu_n n\left(-q\frac{\mathrm{d}\varphi}{\mathrm{d}x} - \frac{\mathrm{d}\chi}{\mathrm{d}x} - \frac{k_0 T}{N_c}\frac{\mathrm{d}N_c}{\mathrm{d}x}\right) \qquad (6\text{-}6)$$

$$J_p = qD_p \frac{\mathrm{d}p}{\mathrm{d}x} + \mu_p p\left(-q\frac{\mathrm{d}\varphi}{\mathrm{d}x} - \frac{\mathrm{d}\chi}{\mathrm{d}x} - \frac{\mathrm{d}E_g}{\mathrm{d}x} + \frac{k_0 T}{N_v}\frac{\mathrm{d}N_v}{\mathrm{d}x}\right) \qquad (6\text{-}7)$$

上两式中　　D_n, D_p——电子、空穴的扩散系数(cm^2/s);

　　　　　　μ_n, μ_p——电子、空穴的迁移率[$\mathrm{cm}^2/(\mathrm{V} \cdot \mathrm{s})$];

　　　　　　χ——材料的电子亲和势(eV);

　　　　　　E_g——禁带宽度(eV);

　　　　　　N_c, N_v——导带底和价带顶的有效状态密度(cm^{-3})。

从上述方程中可以看出,泊松方程中的电势 φ 是求解后续方程的关键。电势分布由半导体中电荷密度 ρ 决定。电池结构的不同,电荷密度 ρ 的表达式也会有所不同,通常认为[10]

$$\rho = q(p - n + n_D^+ - p_A^- + p_t - n_t) \tag{6-8}$$

式中　p——价带空穴浓度;

　　　n——导带电子浓度;

　　　n_D^+——已电离的施主杂质浓度;

　　　p_A^-——已电离的受主杂质浓度;

　　　p_t, n_t——陷阱空穴浓度和陷阱电子浓度。

陷阱电荷属于带隙内定域态的载流子,仅存在于无序半导体中,如非晶硅等,这类电荷的离化率受到限制。而晶体中所掺入的杂质基本处于离化状态,因此,晶体材料中没有陷阱电荷。

对于式(6-8)中的三类电荷,计算方法如下[11]:

A. 导带电子浓度和价带空穴浓度

导带中的电子和价带中的空穴均为半导体中的自由载流子,根据半导体物理知识,有

$$n = N_c e^{\frac{E_F - E_c}{k_0 T}} \tag{6-9}$$

$$p = N_v e^{\frac{E_v - E_F}{k_0 T}} \tag{6-10}$$

E_F 为材料的费米能级。若半导体材料高掺杂时,则

$$n = N_c \frac{2}{\sqrt{\pi}} F_{\frac{1}{2}} \left(\frac{E_F - E_c}{k_0 T} \right) \tag{6-11}$$

$$p = N_v \frac{2}{\sqrt{\pi}} F_{\frac{1}{2}} \left(\frac{E_v - E_F}{k_0 T} \right) \tag{6-12}$$

B. 电离施主和电离受主

施主或受主部分电离时,有

$$n_D^+ = N_D \frac{1}{1 + 2e^{-\frac{E_D - E_F}{k_0 T}}} \tag{6-13}$$

$$p_A^- = N_A \frac{1}{1 + 4e^{-\frac{E_F - E_A}{k_0 T}}} \tag{6-14}$$

式中　　N_D，N_A——掺杂施主浓度、受主浓度（cm^{-3}）；

　　　　E_D，E_A——对应的施主能级、受主能级（eV）。

　　C. 陷阱电荷

　　在禁带中，连续定域态载流子浓度计算公式为：

$$n_t(x) = \int_{E_v}^{E_c} N_A(E) f_A(E) dE \qquad (6-15)$$

$$p_t(x) = \int_{E_v}^{E_c} N_D(E) f_D(E) dE \qquad (6-16)$$

式中，$N_D(E)$ 和 $N_A(E)$ 分别为禁带中（从 E_v 到 E_c）类施主（donor-like）定域态和类受主（acceptor-like）定域态的分布函数，$f_D(E)$ 和 $f_A(E)$ 分别代表电子和空穴在能量为 E 的类施主态和类受主态上的占据函数。

　　随半导体材料的不同，带隙定域态的分布函数不同。对单晶体而言，主要是单缺陷（single defect）。单缺陷是指在禁带的某个能级位置存在一定量的缺陷，有

$$N_{tr}(total) = N_{tr}(specific) \qquad (6-17)$$

式中　　$N_{tr}(total)$——禁带内总的缺陷浓度（cm^{-3}）；

　　　　$N_{tr}(specific)$——特征缺陷浓度（cm^{-3}/eV）。

　　如果带隙定域态在禁带中平均分布，则

$$N_{tr}(specific) = \frac{N_{tr}(total)}{E_{start} - E_{end}} \qquad (6-18)$$

式中　　E_{start}，E_{end}——缺陷开始和终止的能量位置。

　　如果 $E > E_g/2$，则为类受主态；若 $E < E_g/2$，则为类施主态。

　　薄膜材料中通常还包括由悬键造成的隙间定域态高斯分布缺陷和由键角畸变引起的带尾指数定域分布缺陷。

　　对于高斯分布的隙间缺陷，有

$$N_{AG}(E) = N_{tr\_A}(specific) e^{-\frac{(E-E_A)^2}{2\sigma_A^2}} \qquad (6-19)$$

$$N_{DG}(E) = N_{tr\_D}(specific) e^{-\frac{(E-E_D)^2}{2\sigma_d^2}} \qquad (6-20)$$

且

$$N_{tr}(total) = N_{tr}(specific) \cdot \sqrt{2\pi}\sigma \qquad (6-21)$$

上三式中　　E_A，E_D——高斯峰与价带顶和导带底的能量距离（eV）；

　　　　　　$N_{tr\_A}(specific)$，$N_{tr\_D}(specific)$——高斯态的指数因子（cm^{-3}/eV）；

σ_d，σ_a——类施主和类受主高斯峰的半高宽度(eV)。

隙间双高斯分布模型如图 6-2 所示。

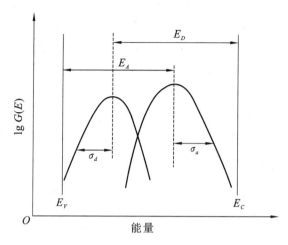

图 6-2　隙间双高斯分布模型[11]

带尾指数分布形式为：

$$N_{AT}(E) = N_{tr\_A}(\text{specific}) e^{-\frac{E - E}{E_A}} \tag{6-22}$$

$$N_{DT}(E) = N_{tr\_D}(\text{specific}) e^{-\frac{E - E_V}{E_D}} \tag{6-23}$$

式中 E_A 和 E_D 分别为类受主和类施主带尾的特征能量,此时类施主态总浓度为

$$N_{tr}(\text{total}) = N_{tr\_A}(\text{specific}) \cdot E_A \tag{6-24}$$

类受主态总浓度为

$$N_{tr}(\text{total}) = N_{tr\_D}(\text{specific}) \cdot E_D \tag{6-25}$$

带尾定域态指数分布模型如图 6-3 所示。

有了电荷密度后,求解方程(6-4)和(6-5)时,需要知道太阳电池中载流子的产生率 G 和净复合率 U。产生率 G 可由式(6-2)给出,还需要建立净复合率 U 与载流子浓度 n、p 和电势 φ 之间的联系。载流子的复合可分为辐射复合、SRH 复合和俄歇复合等,具体模型的建立及参数描述可以参考相关半导体物理书籍。

通过电荷分布求解,可获得器件各处的电势分布,即它们与费米能

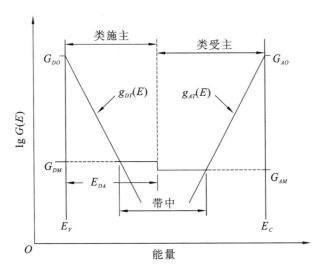

图 6-3　带尾指数分布模型[11]

级的相对位置,从而得到载流子浓度分布和电流密度分布等。在此基础上,电池的能带图、复合率都可以从 n、p、φ 参数得到。然而,对于一维结构的太阳电池,虽然载流子浓度和电流密度都可以从式(6-3)~式(6-5)求出,但对于偏微分方程而言,不同的边界条件所对应的解是不同的。太阳电池的边界条件即器件的两个物理边界——前电极和背电极,包括前后表面复合速度和电接触情况。边界条件依赖于器件接触的固有属性,与模型无关,一般的接触分为两类:欧姆接触和肖特基接触。下面分别讨论[1]:

(1) 欧姆接触的边界条件

欧姆接触属于理想边界条件,所指边界对应前电极 $x=0$ 和背电极 $x=L$ 的位置。要在 $x=0$、$x=L$ 处满足欧姆接触,即接触处电流密度 ρ 为零,有

$$\rho(x=0)=0 \tag{6-26}$$

$$\rho(x=L)=0 \tag{6-27}$$

对于金属-半导体接触,进入金属层的电子和空穴流由热发射流模拟。设前电极处的电势 φ 为0,若选电压控制的边界条件,在前电极和背电极处的电势和电流密度可用如下两个方程组表示

$$\left.\begin{aligned} &\varphi(0)=0 \\ &J_n(0)=+q \cdot S_n^f \left[n(0)-n_0(0) \right] \\ &J_p(0)=-q \cdot S_p^f \left[p(0)-p_0(0) \right] \end{aligned}\right\} \tag{6-28}$$

$$\left.\begin{aligned} &\varphi(L)=W_f-W_b+V_{app} \\ &J_n(L)=-q \cdot S_n^b \left[n(L)-n_0(L) \right] \\ &J_p(L)=+q \cdot S_p^b \left[p(L)-p_0(L) \right] \end{aligned}\right\} \tag{6-29}$$

式中,电流密度 J 有正、负之分,电流从前电极流入电池为正向,反之则为负向。背电极 $x=L$ 处电势与外加偏压 V_{app} 相关,方程组中下角标 f、b 分别表示前、后电极,下角标 0 表示平衡态。W_f、W_b 表示前后电极的功函数;n、p 表示接触处的电子、空穴浓度;S_n^f、S_p^f、S_n^b、S_p^b 分别表示前、后电极处电子、空穴的表面复合速度,它们决定了边界上的载流子浓度。表面复合速度的大小与表面处理方式、钝化状况密切相关,在 $10^2 \sim 10^6$ cm/s 范围内变化。

(2) 肖特基接触的边界条件

肖特基接触下,热平衡时接触处费米能级 E_F 的位置,取决于金属-半导体接触处的有效势垒高度 Φ_B,它由金属的功函数 W_m 与半导体的电子亲和势 χ_s 之差决定。

$$\rho(x=0)=0 \tag{6-30}$$

一旦与 Φ_B 相关的费米能级位置确定了,界面处的电子、空穴浓度 n_0、p_0 即可表示为

$$n_0=N_c \mathrm{e}^{-\frac{\Phi_B}{k_0 T}} \tag{6-31}$$

$$p_0=\frac{n_i^2}{n_0} \tag{6-32}$$

n_i 为本征载流子浓度。越过肖特基势垒的电流输运是由多子的热发射机制决定的。根据热发射理论,电流密度为

$$J=A^* T^2 \mathrm{e}^{-\frac{\Phi_B}{k_0 T}} \left(\mathrm{e}^{\frac{qV_{app}}{k_0 T}}-1 \right) \tag{6-33}$$

式中,A^* 为有效理查森(Richardson)常数。对比欧姆接触的边界条件,当将 S_n、S_p 分别以 $S_n=A^* T^2/qN_c$ 和 $S_p=A^* T^2/qN_v$ 来代替时,势垒边界的电子和空穴的热发射电流就和欧姆接触边界条件下的电子

(空穴)电流的方程式类似。模拟过程中,需预设选用何种边界条件以及它们的偏置参数,如表面复合率(欧姆接触)或接触势(肖特基势垒)等。

在前面有关载流子浓度、电流密度和电势的求解中,都是针对空间某一位置处的变量对能级分布的求和。而器件的模拟,涉及上述变量对位置分布的求解。因此,对求解的太阳电池,需将电池分成若干个微小的单元结构,单元结构越小,则描述器件工作特性的精度越高。这一步称为栅格(Grid,一维模型)化或网格(Mesh,二维模型)化器件,然后方程用无限差分法或线性插值法对所有格点分别求解。理论上,当设定太阳电池的结构和边界条件后,就可以模拟电池在稳态光照条件下的输出,包括 I-V 特性、QE 测试、EBIC 结果等。为保证数值模拟的可靠性,需将模拟结果与太阳电池在不同测试条件下的测量结果进行比较,只有当两者比较吻合时,才能证明模拟计算的正确性和可靠性。

6.2 模拟软件介绍

6.2.1 PC1D 软件简介

PC1D 软件最初由 Basore 教授与合作者在美国 Sandia 国家实验室编写而成,后来在澳大利亚新南威尔斯大学得到完善。PC1D 利用完全耦合的非线性方程模拟了半导体器件中电子和空穴的准一维传输过程,建立了较为完整的半导体器件模型,并着重于光伏器件的模拟。

PC1D 是世界上第一款专业针对晶体硅电池的程序,优点是硅参数和各类模型丰富、软件运行速度快、收敛可靠性好,但 PC1D 中材料设置最多为 5 层,限制了软件对 CIGS 和叠层电池的模拟。此外,电荷密度 ρ 主要包括价带空穴浓度、导带电子浓度、离化的施主浓度和受主浓度,而没有包括陷阱空穴浓度和陷阱电子浓度,因此难以模拟非晶、微晶等薄膜电池。

PC1D 的模拟界面如图 6-4 所示。在电池模拟中,需输入的数据包括器件结构和材料参数及工作条件。材料参数包括每层材料的介电常数、迁移率、禁带宽度、掺杂浓度、折射率、本征载流子浓度、光吸

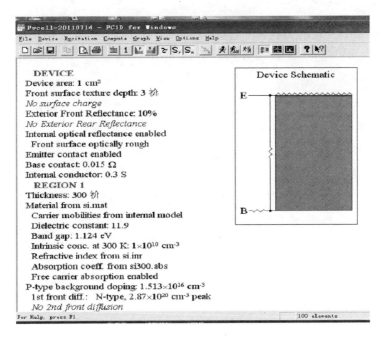

图 6-4　PC1D 模拟界面

收系数、层厚等。工作条件包括所用的光源、温度等。然后按照半导
体器件基本方程[式(6-3)～式(6-7)]和边界条件[式(6-28)、式
(6-29)]可以得出器件的能带图、电子和空穴的电流密度、产生率和复
合率、电流-电压特性、量子效率等特性曲线和相关参数。

6.2.2　Afors-Het 软件简介

Afors-Het(Automat for Simulation of Heterostructures)软件是由德
国 HZB 的 R. Stangl[12]教授基于光生载流子输运机制研发的一款太阳
电池模拟软件。该软件具有用户界面友好、操作简单、速度快等特点。
通过输入太阳电池每层的光学参数和电学参数,即可模拟异质结电池、
非晶硅、微晶硅电池的 *I-V* 特性,开展 QE、C-V 等模拟测试。

Afors-Het 可进行一维或二维模拟,仿真同质结或异质结太阳电
池中各层参数对电池 *I-V*、QE 特性的影响。Afors-Het 软件具有以下
特点:①可在界面处引入界面缺陷来处理不同层间的界面复合;②根

据电子-空穴对穿过异质结界面的不同物理模型,可以选用漂移-扩散模型或热发射模型直接设置界面态,也可以选用非常薄的一层,通过更改平均分布的体缺陷浓度来模拟界面态;③各半导体层内可设置不同的缺陷分布,如单缺陷、连续分布、高斯分布或指数分布等;④电池的前电极接触和背电极接触可以选用欧姆接触、肖特基接触、绝缘边界或 MIS(Metal/Insulator/Semiconductor)边界条件,可模拟不同工艺条件下的太阳电池。通过软件中参数的调整,实现模拟结果和实验结果的匹配。

Afors-Het 软件的主界面如图 6-5 所示。目前版本已升级到 v3.0,仍可调用 v2.2 中的大量范例,方便学习。该软件是公开程序,可到 http://www.Helmholtz-berlin.de/网址免费下载。Afors-Het 软件采用态密度(DOS,Density of States)模式对器件进行直流模拟,需要输入的参数有:

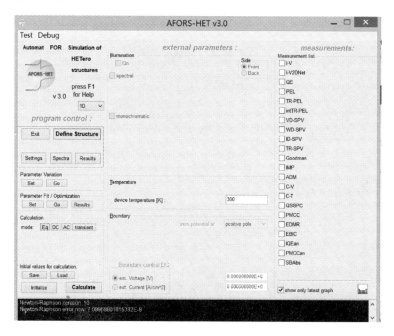

图 6-5　Afors-Het 软件主界面

(1)定义器件结构:添加所需的器件层;

（2）设置电极边界条件：包括前电极、背电极功函数，电子、空穴表面复合速率 S_n、S_p，前表面、背表面反射率等。

（3）每一层的光学和电学参数：每一层的 n、k 参数和电学特性，如介电常数 ε，迁移率 μ_n、μ_p，禁带宽度 E_g，杂质浓度 N_A、N_D，缺陷分布等。

（4）测试条件：光照、光谱、I-V 测试范围及步长等。

6.2.3　AMPS 软件简介

AMPS（Analysis of Microelectronic and Photonic Structure）是由美国宾夕法尼亚州立大学的 Fonash[13]教授等开发的一套计算机模拟软件。主要利用有限元法和 Newton-Raphson 算法求解泊松方程、电子连续性方程和空穴连续性方程，根据材料的性质及器件的边界条件，计算得到自洽解。AMPS 可用于分析和设计一维多层固态微电子、光电子和光伏器件，这些器件的材料可以是单晶、多晶和非晶的单质及化合物半导体，所以它能够模拟处理单晶、多晶和非晶 p/n，p-i-n，p-i-p 和 n-i-n 结构及多结结构和肖特基势垒太阳电池。许多国内外学者运用此软件做了大量有意义的工作，验证了此软件的可靠性、准确性。

AMPS 软件的特点有：可以处理缺陷能级和掺杂能级；可以处理带间复合和 SRH 复合；可以应用 Boltzmann 和 Fermi 统计；可以处理欧姆接触和肖特基接触；可以在有偏压或（和）光照的条件下计算器件的 I-V 性质。AMPS 可以在态密度（DOS）和少子寿命（lifetime）两种模式下对半导体进行直流模拟。以 DOS 模式为例，半导体的能带电子态分为导带（价带）扩展态、导带（价带）带尾定域态和带隙定域态，这些带尾定域态和带隙定域态模型如 6.1.2 节所述，由于连续定域态是非晶和微晶材料所特有的，因而 AMPS 可以模拟非晶和微晶材料太阳电池。AMPS 程序的不足之处是，光谱参数和材料的光吸收系数不能直接调用现有的文件，而必须手工输入。

AMPS 的基本计算过程包括[14]：①列出所计算器件的泊松方程和电子、空穴连续性方程；②将器件分成若干一维区域，计算节点就是这些区域相交的点，通过设置节点数，并假设每个区域中器件的物理量相同，将微分方程化为差分方程；③给出合适的边界条件；④采用牛顿迭代法求解带边界条件的差分方程。

AMPS 的操作界面如图 6-6 所示。需要输入的参数有：

（1）偏压设定　设定初始和结束电压，以及范围的电压步长。

（2）光照条件　波长 $\lambda(\mu m)$、光通量、光学禁带宽度 E_{gopt}、AM1.5。

（3）前背表面　电子表面势 Φ_B，电子、空穴表面复合速率 S_n、S_p，前、背表面反射率。

（4）各层参数　介电常数 ε，电子、空穴迁移率 μ_n、μ_p，禁带宽度 E_g，施主、受主浓度 N_A、N_D，导带和价带有效态密度，电子亲合势 χ，吸收系数 α 以及缺陷态（高斯分布、带尾指数等）参数。

（5）工作温度　300 K。

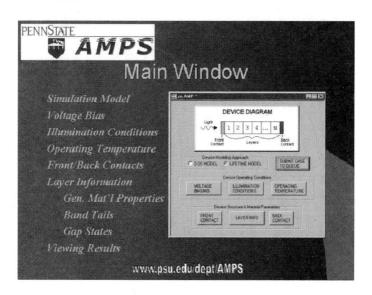

图 6-6　AMPS 的操作界面

6.2.4　SCAPS 软件简介

SCAPS 程序是比利时根特大学的 Burgelman 教授与合作者共同开发的。SCAPS 最初用于模拟 CuInSe$_2$ 和 CdTe 电池，最近已发展到能够模拟晶体硅、非晶硅和 GaAs 等电池。该软件升级至 v3.0.00，现能够模拟最高 7 层的电池结构；几乎所有参数（如带隙、电子亲合势、有效态密度、掺杂浓度等)都可渐变调节;包括带间、俄歇和 SRH 复合;加入了带内隧穿;杂质电荷态可以设置中性、单施主(受主)、双施主(受主)、两性态等;杂质分布可以设为单能级、平均分布、高斯和带尾态分布,深能级可以设置三个;也加入了模拟杂质光伏效应功能。SCAPS 程序的不足之处是,电池层数仅局限于 7 层,对于叠层电池模拟不够方便。

　　SCAPS 软件的模拟界面示于图 6-7。SCAPS 程序的特色之一是能够建立杂质光伏效应的模型。杂质光伏理论是在 SRH 模型中进一步包含光激发杂质跃迁的影响。假设由于掺杂在禁带中引入一个杂质能级 E_t,并且假定只存在两种电荷态(对受主杂质而言为中性态和负电荷的受主态,对施主杂质而言为中性态和正电荷的施主态),则与

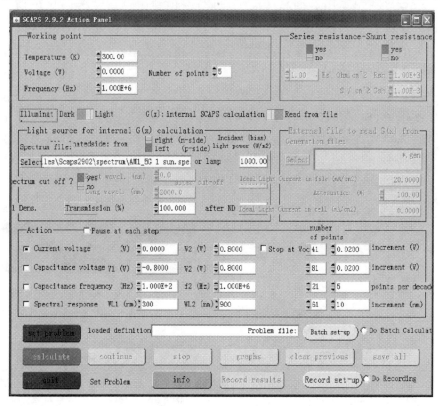

图 6-7　SCAPS 软件的模拟界面

杂质能级有关的电子和空穴跃迁包括俘获、热激发和光激发三个方面,即杂质俘获电子率、杂质的电子热激发率、杂质的电子光激发率,以及相应空穴的杂质俘获空穴率、杂质空穴热激发率、杂质空穴光激发率。与标准的 SRH 模型相比,此模型中多考虑了两个光激发杂质产生的跃迁。

6.3　非晶硅/晶体硅异质结太阳电池的 Afors-Het 模拟

本节以非晶硅/晶体硅异质结太阳电池为例,利用 Afors-Het 软件来演示材料参数或结构影响太阳电池转换效率的过程。

非晶硅/晶体硅异质结太阳电池结构为三洋公司首创。1994 年,日本三洋公司采用 n 型晶体硅为衬底材料,利用等离子体增强化学气相沉积(PECVD)在其上面沉积了一层 p 型非晶硅,发明了效率超过 20％的异质结太阳电池。此类电池具有较高效率(＞22％),因此硅异质结电池迅速成为国际上的研究热点[15]。虽然三洋公司采用的是 n 型衬底,但传统的硅太阳电池更多的是以 p 型衬底为主,因为 p 型硅更易制备,而且价格相对便宜,从市场的需求出发,人们更希望在 p 型衬底上得到高效的非晶硅/晶体硅异质结太阳电池。虽然目前报道的实验效率并不高,但理论上的模拟计算可以从器件结构、材料选择、工艺参数等方面指导实验的进行,减少实验研究的工作量。

用于模拟计算的非晶硅/晶体硅异质结太阳电池为 TCO/a-Si：H (n)/a-Si：H (i)/c-Si (p)/μc-Si (p⁺)/Al,结构如图 6-8 所示。

非晶硅/晶体硅异质结太阳电池衬底为 300 μm 的 p 型 CZ 硅,掺杂浓度为 $1.5 \times 10^{16} \, cm^{-3}$；$i$ 层通常称为电池的缓冲层(Buffer Layer),

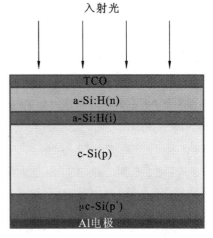

图 6-8　非晶硅/晶体硅异质结太阳电池结构图[16]

用于有效钝化界面处的缺陷,降低界面态密度和提高电池的 V_{oc};n 型 a-Si:H 层为电池的发射层,与晶体硅衬底形成异质结;TCO 层为透明导电膜,厚度设为 80 nm;μc-Si(p^+)用作电池的背场;Al 作为背电极,假定前后电极与外电路接触为理想欧姆接触。对于缺陷态的设定,如 6.1 节所介绍,晶体硅只需要考虑单缺陷能级,即在某个能量位置存在一个缺陷能级;而对于非晶硅薄膜,需要考虑带隙中包含指数分布的带尾态和高斯分布的深能级缺陷态。此外,由于非晶硅/晶体硅异质结太阳电池的半导体层间界面是一个很重要的参数,虽然有 i 层的钝化,界面态的影响仍然需要考虑。整个非晶硅/晶体硅异质结太阳电池的各层参数示于表 6-1。对于电池的 J-V 测试,模拟光照条件为 AM 1.5,光强为 100 mW/cm^2。

表 6-1 模拟结构中各层结构的主要参数

结构参数	a-Si:H(n)	a-Si:H(i)	c-Si(p)	μc-Si(p^+)
层厚/nm	可调	可调	30000	可调
介电常数	11.9	11.9	11.9	11.9
电子亲和势/eV	3.9	4	4.05	4
带隙/eV	1.72	1.72	1.12	可调
N_c/cm^{-3}	10^{20}	10^{20}	2.8×10^{19}	10^{20}
N_v/cm^{-3}	10^{20}	10^{20}	1.04×10^{19}	10^{20}
μ_n/(cm^2·V^{-1}·s^{-1})	5	5	1041	10
μ_p/(cm^2·V^{-1}·s^{-1})	1	1	412	3
N_D/cm^{-3}	0	100	1.5×10^{16}	可调
N_A/cm^{-3}	2.49×10^{19}	0	0	0
电子热速度/(cm·s^{-1})	10^7	10^7	10^7	10^7
空穴热速度/(cm·s^{-1})	10^7	10^7	10^7	10^7
层密度/(g·cm^{-3})	2.328	2.328	2.328	2.328
R_{ee}/(cm^6·s^{-1})	0	0	2.2×10^{-31}	0
R_{hh}/(cm^6·s^{-1})	0	0	9.9×10^{-32}	0
带间复合系数/(cm^3·s^{-1})	0	0	0	0

首先模拟结构为 TCO/a-Si：H(n)/c-Si(p)/Al 型的异质结太阳电池，即无背场情形。设发射层厚度为 5 nm，此时太阳电池的 J-V 曲线示于图 6-9。

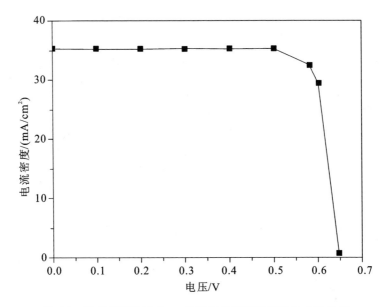

图 6-9　无背场情况下 5 nm 发射区时异质结电池的 J-V 曲线

此时 n/p 型异质结太阳电池的特性参数为：$V_{oc}=646.1$ mV，$J_{sc}=35.32$ mA/cm²，$FF=82.68\%$，$E_{ff}=18.87\%$。

6.3.1　本征层对电池性能的影响

在非晶硅 n 层与晶体硅 p 层之间插入一定厚度的非晶本征层是 HIT 电池获得高效率的关键，但 i 层的作用是有争议的[15]。有的文献报道本征层可以提高电池的转换效率，也有文献认为引入本征层后电池效率并无明显提高。i 层对异质结电池性能的影响包括几个方面：①理论上认为本征非晶层的态密度要低于掺杂非晶层，因此若采用本征非晶层作缓冲层，则可降低非晶和晶体硅接触界面上的界面态缺陷密度，这是 i 层应用的根本原因；②如果 i 层太厚，会影响电池的填充因子；③插入的 i 层，会引起光吸收损失，造成电池的 J_{sc} 下降。虽然三洋早期已研究过本征层厚度对 HIT 电池输出的影响,但仍有必要从理论模拟的角度来证实实验研究的结果,以便得到最合适的本征层厚度。

图 6-10 中给出了随本征层厚度的变化,太阳电池光伏特性的变化。从图中可以看出,插入 1 nm 厚的本征层,太阳电池的转换效率可达 19.27%,比无本征层的太阳电池效率高 0.4%。但随着 i 层厚度的增加,电池的转换效率不断下降,当 i 层厚度超过 5 nm 以后,有、无本征层的太阳电池转换效率相当,表明本征层的厚度并不是影响电池转换效率的主要因素。

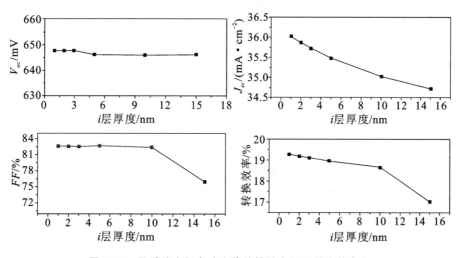

图 6-10 异质结太阳电池光伏特性随本征层厚度的变化

从图 6-10 中还可以看出,随本征层厚度的变化,开路电压近乎保持不变[17],而短路电路密度随厚度增加而下降,这是因为随 i 层厚度的增加,空间电荷区的电场强度下降,非晶硅的短波吸收增加,而相应的光生载流子不能被有效收集,从而导致短路电流密度下降,模拟结果和实验研究结果是一致的。随着 i 层厚度进一步增加,填充因子 FF 会大幅下降,因为 i-a-Si:H 中的载流子迁移率很低,因而具有相当高的电阻,随着 i 层厚度增大,电池的串联电阻迅速增大[18],FF 降低。在实际生产应用中,考虑大面积沉积非晶硅薄膜的均匀性以及操作的可行性,i 层厚度一般控制在 10 nm 以下,结合实际工艺,可认为最优

的 i 层厚度应为 3 nm。

6.3.2　界面态对电池性能的影响

在实际太阳电池的生产过程中,界面态的影响是不容忽视的。可以用模拟的方法分析界面态密度 D_{it} 对电池性能的影响,从而能够提前了解为获得高效率的太阳电池,对界面态密度提出的要求[19]。假设在 i 层非晶硅和 p 型晶体硅衬底界面处插入界面缺陷态。界面态在带隙中设定为连续类施主态和连续类受主态,呈平均分布,电子和空穴俘获截面均为 10^{-14} cm^2,界面缺陷态密度在 $10^9 \sim 10^{13}$ cm^{-2} · eV^{-1} 之间,其对电池光伏特性的影响如图 6-11 所示。

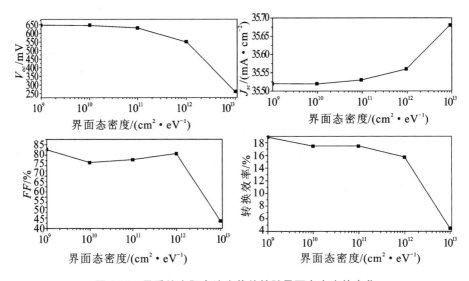

图 6-11　异质结太阳电池光伏特性随界面态密度的变化

从图 6-11 中可以看出,当界面态密度 $D_{it} < 10^{10}$ cm^{-2} · eV^{-1} 时,太阳电池性能几乎不受界面态的影响,效率仍然保持在 18.97%,与无界面态时的转换效率接近;但当 $D_{it} > 10^{10}$ cm^{-2} · eV^{-1} 时,太阳电池的开路电压急速下降,但短路电流几乎保持不变,甚至略有增大。当界面态密度从 10^{10} cm^{-2} · eV^{-1} 增大到 10^{12} cm^{-2} · eV^{-1} 时,开路电压从 644.5 mV 下降到 549.2 mV,短路电流密度从 35.52 mA/cm^2 增大到 35.56 mA/cm^2。

开路电压的减小主要源自 p-n 结反向饱和电流的增加。由于界面缺陷态密度的增大,载流子在界面处复合概率增大,导致反向饱和电流的增大,降低了开路电压和填充因子。为获得高效率的太阳电池,需要深入研究晶体硅的表面清洗和表面钝化方法,如等离子体辅助 H 钝化等,尽可能将界面态缺陷密度控制在 10^{10} cm^{-2}·eV^{-1}以下[20]。

6.3.3 发射区厚度对电池性能的影响

发射区的性能在很大程度上决定着太阳电池的性能。由于非晶硅结构的无序和较高的掺杂量,发射区载流子的扩散长度很小,且只有漂移电流而无扩散电流。此外由于非晶硅层较高的掺杂量,空间电荷区主要落在晶体硅这边,甚至在非晶硅这边不存在电场区,因此,发射区应尽可能薄,且要实现重掺制作。图 6-12 给出了随发射区厚度的变化,电池的光伏特性的变化。

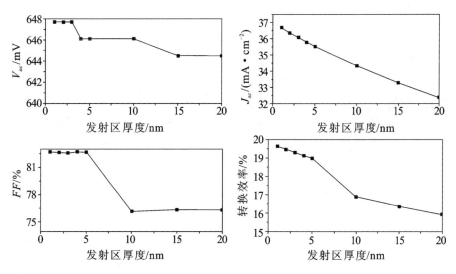

图 6-12 异质结电池光电性能随发射区厚度的变化

从图 6-12 中可以看出,随发射区厚度增加,开路电压基本变化不大,而短路电流却急剧减小。这是因为随发射区厚度的增加,发射区吸收的光子数增加,而发射区内存在大量的复合中心,且发射区内无电场,所以该区域内所产生的光生载流子基本上不可能到达势垒区的边缘而对光电流有贡献;相反,它们在该区域内会因复合而消失,导致电池的短波响应减弱,短路电流下降。填充因子也随 n 区厚度增加而逐渐减小,因为 n 层厚度增加,串联电阻会增大,填充因子将减小。结合工艺制作和电池效率,发射区厚度宜选择为 5 nm 左右。

6.3.4 背场对电池性能的影响

背场指的是可对光生少子产生势垒效果的区域,从而减少光生少子在背表面的复合。这个势垒不但可以提高光电流,还可以在一定程度上提高光电压[21]。与晶体硅电池类似,背场可以通过一层与吸收层掺杂类型相同,但掺杂浓度更高的掺杂层来实现。而考虑到微晶硅是纳米硅、非晶硅、晶界等共存的混合相,同时兼具非晶硅的高吸收系数和单晶硅稳定的光学特性,并且其禁带宽度随晶相变化可调,容易实现优化设计所要求的参数,所以以微晶硅来模拟背场结构[22],其相应参数列于表 6-1。

图 6-13 给出了随背场掺杂浓度的变化,异质结太阳电池光伏特性的变化。从图中可以看出,掺杂浓度必须达到一定的浓度,最好在 10^{20} cm^{-3} 以上,才可以将电池的转换效率提高 0.5 个百分点。而随着掺杂浓度的提高,开路电压、短路电流、填充因子等都在逐渐提高,电池效率随之升高,这与背场的能带结构有关。在掺杂浓度较低时,背场反射的作用还不明显,势垒对载流子输运的阻碍可以通过提高掺杂浓度来减小,这也说明了高掺杂浓度是良好背场的保证。微晶硅中晶体相的存在具有高掺杂的可能,这也是可以采用微晶硅来作背场的原因之一。

随薄膜硅淀积工艺的发展,已经可以制备具有不同带隙的薄膜硅材料,根据沉积温度、晶相不同,带隙宽度就不同。一般来说,纳米晶硅带隙较大,可达 1.8 eV 及以上,非晶硅次之,晶体硅较小。计算中假设带隙可以在 1.12~2 eV 之间变化。图 6-14 给出了异质结太阳电池光伏特性随微晶硅背场带隙的变化。

从图 6-14 可以看出,随禁带宽度的增加,开路电压先增大,然后保持不变;当带隙超过 1.8 eV 后,填充因子开始降低,导致电池转换效率下降。这可能是随着带隙的变宽,背场虽然可以对少数载流子起

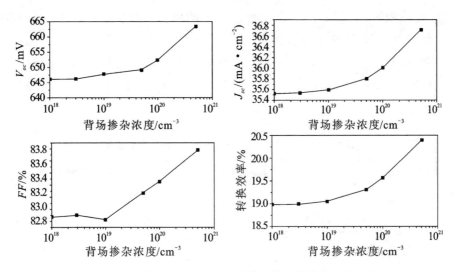

图 6-13 异质结太阳电池光伏参数随背场掺杂浓度的变化

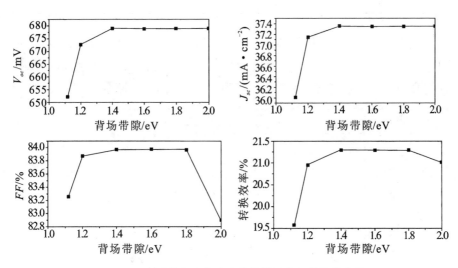

图 6-14 异质结太阳电池光伏特性随背场带隙的变化

到势垒的效果,但同时会阻碍多数载流子的输运,较合适的带隙应选择在 1.4~1.6 eV 之间。

表 6-2 列出了异质结太阳电池开路电压、短路电流、填充因子、电池转换效率等参数随背场厚度的变化。从表中可以看出,随背场厚度增加,电池的开路电压和短路电流基本无变化,只有填充因子略有变

化,电池效率随背场厚度增加会有微小的增大,基本上可以认为异质结太阳电池效率与背场厚度无关,这是非常有利的。因为从工艺的角度讲,微晶硅薄膜制备的难点在于其生长速率很低,若所需要的微晶硅背场厚度很小,则可以大大节省时间。因此,可以将微晶硅背场厚度设定为 5 nm。

表 6-2　异质结电池的 $J\text{-}V$ 特性随背场厚度的变化

厚度/nm	V_{oc}/mV	$J_{sc}/\text{mA} \cdot \text{cm}^{-2}$	$FF/\%$	转换效率/%
2	646.1	35.53	82.65	18.97
5	646.1	35.53	82.67	18.98
10	646.1	35.54	82.69	18.98
15	646.1	35.54	82.71	18.98
20	646.1	35.55	82.73	19

　　图 6-15 给出了异质结太阳电池在加背场前后的 $J\text{-}V$ 曲线对比。从图 6-15 中可以看出,增加背场后异质结太阳电池的各项参数指标都得到提高,以掺杂浓度 10^{20} cm^{-3} 和带隙 1.5 eV、5 nm 厚的微晶硅作为背

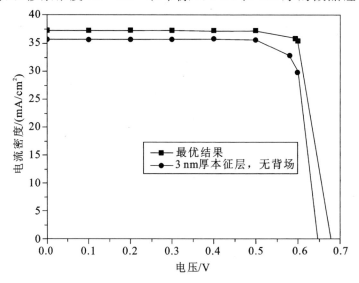

图 6-15　异质结太阳电池在加背场前后 $J\text{-}V$ 曲线对比

场，V_{oc} 提高 30 mV，短路电流密度 J_{sc} 提高 1.5 mA/cm²。这说明合理的背场设计，尤其是背场掺杂和带隙的优化可以将太阳电池的转换效率提高 2 个百分点以上，此时的非晶/单晶异质结电池最优参数为 $V_{oc}=$ 678.9 mV，$J_{sc}=37.35$ mA/cm²，$FF=83.97\%$，$\eta=21.29\%$。

6.4　GaAs 中杂质光伏效应的 SCAPS 软件模拟

杂质光伏效应的机制主要是在半导体带隙中引入特别的杂质能级，通过两个小于禁带宽度的太阳光子产生一个电子-空穴对，如此可以充分利用那些小于禁带宽度的太阳光子，从而提高电池的转换效率[23-25]。本节以镍（Ni）掺杂 GaAs 太阳电池为例，以 SCAPS 软件模拟 Ni 杂质对 GaAs 光伏性能的影响[26]。

图 6-16 中右侧为价带电子被一个能量大于或等于禁带宽度的太阳光子激发到导带产生一个电子-空穴对，此为传统的带到带本征激发模式。图左侧为杂质光伏效应示意图：即价带电子被一个子带光子 $h\nu_1$ 激发到杂质能级，然后再被另一个子带光子 $h\nu_2$ 激发到导带，形成一个电子-空穴对，也就是通过两个小于禁带宽度的子带光子产生一个电子-空穴对。引入杂质光伏效应后，SRH 复合模型[27,28] 需要稍作修改，经由杂质的净复合率 U[29] 为

$$U=\frac{np-(n_1+\tau_{n_0}g_{nt})(p_1+\tau_{p_0}g_{pt})}{\tau_{n_0}(p+p_1+\tau_{p_0}g_{pt})+\tau_{p_0}(n+n_1+\tau_{n_0}g_{nt})} \tag{6-34}$$

其中，n_1 和 p_1 分别为当杂质能级与费米能级重合时的电子和空穴浓度。并且：

$$\tau_{n_0}=\frac{1}{c_n N_t}，\tau_{p_0}=\frac{1}{c_p N_t} \tag{6-35}$$

$$g_{nt}=N_t\int_{\lambda_g}^{\lambda_{n,max}}\sigma_n^{opt}(x,\lambda)\varphi_{ph}(x,\lambda)\mathrm{d}\lambda \tag{6-36}$$

$$g_{pt}=N_t\int_{\lambda_g}^{\lambda_{p,max}}\sigma_p^{opt}(x,\lambda)\varphi_{ph}(x,\lambda)\mathrm{d}\lambda \tag{6-37}$$

上三式中　　τ_{n_0}，τ_{p_0}——电子和空穴的寿命（μs）；

c_n，c_p——电子和空穴俘获系数（cm³/s）；

g_{nt},g_{pt}——电子和空穴的杂质光激发率(cm^{-3} · s^{-1});

N_t——杂质浓度(cm^{-3});

σ_n^{opt},σ_p^{opt}——电子和空穴的杂质光激发截面(cm^2);

$\varphi_{ph}(x,\lambda)$——距离入射面为 x 的波长为 λ 的光子通量
$\quad$(cm^{-2} · t^{-1})。

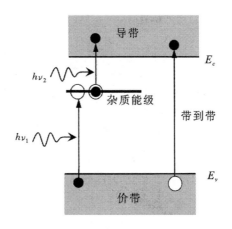

图 6-16 杂质光伏太阳电池的工作原理

在 SCAPS 程序中设置 GaAs 太阳电池结构为 p$^+$/n/n$^+$ 型,p$^+$ 发射区厚度和载流子浓度分别设为 0.2 μm 和 10^{18} cm^{-3};n 基区厚度和载流子浓度分别设为 4 μm 和 10^{17} cm^{-3};n$^+$ 发射区厚度和载流子浓度分别设为 1 μm 和 10^{18} cm^{-3}。受主型 Ni 假定只掺入基区,在 GaAs 中形成的杂质能级为 E_v+0.21 eV[30]。电子和空穴的俘获系数分别为 6×10^{-7} 和 7×10^{-14} cm^3 · s$^{-1[31,32]}$。GaAs 太阳电池的基本参数为: E_g=1.42 eV,n=3.3,ε_r=12.9。Ni 在 GaAs 中的光激发截面按照 Lucovsky 模型[33]计算,当光子能量大于或等于禁带宽度时,则设定光激发截面为 0,以保证本征激发不受影响。自由载流子的光吸收很小,故忽略其影响。模拟光照为 AM 1.5、100 mW/cm^2,R_f 和 R_b 都设为 0.999。

图 6-17(a)为 Ni 浓度与电池短路电流密度 J_{sc} 的关系。由图可知,J_{sc} 随着 Ni 杂质浓度 N_t 的增大而增大。当 Ni 的浓度较低时,J_{sc} 为 31.13 mA/cm^2,当 Ni 的浓度为 9×10^{16} cm^{-3} 时,J_{sc} 为 35.10 mA/cm^2,这说明 Ni 杂质的加入使电池的 J_{sc} 增大了 3.97 mA/cm^2,J_{sc} 增大的原因

在于该电池掺 Ni 后额外地吸收了一些能量小于带隙的子带光子,使电流输出增大。而当 Ni 杂质过度补偿了基区本底掺杂时,电池短路电流密度逐渐减小,主要原因在于过度补偿导致价带电子到杂质能级的光激发率变大,由此减少了杂质能级激发到导带的可用的光子通量 φ_{ph},因而短路密度减小。

图 6-17(b) 为电池开路电压 V_{oc} 与 Ni 浓度的关系。由图可知,随着 Ni 杂质浓度的增大电池开路电压 V_{oc} 变化不大,即开始为 1.082 V 几乎没有变化,然后逐渐减小为 0.902 V。开路电压不会减小太多主要在于该种电池的特殊结构,即 p^+-n-n^+ 型结构,这种结构能够使电池保持较高的内建电场,从而确保即使掺入 Ni 杂质,开路电压也能够基本保持不变[34]。

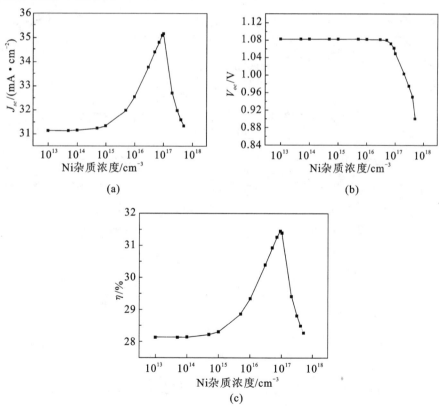

图 6-17 GaAs 太阳电池性能与 Ni 浓度的关系

(a)J_{sc} 与 Ni 浓度的关系;(b) V_{oc} 与 Ni 浓度的关系;(c)电池的转换效率 η 与 Ni 浓度的关系

　　图 6-17(c)为电池的转换效率 η 与 Ni 浓度的关系。从图中可以看到,电池转换效率开始随着 Ni 浓度的增大而增大,即从 28.13％ 逐步增大到 31.45％,而未掺 Ni 与掺入低浓度的 Ni 具有相同的转换效率,都为 28.13％,可见 Ni 杂质的掺入能够使电池转换效率增大 3.32％。转换效率的增大主要是电池短路电流和开路电压共同变化的结果,表明利用杂质光伏效应对 GaAs 太阳电池进行 Ni 掺杂能够很好地提升电池性能。

　　因为子带光子的吸收相对来说很微弱,因此电池的陷光结构对杂质光伏太阳电池就显得极其重要,为此计算了当 Ni 浓度为 7×10^{16} cm^{-3} 时且电池的内部前后表面反射系数分别都为 0 和 0.999 时该杂质光伏电池的 J-V 曲线图,见图 6-18。由图 6-18 可知,陷光对杂质光伏太阳电池的性能有非常重要的影响,主要是对短路电流密度影响很大。当电池的内部前后表面反射系数都为 0 时,J_{sc} 为 29.93 mA/cm^2;而当电池的内部前后表面反射系数都为 0.999 时,J_{sc} 为 34.82 mA/cm^2。由此可见,拥有良好的陷光结构是提高杂质光伏太阳电池转换效率的关键。

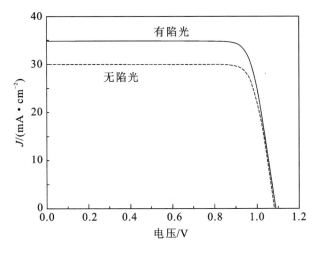

图 6-18　有无陷光时电池的 J-V 曲线图

　　为了进一步研究电池的子带光子的吸收情况,利用软件模拟了不同 Ni 杂质浓度(C_{Ni})下电池量子效率 QE 与波长的关系,见图 6-19。

　　从图 6-19 中可以看出,在一定的 Ni 杂质浓度范围内,随着 Ni 浓

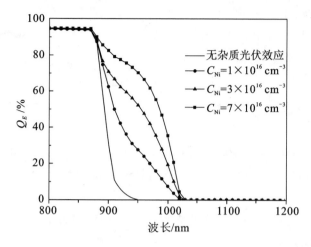

图 6-19 不同 Ni 杂质浓度下电池量子效率 QE 与波长的关系

度的增大红外响应延展变宽,而没有杂质光伏效应(即没有掺 Ni)的电池的红外响应波段最小。红外响应的延展来自于太阳电池对子带光子的吸收,延展越宽,J_{sc} 越大,η 越高,与图 6-17(a)和图 6-17(c)的数据趋势一致,由此可以认为利用杂质光伏效应能够额外吸收子带光子,从而提高电池的转换效率。

参 考 文 献

[1] 朱美芳,熊绍珍. 太阳电池基础与应用[M]. 2 版. 北京:科学出版社,2014.

[2] Clugston D A,Basore P A. PC1D version 5:32-bit solar cell modeling on personal computers [C]// Proceedings of the 26th IEEE Photovoltaic Specialists Conference,Anaheim,1997:207-210.

[3] Froitzheim A,Stangl R,Elstner L,et al. AFORS-HET:A computer program for the simulation of heterojunction solar cells to be distributed for public use[C]// Proceedings of the 3rd World Conference on Photovoltaic Energy Conversion,Osaka,

2003:279-282.

[4] Arch J K, Rubinelli F A, Hou J Y, et al. Computer analysis of the role of p-layer quality, thickness, transport mechanisms, and contact barrier height in the performance of hydrogenated amorphous silicon p-i-n solar cells [J]. Journal of Applied Physics, 1991, 69(10):7057-7066.

[5] Burgelman M, Nollet P, Degrave S. Modeling polycrystalline semiconductor solar cells[J]. Thin Solid Films, 2000, 361/362: 527-532.

[6] 沈文忠, 李正平. 硅基异质结太阳电池物理与器件[M]. 北京:科学出版社, 2014.

[7] Basore P A, Cabana-Hoemen K. PC2D: a circular-reference spreadsheet solar cell device simulator [J]. IEEE Journal of Photovoltaics, 2011, 1:72-77.

[8] Green M A. Solar cells: operating principles, technology and system applications [M]. New Jersey:Prentice-Hall, Inc., 1982.

[9] Fonash S J. Solar cell device physics [M] (2nd Ed.). Burlington: Academic Press, 2010.

[10] 刘恩科, 朱秉升, 罗晋生. 半导体物理学[M]. 7 版. 北京:电子工业出版社, 2008.

[11] 袁吉仁. 新型硅基高效太阳电池的输运性能研究[D]. 南京:南京航空航天大学, 2011.

[12] Sark W V, Korte L, Roca F. Physics and technology of amorphous-crystalline heterostructure silicon solar cells[M]. Berlin Heidelberg:Spring-Verlag, 2012.

[13] Zhu H, Kalkan A K, Hou J, et al. Application of AMPS-1D for solar cell simulation[C]// AIP Conference Proceedings, 1999, 462:309-314.

[14] A manual for AMPS-1D. http://www.ampsmodeling.org.

[15] Kleider J, Chouffot R, Gudovskikh A S, et al. Electronic and

structural properties of the amorphous/crystalline silicon interface[J]. Thin Solid Films,2009,517:6386-6391.

[16] 汪礼胜,陈凤翔,艾雨. 基于 AFORS-HET 的高效异质结太阳电池的模拟[C]//第十一届中国光伏大会暨展览会会议论文集. 南京:东南大学出版社,2010,919-924.

[17] Fujiwara H,Kondo M. Effect of a-Si:H layer thickness on the performance of a-Si:H/c-Si heterojunction solar cells [J]. Journal of Applied Physics,2007,101:054516.

[18] 任丙彦,王敏花,刘晓平,等. AFORS-HET 软件模拟 N 型非晶硅/P 型晶体硅异质结太阳电池[J]. 太阳能学报,2008,29(2):126-129.

[19] Hernandez-Como N,Morales-Acevedo A. Simulation of heterojunction solar cells with AMPS-1D[J]. Solar Energy Materials & Solar Cells,2010,94:62-67.

[20] 任丙彦,张燕,郭贝,等. N 型单晶硅衬底上非晶硅/单晶硅异质结太阳电池计算机模拟[J]. 太阳能学报,2008,29(9):1112-1116.

[21] 赵雷,周春兰,李海玲,等. a-Si(n)/c-Si(p)异质结太阳电池薄膜硅背场的模拟优化[J]. 物理学报,2008,57(5):3212-3217.

[22] 李力猛,周炳卿,陈霞,等. μc-Si(n)/c-Si(p)异质结太阳电池微晶硅背场的模拟与优化[J]. 信息记录材料,2009,10(3):18-21.

[23] Beaucarne G,Brown A S,Keevers M J,et al. The impurity photovoltaic (IPV) effect in wide-bandgap semiconductors:an opportunity for very-high-efficiency solar cells[J]. Progress in Photovoltaics:Research and Applications,2002,10(5):345-353.

[24] Khelifi S,Verschraegen J,Burgelman M,et al. Numerical simulation of the impurity photovoltaic effect in silicon solar cells[J]. Renewable Energy,2008,33(2):293-298.

[25] Azzouzi G,Chegaar M. Impurity photovoltaic effect in silicon solar cell doped with sulphur:a numerical simulation [J]. Physica B,2011,406(9):1773-1777.

[26] 袁吉仁,洪文钦,邓新华,等. 基于杂质光伏效应的镍掺杂对砷化镓太阳电池性能的影响[J]. 光子学报,2012,41(10):1167-1170.

[27] Shockley W,Read W T. Statistics of the recombinations of holes and electrons[J]. Physical Review,1952,87(5):835-842.

[28] Hall R N. Electron-hole recombination in germanium [J]. Physical Review,1952,87(2):387.

[29] Keevers M J,Green M A. Efficiency improvements of silicon solar cells by the impurity photovoltaic effect [J]. Journal of Applied Physics,1994,75(8):4022-4031.

[30] Sze S M,Ng K K. Physics of semiconductor devices[M]. 3rd ed. New York:John Wiley & Sons,2007.

[31] Milnes A G. Deep impurities in semiconductors[M]. New York: John Wiley & Sons,1973.

[32] Grimmeiss H. G,Deep level impurities in semiconductors[J]. Annual Review of Materials Science,1977,7:341.

[33] Lucovsky G. On the photoionization of deep impurity centers in semiconductors[J]. Solid State Communications, 1965, 3 (9): 299-302.

[34] Yuan J ,Shen H,Zhong F,et al. Impurity photovoltaic effect in magnesium-doped silicon solar cells with two energy levels[J]. Physical Status Solidi A,2012,209(5):1002-1006.

7 新型太阳电池及技术

近年来,基于介观尺度的无机或有机半导体材料的新型太阳电池,如染料敏化太阳电池和钙钛矿太阳电池备受关注。它们作为新一代太阳电池的突出代表,其原材料丰富、制备工艺简单、生产成本低且光电转换效率高,因此具有广阔的应用前景。本章主要介绍染料敏化太阳电池和钙钛矿太阳电池的基本结构、工作原理及其制备的新材料、新技术和新概念的研究现状与进展,以及金属纳米结构激发表面等离子体激元增强太阳电池光吸收的原理及其在太阳电池中的应用。

7.1 染料敏化太阳电池

7.1.1 引言

染料敏化太阳电池(Dye-Sensitized Solar Cells)是一种光电化学太阳电池,它的发展历史可以追溯到 19 世纪。1873 年,Vogel 发现用染料处理卤化银可大大扩展其对可见光的响应,甚至可以扩展到红外光区域。1887 年,Moser 等在涂上赤藓红染料的卤化银电极上观察到光电响应现象,但对此现象没有给出合理的解释,在当时也未引起人们注意。直到 1968 年德国科学家 Tributsch 等发现吸附染料的半导体在一定条件下产生电流,并提出激发态染料产生电子注入 n 型半导体导带的机理后,染料敏化半导体才引起广泛的关注[1-3]。随后,研究人员进一步研究了光诱导下有机染料与半导体之间的电荷转移反应,并提出了染料敏化半导体光敏电流产生的机理,从而构成了光电化学太阳电池的理论基础[3]。20 世纪 80 年代,瑞士洛桑联邦高等工业学院 Grätzel 开始研究染料敏化太阳电池,并在 1991 年取得重大进展,通过采用纳米多孔 TiO_2 代替传统的平板电极,形成约 $10\,\mu m$ 厚的光学透明膜,然后浸渍钌配合物染料,制备了一种光电转换效率为7.1%、电流密度达 12 mA/cm² 的染料敏化太阳电池[4]。1993 年,Grätzel 等[5]将染料敏化太阳电池的光电转换效率提高到 10%。1998 年,Grätzel 等[6]又研制出全固态染料敏化太阳电池,这种电池采用固态有机空穴传输材料代替液体电解质,解决了液态电解质难以封装和稳定性不好的问题。2000 年以后,染料敏化太阳电池得到了广泛关注和深入研究。目前获得公证的染料敏化太阳电池最高光电转换效率为 11.9%[7],达到了非晶硅薄膜太阳电池的水平。相比非晶硅电池,染料敏化太阳电池制备工艺简单,制造成本低,并且颜色透明、可调,且具柔性,显示出良好的市场竞争力和产业化应用前景。

7.1.2　染料敏化太阳电池的基本结构及工作原理

7.1.2.1　染料敏化太阳电池的基本结构[1]

染料敏化太阳电池的基本结构属于半导体-电解质接触,其特性与金属-半导体接触相类似。它主要由五部分组成:透明导电基底、纳米孔氧化物半导体、染料光敏化剂、电解质和对电极,其中纳米孔氧化物半导体和透明导电基底组成染料敏化太阳电池的光阳极,具体结构如图 7-1(a)所示。

(1) 透明导电基底:起收集电子的作用,常用的透明导电基底有氧化铟锡(ITO)或掺氟氧化锡(FTO)的导电玻璃,方块电阻为几欧姆或几十欧姆不等,透光率一般在 80% 以上,此外也有柔性的透明塑料基底。

(2) 纳米孔氧化物半导体:纳米孔氧化物半导体是染料敏化太阳电池的核心部分,其一方面吸附染料,另一方面作为电子传输介质。常用的纳米孔氧化物半导体材料有 TiO_2 和 ZnO 等。

(3) 染料光敏化剂:其作用是吸收太阳光产生电子。理想的染料敏化剂应具有宽的光谱响应范围、高的稳定性、能够经受 10^8 次以上的氧化还原过程,且与纳米孔半导体表面结合牢固等。染料可分为金属络合物染料和有机染料,常用的染料光敏化剂是二价钌的多吡啶配合物,如 N3、N719、Z907 和黑染料。

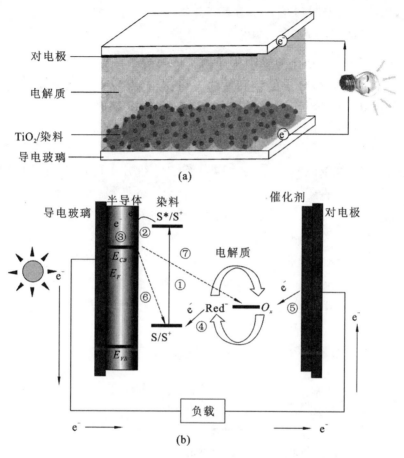

图 7-1　染料敏化太阳电池示意图

(a)基本结构;(b)工作原理

（4）电解质:其主要作用是传输离子和使染料再生。作为染料敏化太阳电池的电解质,其氧化还原势必须与染料的能级匹配以保证染料分子的快速还原,电解质中的氧化还原对稳定性和可逆性好,而且最好不吸收可见光。目前最常用的是 I^-/I_3^- 氧化还原对的电解质,其优点是扩散速率快、对纳米孔薄膜渗透性好和电导率高,缺点是具有一定的腐蚀性,且液态电解质容易泄露。

（5）对电极:主要担负电解质中氧化态离子的还原,使电解质中氧化还原电对处于平衡状态。目前最常用的对电极材料是铂,其对 I^-/I_3^-

的氧化还原对有良好的催化作用。

7.1.2.2　染料敏化太阳电池的工作原理[8]

染料敏化太阳电池的工作原理如图 7-1(b)所示,染料分子(S)吸收太阳光光子后,电子从最高分子占据轨道(HOMO)跃迁到最低未占分子轨道(LUMO)能级,由于染料的 LUMO 能级比氧化物纳米孔半导体的导带电位要高,所以处在激发态染料(S^*)的电子会很快跃迁到低能级的氧化物纳米孔半导体的导带中,然后导带中的电子被导电基底收集而传递到外电路。激发态的染料分子随即被电解质中的氧化还原对中的还原组分(Red^-)还原成基态染料,而 Red^- 会相应变成氧化态组分(Ox)。接着 Ox 从光阳极扩散至对电极,经对电极催化作用迅速又变成 Red^-。此外,在整个循环过程中还会发生两个复合反应:一是半导体导带中的电子与激发态染料之间的复合,重新跃迁至基态;二是半导体导带中电子与电解质中的 Ox 复合。后者是染料敏化太阳电池中的主要复合反应。这两个复合反应均会减弱电池性能。上述过程可写成反应式:

① 染料基态电子受光激发由基态跃迁至激发态

$$S \xrightarrow{h\nu} S^*$$

② 导电基底收集半导体导带中的电子

$$S^* \longrightarrow S^+ + e^-(CB)$$

③ 导电基底收集半导体导带中的电子

$$e^-(CB) \longrightarrow e^-(SB)$$

④ 激发态染料被氧化还原电对中的还原组分 Red^- 还原成基态染料分子

$$Red^- + S^+ \longrightarrow Ox + S$$

⑤ Ox 从光阳极扩散至对电极,经对电极催化迅速又变成 Red^-

$$Ox + e^- \longrightarrow Red^-$$

⑥ 半导体导带中的电子与染料激发态复合

$$e^-(CB) + S^+ \longrightarrow S$$

⑦ 半导体导带中的电子与 Ox 复合

$$e^-(CB) + Ox \longrightarrow Red^-$$

上述染料敏化太阳电池的工作原理与单晶硅太阳电池的工作原理有显著的不同,它们的主要区别如表 7-1 所示。

表 7-1 染料敏化太阳电池与单晶硅太阳电池的工作原理比较[3]

染料敏化太阳电池	单晶硅太阳电池
光子被染料分子吸收,光生载流子通过氧化物纳米孔半导体光阳极和电解液传输	光子吸收和光生载流子传输均在同种半导体材料中进行
光生载流子分离在染料/半导体界面与染料/电解液界面发生	光生载流子分离由结区电场驱动
电子在多孔光阳极半导体材料中输运,空穴在电解液中输运	光生电子和空穴在同种半导体材料中输运

7.1.3 染料敏化太阳电池半导体光阳极材料[1-3]

染料敏化太阳电池的半导体光阳极呈现多孔状,主要是由一些纳米尺寸或纳米结构的二元及多元化合物半导体材料构成,其中大多是宽禁带的氧化物半导体。一般来说,染料敏化太阳电池的半导体光阳极具有巨大的比表面积,用于吸附足够多的染料分子。此外,纳米半导体的种类、价带结构和形貌等对太阳电池的光伏性能也产生重要的影响。目前,染料敏化太阳电池的光阳极材料均为 n 型半导体,其导带能级决定光生电子的注入和太阳电池的理论开路电压。通常这些半导体材料的导带底能级需低于激发态染料的 LUMO 能级,这样才能保证光生电子有效注入光阳极的导带中。然而,由于太阳电池开路电压是由导带底能级与电解质中氧化还原电对(如 I_3^-/I^-)的电势差所决定的,所以半导体导带能级的降低虽然有利于电子注入,但会造成电池开路电压的降低。

目前用于制备染料敏化太阳电池的纳米孔半导体薄膜的氧化物材料主要有 TiO_2、ZnO、SnO_2、Nb_2O_5、In_2O_3、Fe_2O_3、WO_3、Ta_2O_3 等二元氧化物半导体和 $SrTiO_3$、Zn_2SnO_4 等三元氧化物半导体。在这些氧化物半导体材料中,纳米尺寸的 TiO_2 在染料吸附、电荷分离和传输等方面显示出优异的性能,并且其制备工艺简单、价格低廉、化学稳定性高、无毒性,这些优点使得纳米 TiO_2 被广泛应用于染料敏化太阳电池的半导体光阳极材料,由其制备的染料敏化太阳电池的光电转换效率也最高。除 TiO_2 之外,ZnO 也是最受关注的半导体光阳极材料。下面将主要介绍 TiO_2 和 ZnO 两种半导体材料在光阳极中的应用。

7.1.3.1 TiO_2 半导体光阳极

常见的宽禁带 TiO_2 半导体晶体类型有两种:锐钛矿和金红石。锐钛矿 TiO_2 是一种亚稳态结构,在较低温度环境下可以稳定存在,但经过约 500 ℃ 的高温后,将发生相变而转变为热力学性能更稳定的金红石结构。与金红石 TiO_2 相比,锐钛矿 TiO_2 的导带电子的有效质量更小,其导带电子迁移率更高,这有助于染料敏化太阳电池获得更高的光电转换效率。另外,金红石 TiO_2 表面对 O_2 的吸附能力更差,而锐钛矿 TiO_2 表面更容易完成羟基化。锐钛矿 TiO_2 对染料更强的表面吸附能力有利于提高染料敏化太阳电池对光子的捕获能力。此外,锐钛矿 TiO_2 的禁带宽度(3.2 eV)大于金红石 TiO_2 的禁带宽度(3.0 eV),且前者导带底能量更高。在相同的导带电子注入浓度下,锐钛矿 TiO_2 光阳极具有更高的费米能级和更大的开路电压。相比锐钛矿 TiO_2,虽然金红石 TiO_2 热力学性能更稳定,但金红石 TiO_2 可吸收近紫外光区约 4% 的光子,由此产生的空穴具有强氧化性,从而降低了染料分子的长效稳定性[3]。综合考虑,锐钛矿 TiO_2 更适合作为染料敏化太阳电池的半导体光阳极材料。下面简单介绍纳米结构 TiO_2 在光阳极中的应用。

(1)纳米晶 TiO_2 光阳极

纳米晶 TiO_2 是染料敏化太阳电池最常用的半导体光阳极材料,其主要制备方法分为物理法和化学法。物理法包括气相蒸发、溅射、蒸发-凝聚和等离子体沉积等。物理法制备的纳米晶 TiO_2 纯度高,但其对设备要求高,制备成本很难降低,不适合大规模应用。相比物理法,化学法制备工艺简单、价格低廉,化学法包括化学气相沉积、溶胶凝胶、钛醇盐气相水解、水热或溶剂热合成和模板法等。目前,合成纳米晶 TiO_2 最常用的方法是钛醇盐水解法,钛醇盐在酸或碱的催化下水解,然后再水热生长和晶化,其水解速度、pH 值、温度和水含量等工艺条件将显著影响纳米晶的形状、尺寸和性能。相对于酸性水解环境,在碱性水解环境下制备的纳米晶 TiO_2 光阳极染料敏化太阳电池,具有更低的载流子复合率和更高的开路电压,但后者对染料的吸附能力偏低。

为了获得具有较高光电转换效率的染料敏化太阳电池,制备纳米晶 TiO_2 光阳极的工艺步骤如下[2]:

① 首先在导电基底上旋涂一层超薄致密的 TiO_2(直径为 50 nm)阻挡层,防止导电基底与电解质直接接触。

② 选用直径为 20 nm 的 TiO_2 纳米颗粒作为光吸收层,其厚度约为 10 μm,以确保光阳极具有足够大的比表面积。

③ 在吸收层上,选用尺寸为 300～400 nm 的 TiO_2 颗粒制备厚度约为 3 μm 的光散射层,以增强光吸收。

④ 光阳极 $TiCl_4$ 溶液处理可以在 TiO_2 纳米晶表面形成 TiO_2 超薄的包覆层,以改进光阳极对染料的吸附、电子注入和传输等。

采用纳米晶 TiO_2 光阳极的染料敏化太阳电池其光电转换效率高,制备工艺相对简单、材料成本低、化学稳定性好,可大规模生产。然而,纳米晶 TiO_2 光阳极也存在不足之处:a.孔隙率偏低;b.纳米晶 TiO_2 颗粒合成工艺相对复杂;c.不适用于垂直吸附大分子光捕获剂作为染料敏化剂;d.纳米晶 TiO_2 光阳极电子传输缓慢,大大限制了氧化还原对的可选择范围。

(2) 一维纳米 TiO_2 光阳极

一维纳米 TiO_2 材料如纳米棒、纳米管和纳米线等作为染料敏化太阳电池的光阳极可以最大限度地缩短电荷在电极材料中的传输路径,因而必然会提高电子传输效率;另外,相对于 TiO_2 纳米颗粒,一维纳米 TiO_2 材料显著地减少了晶界和表面缺陷态等电子俘获陷阱,因而能有效地抑制电子复合。Jiu 等[9]采用水热法制备了长度为 100～300 nm、直径为 20～30 nm 的结晶性良好的锐钛矿相 TiO_2 纳米棒,制备的染料敏化太阳电池的光电效率达到 7.29%。Myahkostupov 等[10]系统研究了反应温度、时间、前驱体含量和溶液酸碱度对 TiO_2 纳米管形貌的影响,制备的纳米管用 N3 染料敏化后得到的太阳电池光电转换效率为 3.76%。Ding 等[11]利用 PVA 和钛酸异丙酯为前驱体通过静电纺丝制备了 TiO_2 纳米纤维,其电池的短路电流密度达到了 16.09 mA/cm²。此外,Frank 等[12]制备了管壁厚为 8~10 nm、管口直径为 30 nm、长度为 5.7 μm 的 TiO_2 纳米管阵列,敏化后太阳电池的光电转换效率为 3.0%。

已有研究表明,应用于染料敏化太阳电池的 TiO_2 光阳极在电子注入、稳定性及与染料的匹配等方面显示了优异的性能,但 TiO_2 多孔膜存在大量的表面缺陷态,束缚了电子在薄膜中的传输,这不利于电池效率的进一步提高[13]。

7.1.3.2　ZnO 半导体光阳极

与锐钛矿 TiO_2 相比,ZnO 也是宽禁带半导体材料,且能级结构相似,染料的光激发电子能有效地注入 ZnO 导带。另外,ZnO 薄膜具有比 TiO_2 薄膜更好的电子传输性能。ZnO 的电子迁移率可达 0.1 cm² · V⁻¹ · s⁻¹,而 TiO_2 电子迁移率仅为 0.001 cm² · V⁻¹ · s⁻¹ [13]。此外,ZnO 易于实现晶化,也较容易获得不同形貌的纳米结构(如纳米颗粒、纳米棒、纳米管和纳米阵列等),其制备工艺比 TiO_2 的更简单。

Saito 等以粒径为 20 nm 的 ZnO 纳米颗粒为原材料,在透明导电玻璃上制备了 ZnO 介孔电极,并以 N719 染料为光敏化剂,制备的染料敏化太阳电池的光电转换效率达到了 6.6% [3]。Memarian 等[14]采用纳米 ZnO 球聚体作为光阳极,并添加一层致密 ZnO 来连接多孔膜和 FTO 玻璃,制备的染料敏化太阳电池的光电转换效率高达 7.5%。Yang 等[15]在 FTO 玻璃上制备了均匀分布的 ZnO 纳米棒阵列,单晶 ZnO 纳米棒的长度达到 20 μm,电子迁移速率可达 0.05~0.5 cm² · V⁻¹ · s⁻¹。但由于纳米棒阵列过于疏松,制备的太阳电池效率仅为 1.5%。Gao 等[16,17]通过工艺改进,制备了超长结构的 ZnO 纳米棒阵列,获得了超过 5% 的光电转换效率。基于 ZnO 纳米棒阵列的染料敏化太阳电池一直没有取得更高的效率,一个重要原因是 ZnO 在敏化时酸性染料分子中的羧基会从 ZnO 电极中溶解出 Zn^{2+},溶解的 Zn^{2+} 离子和染料会形成络合物,从而导致电子注入效率降低,且电子复合概率增大,影响了电池效率;另一个原因是阵列状 ZnO 纳米棒阵列直径大、表面积偏小、染料吸附量不高[13]。

7.1.4 染料敏化太阳电池染料光敏化剂[8,13]

半导体光阳极材料（如 TiO_2）虽然具有良好的光化学稳定性，但其禁带宽导致光谱响应范围窄，无法充分吸收太阳光谱。而染料光敏化剂主要吸收范围在可见光和近红外区域，能大大拓宽光谱响应范围，进而将光生电子注入 n 型半导体的导带中。应用于染料敏化太阳电池的高性能光敏化剂应满足如下条件：

（1）染料在整个太阳光谱范围内吸收光谱较宽且摩尔消光系数较高，以确保较薄的光阳极层能吸收更多的太阳光。

（2）敏化剂分子中含有能和光阳极材料表面稳定铆合的官能团，如—COOH、—SO_3H、—PO_3H_2 等，有利于光生电子从敏化剂向光阳极导带注入。

（3）染料激发态能级与光阳极材料导带能级匹配，且具有较长的激发态寿命，以保证染料被激发后产生的电子能有效注入半导体导带。

（4）染料分子能级与电解质中氧化还原电对的电极电势匹配，以保证处于氧化态的敏化剂分子再生。

（5）染料分子应通过化学键与半导体表面结合，以使电子有效注入。

（6）氧化还原过程势垒较低，在电子转移的过程中能量损失较小。

（7）染料分子在电解质存在的条件下具有良好的光稳定性。

应用于染料敏化太阳电池的光敏化剂主要分为金属配合物光敏染料和有机光敏化染料。

（1）金属配合物光敏染料

目前研究最为成熟、应用最广泛的染料是金属配合物光敏染料，其中钌的羧酸联吡啶配合物（如 N3、N719、N749、Z907 等）是一类典型的金属配合物光敏染料。图 7-2 给出了几种不同钌染料的分子结构。1993 年 Grätzel 等合成了命名为 N3 的钌配合物染料，组装电池后其光电转换效率超过了 10%[5]。2005 年 Grätzel 等又开发了著名的 N719 光敏染料，使用其制备的电池的光电转换效率最高达到

$11.18\%^{[18]}$。已有研究表明钌染料激发态电子注入 TiO_2 光阳极导带中的时间在皮秒至飞秒范围内[19],远短于激发态电子返回基态的时间(微秒量级),能保证电子的有效注入。此外,钌配合物的化学稳定性良好,并具有良好的可见光光谱响应。但是 N3 与 N719 在红外和近红外区域的 IPCE 较低,为了解决这一问题,Grätzel 等又合成了三联吡啶钌配合物染料 N749,其吸收可达到 920 nm,制备的电池光电转换效率也达到了 $11.1\%^{[20]}$。为了解决羧基钌染料遇水容易脱附的问题,Zakeeruddin 等通过引入长烷基链,合成了两亲性钌染料 $Z907^{[21]}$,其表现出较好的脱附性能和良好的光热稳定性。

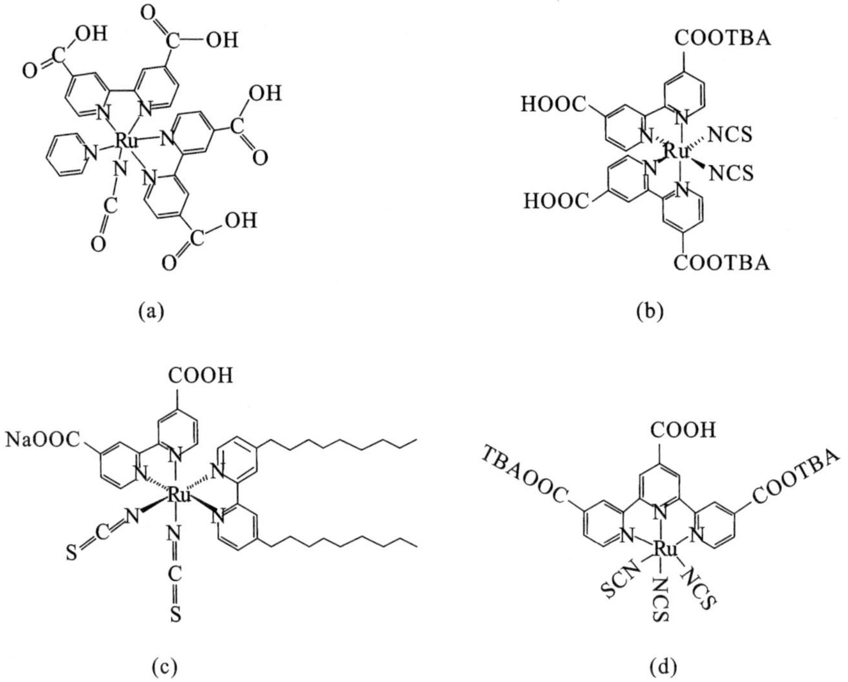

图 7-2　几种不同钌染料的分子结构

(a)N3;(b)N719;(c)Z907;(d)N749

　　除钌的配合物外,卟啉染料也得到了广泛研究。卟啉染料光谱吸收较宽,并且在 Soret 带的摩尔消光系数高达 10^5 $M^{-1} \cdot cm^{-1}$。2014年,Grätzel 等[22]对 YD2-o-C8 卟啉染料的结构进行了进一步改进,基于卟啉染料 YD2 和 YD2-o-C8 共敏化,开发了 SM315 染料,其结构如图 7-3 所示,制备的染料敏化太阳电池的最高转换效率为 13%。

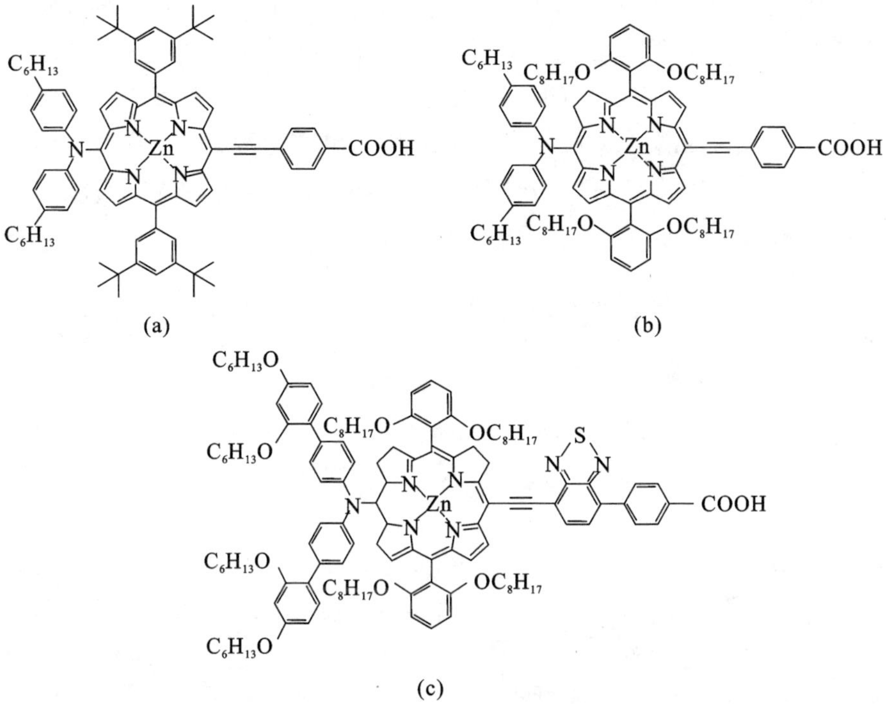

图 7-3　卟啉锌光敏化剂结构

(a)YD2;(b)YD2-o-C8;(c)SM315

(2) 有机光敏染料[8,13]

有机光敏染料的摩尔消光系数更高,不含贵金属钌,分子结构比较简单,容易合成,生产成本低,因此成为光敏染料中研究热点之一,并且也取得了很大的研究进展,如 D149、JK46、C217 和 Z219 等有机染料在染料敏化太阳电池中均取得了良好的效果。大部分有机染料具有 D-π-A 结构,供体大多是电子丰富的芳香胺结构,π 桥键则含有噻吩结构,受体单元一般含有羧基结构。中科院长春应化所王鹏等[23]通过调节 π 桥结构合成了一系列具有 D-π-A 结构的有机光敏染料,其中采用合成的 C217 染料制备的染料敏化太阳电池的光电转换效率达到了 9.8%。Wang 等[24]使用 Z219 有机染料制备的染料敏化太阳电池的光电转换效率达到了 10.1%。

此外,新型光敏化剂的研究也取得了突破性进展,从 2009 年起,新型光敏化剂有机-无机杂化结构的钙钛矿($CH_3NH_3PbI_3$)开始应用于染料敏化太阳电池,Zhao 等[25]采用 $CH_3NH_3PbI_3$ 作为光敏化剂,使用薄的 TiO_2 多孔膜制备的染料敏化太阳电池效率达到 6.8%。尽管 $CH_3NH_3PbI_3$ 光谱吸收系数比钌基染料高出一个数量级,但由于钙钛矿在液态电解液中非常容易分解,极大地限制了基于钙钛矿的液态敏化电池的发展[26]。

7.1.5　染料敏化太阳电池电解质[8,13]

电解质是染料敏化太阳电池的重要组成部分,目前染料敏化太阳电池中使用的电解质可分成三种:液态电解质、准固态电解质(凝胶电解质)和全固态电解质(空穴传输层),其主要作用是使氧化态染料还原再生及传输空穴。

液态电解质成分简单,组分可调,在多孔光阳极膜中渗透性好,并且具有良好的导电性,使用液态电解质的染料敏化太阳电池光电转换效率较高。液态电解质主要由氧化还原电对、功能添加剂和溶剂组成,其中溶剂大多为腈类和酯类,如乙腈、戊腈、碳酸乙烯酯(EC)、碳酸丙烯酯(PC)和 γ-丁内酯等。目前染料敏化电池电解质中使用的氧化还原电对主要有无机碘氧化还原电对(I_3^-/I^-)、钴配合物氧化还原电对和二茂铁氧化还原电对(Fe/Fe^+)等。

I_3^-/I^- 氧化还原电对电极电势与染料 HOMO 能级及氧化物半导体的能级匹配较好,应用最为广泛,由其制备的染料敏化电池光电转换效率可以超过 11%[18]。采用这种氧化还原电对有许多优点:①能快速还原氧化态染料;②在光阳极多孔薄膜中扩散快;③I_3^- 和 I^- 两种负离子能够排斥光阳极中的电子,减少复合;④在对电极上的过电势较小,容易被还原。然而,I_3^-/I^- 氧化还原电对也存在一些不足之处,如①I_3^-/I^- 对可见光有较强的吸收,从而降低了短路电流密度和整个电池的光电转换效率;②I_3^-/I^- 腐蚀性较大,容易腐蚀金属对电极;③I_3^-/I^- 氧化还原电势较高,电压损失严重。与无机碘氧化还原电对相比,钴配合物氧化还原电对对可见光吸收较弱,且氧化还原电势可调,能够避免氧化还原过程中的电压损失,从而获得更高的开路电压。采用这种氧化还原电对制备的染料敏化电池的光电转换效率达到了13%[27]。此外,二茂铁氧化还原电对也可应用于染料敏化太阳电池,这种氧化还原电对原材料丰富、价格低廉,但其电子复合非常严重。

采用液态电解质的染料敏化太阳电池虽然取得了很高的光电转换效率,但是液态电解质存在易挥发、易泄露等问题,影响了电池的稳定性。因此,必须研究开发准固态和固态电解质以增强染料敏化电池的稳定性。准固态电解质一般是通过使用聚合物凝胶剂将液态电解质凝胶化,这样可以避免液态电解质易挥发和泄露等问题,这种电解质又称为凝胶电解质。目前基于准固态电解质的染料敏化电池的最高光电转换效率达到 10.3%[28]。相比液态和准固态电解质,全固态电解质具有更好的稳定性,在大规模生产上具有广阔的应用前景。制约全固态电解质应用的主要是其较低的光电转换效率,而近年来应用于全固态电解质的新材料开发取得了突破性进展,大大提高了基于全固态电解质的染料敏化太阳电池的光电转换效率。目前染料敏化太阳电池中使用的全固态电解质材料有 P 型无机半导体、离子导电聚合物和有机空穴传输材料(如 Spiro-OMeTAD)等。

7.1.6　染料敏化太阳电池对电极材料[1,8,13]

对电极在染料敏化太阳电池中的主要作用是催化电解质中氧化态组分(如 I_3^-)还原再生,使电解质中的氧化还原电对处于平衡状态。作为对电极的材料应具有一定催化活性,常用的是贵金属铂(Pt)电极。主要制备方法有溶液热解法,磁控溅射和电镀等。2004 年,马廷丽等[29]系统研究了 Pt 厚度对其催化剂染料敏化太阳电池性能的影响,发现当 Pt 的厚度为 2~10 nm 时具有良好的催化活性;而当其厚度大于 10 nm 时会形成 Pt 镜,可以反射透过光阳极的太阳光,提高电池对太阳光的利用率。然而,一些研究发现 Pt 对电极对 S^{2-}/S_n^{2-}、T^-/T_2 等电对的催化活性不高,从而影响了染料敏化太阳电池的光电转换效率。另外,考虑到贵金属 Pt 价格昂贵,大大增加了对电极的成本。因此,Pt 对电极将不适合于染料敏化太阳电池未来的大规模生产。

为了降低对电极成本,人们对其他非铂对电极进行了大量研究,发现制备对电极催化材料有碳材料、导电高分子聚合物材料和无机化合物催化材料。目前基于碳材料对电极的染料敏化太阳电池的最高光电转换效率已超过 9%,并且其具有成本低、材料丰富、导电性能较好、比表面积较大和催化活性高等优点。导电高分子聚合物材料有聚吡咯、聚噻吩及聚苯胺等。导电聚合物可以通过化学氧化聚合、电聚合等低温方法制得,因此可以在塑料基底上制备形成柔性对电极。虽然导电高分子聚合物作为对电极催化材料有着很多优势,但其电极稳定性不好。无机化合物催化材料种类繁多,目前文献报道的有金属碳化物、氮化物、氧化物、磷化物、硫化物、硒化物及碲化物等对电极材料。其中一些化合物电子结构与贵金属 Pt 的结构类似,也表现出优良的导电和催化活性,因此无机化合物催化材料也成为对电极材料发展的一个重要方向。

7.2　钙钛矿太阳电池

7.2.1　引言

2009 年 Kojima 等[30]首次将新型有机-无机杂化结构的钙钛矿($CH_3NH_3PbI_3$)材料作为光敏化剂应用于传统结构的染料敏化太阳电池中,并获得了 3.8% 的光电转化效率,但这种钙钛矿材料很容易被用于空穴传输的液态电解质分解,从而导致电池的稳定性极差。为了解决这个问题,2012 年 Grätzel 等[31]使用一种固态空穴传输材料(spiro-OMeTAD)替代液态电解质,制备了第一块全固态钙钛矿太阳电池,电池效率达到 9.7%。随后,Snaith 等[32]将介孔 TiO_2 支撑骨架换成介孔 Al_2O_3 结构,使用 $CH_3NH_3PbI_2Cl$ 作为光吸收层,制备的有机铅卤钙钛矿太阳电池效率达到 10.9%。进一步优化 Al_2O_3 层厚度,电池效率提高到 12.3%[33]。研究表明,Al_2O_3 并不能传输电子,仅起到承载钙钛矿的支架作用,而 $CH_3NH_3PbI_2Cl$ 可以起到光吸收和电子传输的双重作用。同年,Grätzel 等[34]直接在 $TiO_2/CH_3NH_3PbI_3$ 异质结上制备 Au 背电极,电池转换效率为 7.3%,这说明钙钛矿材料除可用于光吸收和传输电子外,还可以传输空穴。

自 2013 年开始有机铅卤钙钛矿太阳电池发展迅猛,不断地取得突破性进展。Grätzel 等[35]首次采用两步法制备钙钛矿薄膜,电池效率达到 15%。随后,Snaith 等[36]首次采用双源共蒸发方法制备出光电转换效率为 15.4% 的全新平面异质结钙钛矿电池。Yang 等[37]利用蒸汽辅助溶液法原位反应制备出转换效率为 12.1% 的平面异质结钙钛矿电池。2013 年底,Seok 等[38]将钙钛矿电池的光电转换效率提升到 16.2%。2014 年,Yang 等[39]通过掺 Y 修饰 TiO_2 层和优化钙钛矿薄膜的生长过程,将光电转换效率提高到 19.3%。2015 年,Seok 等[40]进一步将钙钛矿电池的光电转换效率提高到 20.1%,并通过认证。钙钛矿太阳电池自 2009 年报道以来,电池性能飞速提高。钙钛矿结构具有独特而优异的光电性能,还具有大幅提升转换效率的发展空间,并且与传统硅基太阳电池相比,钙钛矿太阳电池制备成本较低,更容易生产。因此,钙钛矿太阳电池有望成为具有高效率、低成本、柔性、全固态等优点的新一代太阳电池。

本节首先介绍有机金属卤化物钙钛矿的物理结构及特性,然后详细介绍钙钛矿太阳电池的基本结构、工作原理与制备工艺,最后对钙钛矿太阳电池面临的问题与发展趋势进行总结与展望。

7.2.2 有机金属卤化物钙钛矿的物理结构与特性

钙钛矿晶体结构通常可用 ABX_3 来表达,阳离子 A 位于立方晶胞的中心,被 12 个阴离子 X 包围形成配位立方八面体,配位数为 12,A 与 X^{2-} 形成立方最密堆积;阳离子 B 位于立方晶胞的顶角,被 6 个阴离子 X 包围形成配位八面体,配位数为 6,如图 7-4 所示[41]。钙钛矿晶体的稳定性和三维结构主要是由容差因子 $t = \dfrac{(R_A + R_X)}{\sqrt{2}(R_B + R_X)}$ 和八面体因子 $\mu = \dfrac{R_B}{R_X}$ 所决定,其中 R_A、R_B 和 R_X 分别是 A、B 和 X 原子的半径。当满足 $0.81 < t < 1.11$ 和 $0.44 < \mu < 0.90$ 时，ABX_3 化合物为钙钛矿结构，其中 $t = 1.0$ 时形成对称性最高的立方晶格[42]。

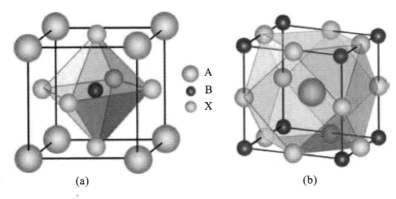

A
B
X

(a)　　　　　　　　　　　(b)

图 7-4　钙钛矿晶体结构示意图[41]

（a）BX_6 八面体；（b）AX_{12} 立方八面体

目前应用于太阳电池的钙钛矿材料，A 离子通常为有机阳离子，如 $CH_3NH_3^+$（$R_A = 0.18$ nm）、$NH_2CHNH_2^+$（$R_A = 0.23$ nm）或 $CH_3CH_2NH_3^+$（$R_A = 0.19 \sim 0.22$ nm）等；B 离子为金属阳离子，主要有 Pb^{2+}（$R_B = 0.119$ nm）或 Sn^{2+}（$R_B = 0.110$ nm）等；X 离子为卤族阴离子，如 I^-（$R_X = 0.220$ nm）、Cl^-（$R_X = 0.181$ nm）或 Br^-（$R_X = 0.196$ nm）。有机金属卤化物钙钛矿材料因其独特的量子限域结构而表现出特殊的光学和电学特性，与现有一般太阳电池材料相比，具有以下几方面的优点[42-44]：

（1）激子束缚能小。有机金属卤化物钙钛矿材料的激子束缚能非常小，如 $CH_3NH_3PbI_3$ 的激子结合能只有（19 ± 3）meV，因此，其受光激发后产生的激子大部分在室温下就能分离形成自由的电子和空穴，不需要借助给体和受体界面的内建电场的诱导。

（2）优良的双极性载流子输运特性。$CH_3NH_3PbX_3$ 具有双极性传输特性，其本身既可以传输电子，又可以传输空穴。此类钙钛矿材料中产生的电子和空穴有效质量小，电子和空穴迁移率相对较高，如 $CH_3NH_3PbI_3$ 中电子和空穴迁移率分别可以达到 7.5 $cm^2 \cdot V^{-1} \cdot s^{-1}$ 和 12.5 ～ 66 $cm^2 \cdot V^{-1} \cdot s^{-1}$。一般有机太阳电池中激子扩散长度只有数十纳米,而 $CH_3NH_3PbI_3$ 中的电子和空穴扩散长度都超过了 100 nm,$CH_3NH_3PbI_{3-x}Cl_x$ 中的激子扩散长度超过 1 μm。通过利用噻吩和嘧啶来钝化钙钛矿表面缺陷,其光生载流子寿命长达 2 μs,电子和空穴的扩散长度可以达到 3 μm。

(3)吸收窗口宽,且吸收系数高。$CH_3NH_3PbI_3$ 为直接禁带半导体,禁带宽度为 1.5 eV,吸收边约在 800 nm,在整个可见光区都有很好的光吸收。$CH_3NH_3PbI_3$ 在 360 nm 处的光吸收系数高达 4.3×10^5 cm^{-1},远高于有机半导体材料(其吸收系数不大于 1×10^3 cm^{-1})。400 nm 厚的钙钛矿薄膜即可吸收紫外-近红外光谱范围内的所有光子。此类钙钛矿结构具有稳定性,并且通过替位掺杂等手段,可以调节材料带隙,实现类量子点的功能,是开发高效低成本太阳电池的理想材料。

有机金属卤化物钙钛矿材料的这些特性使其在工作过程中能充分吸收太阳光,同时高效完成光生载流子的激发、输运和分离等多个过程,使其在各种结构的太阳电池中均表现出优异的光电性能。

7.2.3　钙钛矿太阳电池的基本结构及工作原理

钙钛矿太阳电池的基本结构可以分成两类:介观结构(Meso-superstructured)和平面异质结结构(Planer Heterojuction),如图 7-5 所示。这两类结构又有对应的正置结构和倒置结构器件。一般把制备顺序为基底/阴极/电子传输层/钙钛矿吸收层/空穴传输层/阳极的钙钛矿太阳电池称为正置结构器件,反之为倒置结构器件[45]。

如图 7-5(a)所示,最典型的介观结构钙钛矿太阳电池是以致密 TiO_2 为电子传输材料,介孔 TiO_2 为支撑骨架,将钙钛矿材料 $CH_3NH_3PbX_3$ 填充到介孔 TiO_2 的空隙内,然后以 p 型半导体作为空穴传输材料涂布在钙钛矿层上,最后蒸镀金属背电极以完成电池结构的构建。图 7-6 是钙钛矿太阳电池的工作机理示意图,其主要分为以下几步[46]:(1)在太阳光照射下,能量大于钙钛矿光吸收层禁带宽度的光子将钙钛矿中的价带电子激发至导带,并在价带留下空穴;(2)当钙钛矿光吸收层导带能级高于电子传输层/空穴阻隔层的导带能级时,钙钛矿的导带电子注入电子传输层/空穴阻隔层的导带;(3)电子

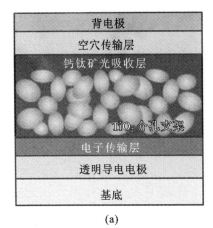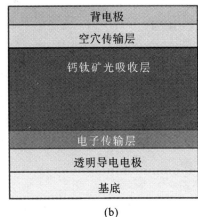

图 7-5　钙钛矿太阳能电池基本结构

(a) 介观结构;(b) 平面异质结结构

进一步输运至透明导电电极和外电路;(4)当钙钛矿光吸收层价带能级低于空穴传输层/电子阻隔层的价带能级时,光吸收层的空穴注入空穴传输层/电子阻隔层;(5)空穴输运至背电极和外电路。除上述光电能量转化过程外,还存在一些能量损失过程。比如在光吸收层中,高能量光激发态中的电子/空穴会快速弛豫至导带底/价带顶;在光吸收层的两侧界面处,存在电荷复合中心,导致不必要的电荷和能量损失。改善这些能量损失问题可以有效提高器件的效率[46]。在这种典型的介观结构中,TiO$_2$起到支撑和传输电子的作用。Snaith 等[42,43]采用介孔 Al$_2$O$_3$代替 TiO$_2$,与介孔 TiO$_2$不同的是,Al$_2$O$_3$具有高的最低空轨道(LUMO)能级,其在电池中并不参与电子的传输,仅起支架作用。电子沿着 Al$_2$O$_3$纳米支架的表面,在钙钛矿体内传输到致密 TiO$_2$电子传输层,如图 7-7 所示,而且与介孔 TiO$_2$相比,电子在钙钛矿中的传输速度更快[42],电池也能很好地实现光电转换,这种结构的电池又称为介观超结构(MSSC)钙钛矿太阳电池。用 Al$_2$O$_3$替代 TiO$_2$作为纳米支架可以使烧结温度降低到 150 ℃。此外,Al$_2$O$_3$绝缘纳米支架的优势是没有 TiO$_2$在紫外光照下的氧分子解吸附效应,Al$_2$O$_3$体系器件在全光谱太阳光照射 1000 h 后,仍有稳定的光电流输出[45]。

平面异质结结构的钙钛矿太阳电池不再需要介孔金属氧化物支

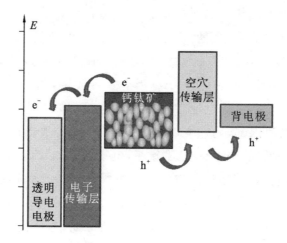

图 7-6　钙钛矿太阳能电池的工作机理

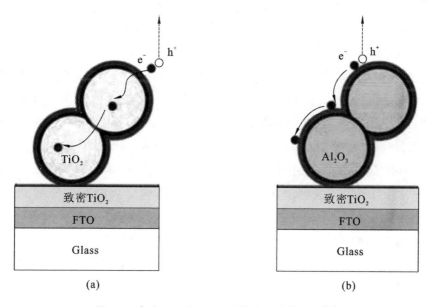

图 7-7　介孔 TiO_2 和 Al_2O_3 中的电子传输机理[47]

(a)介孔 TiO_2；(b) Al_2O_3

架,如图 7-5(b) 所示,简化了电池制备工艺。由于钙钛矿材料中 Wannier-Mott 激子在界面和体内都能实现分离,并且材料本身可以同时传导空穴和电子[33],所以可以构建 n-i-p 型[图 7-8(a)]及 p-i-n 型

[图 7-8(b)]两种结构平面异质结钙钛矿太阳电池[48]。直接采用结构简单的平面异质结结构,是目前钙钛矿型太阳电池研究的一个新的发展方向。Snaith 等采用双源共蒸发法将钙钛矿层直接制备在 TiO₂ 致密层之上,并引入 spiro-OMeTAD 为空穴传输层,制备了第一个 n-i-p 型的平面异质结钙钛矿电池[36]。电池工作机理如图 7-9(a)所示,当太阳光照射到电池内部,钙钛矿层吸收光产生激子,激子在钙钛矿/TiO₂ 和钙钛矿/空穴传输层界面实现分离,电子由钙钛矿层的导带转移到 TiO₂ 的导带,同时,分离后的空穴则沿着钙钛矿传递到钙钛矿/空穴传输层界面,被转移到空穴传输层的最高占有轨道(HOMO)能级,最终被金属背电极所收集。在这种平面异质结电池中,载流子各自具有独立的输运通道,有利于电子和空穴的分离、传输和收集。并且不再需要高温烧结的介孔金属氧化物支架层,使得电子和空穴传输材料的选择范围更为广阔,可以根据钙钛矿材料的能带分布及载流子传输特性,选择能级与载流子传输速率更为匹配的传输材料[48]。Guo 等[49]借鉴聚合物太阳电池的 p-i-n 平面异质结结构,首次将富勒烯衍生物([6,6]-苯基-C61-丁酸甲酯,PC₆₀BM)作为电子传输层,并辅以 PEDOT:PSS 作为空穴传输层,制备出第一个 p-i-n 型钙钛矿/富勒烯平面异质结太阳电池,其结构为 ITO/PEDOT:PSS/CH₃NH₃PbI₃/PC₆₀BM/BCP/Al。工作机理如图 7-9(b)所示,钙钛矿吸光后产生的激子在钙钛矿/空穴传输层和钙钛矿/电子传输层界面发生分离,电子由钙钛矿层的导带转移到 PC₆₀BM 的 LUMO 能级,而空穴则穿过钙钛矿层在 PEDOT:PSS/CH₃NH₃PbI₃ 界面转移到 PEDOT:PSS 层,最终被 ITO 收集。这种 p-i-n 型平面异质结型钙钛矿电池中没有 TiO₂ 电子传输层,有望解决由其引起的紫外光致衰减问题。此外,各功能层都能够在低温下制备,有利于实现低成本大面积柔性钙钛矿太阳电池的制备[48]。

7.2.4　钙钛矿太阳电池中电荷传输材料

在钙钛矿太阳电池中,电荷传输材料包括电子和空穴传输材料,

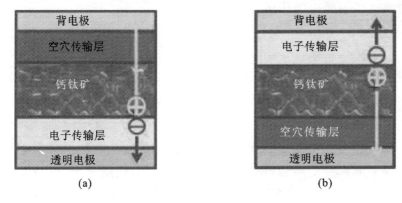

图 7-8　平面异质结钙钛矿太阳电池结构

（a）n-i-p 型；（b）p-i-n 型

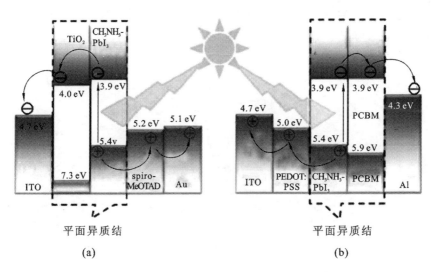

图 7-9　平面异质结钙钛矿太阳电池能级结构[48]

（a）n-i-p 型；（b）p-i-n 型

它们对提高电池光电转换效率起到重要作用。此外，电子和空穴传输层的化学性质及其与钙钛矿的界面等也会对电池的稳定性和寿命产生影响。因此，研究和开发导电性好、成本低、稳定性好的电子和空穴传输材料对于实现高效钙钛矿太阳电池是至关重要的。下面将分别介绍高效钙钛矿太阳电池中的电子和空穴传输材料的性质、制备工艺及在钙钛矿电池中的作用。

7.2.4.1　电子传输材料

电子传输材料是指能接受带负电荷的电子载流子并传输电子载流子的材料,具有较高电子亲和能和离子势的半导体材料(即 n 型半导体),通常被用作电子传输材料[45]。图 7-10 给出了常见电子传输材料的 LUMO(导带)能级。为了有效地传输电子,电子传输材料和钙钛矿材料必须满足能级匹配。电子传输材料的基本作用是与钙钛矿光吸收层形成电子选择性接触,提高光生电子抽取效率,并有效地阻挡空穴向阴极方向迁移[45]。对于正置结构钙钛矿太阳电池,电子传输层的主要的作用是传输电子,又称致密层或空穴阻挡层,常见的物质是 TiO_2、ZnO 等 n 型半导体,一般会在电子传输层上加一层介孔层作为钙钛矿层的支架。对于倒置结构钙钛矿太阳电池,电子传输层的作用是覆盖钙钛矿层的不平整的部分以改善其形貌,避免金属电极与钙钛矿层的直接接触,同时还可以有效地传输电子以及阻挡空穴传输[50]。根据目前国内外相关报道,电子传输材料一般可分为无机金属氧化物和有机小分子材料两类。

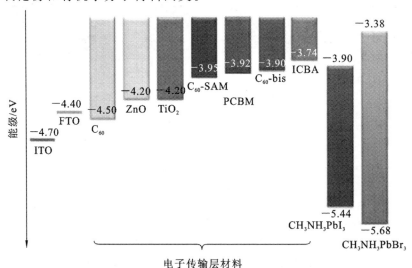

图 7-10　常见电子传输材料的 LUMO(导带)能级示意图[46]

（1）无机金属氧化物电子传输材料[8,45]

目前，最为常见的无机金属氧化物电子传输材料是 TiO_2 和 ZnO。可以在 450 ℃条件下将二异丙氧基双乙酰丙酮钛的乙醇溶液通过喷雾热解方式在 FTO 导电基底上制备 TiO_2 致密层[51]。也可以通过旋涂钛酸异丙酯乙醇溶液，然后再进行高温热解[52]。但是上述两种方法均需要高温制备，增加了能量消耗，并且不适合在柔性导电基底上制备。Snaith 等[53]利用含有适量二异丙氧基双乙酰丙酮钛的 TiO_2 纳米晶溶液成功制备了适合低温制备的 TiO_2 旋涂液，基于该种低温致密层的钙钛矿电池的光电转换效率可达到 15.9%。Grätzel 等[54]在 70 ℃下利用 $TiCl_4$ 溶液处理 FTO 导电基底也制备出了低温 TiO_2 致密层，基于该种致密层的钙钛矿太阳电池的光电转换效率可达 13.7%。与 TiO_2 相比，ZnO 致密层制备相对容易，Kumar 等[55]通过电化学沉积制备了 ZnO 致密层，基于该种致密层的钙钛矿太阳电池效率达到了 8.90%。Kelly 等[56]在室温条件下利用 ZnO 纳米晶旋涂液在塑料导电基底上制备了 ZnO 致密层，基于该种致密层的柔性钙钛矿太阳电池效率达到了 15.7%。

除了上述 TiO_2 和 ZnO 金属氧化物电子传输材料外，还可以使用其他无机金属氧化物作为电子传输层，但性能远不如 TiO_2 和 ZnO。例如，WO_3（LUMO 为 -4.15 eV，HOMO 为 -7.30 eV）有很好的稳定性，能耐强酸腐蚀，且具有比 TiO_2 更高的电子迁移率[57]，但单独使用 WO_3 纳米结构作为电子传输材料制备的钙钛矿太阳能电池效率只有 2.1%~3.8%[58]。通过在 WO_3 表面覆盖 TiO_2 纳米颗粒，可以阻止载流子在 WO_3/钙钛矿界面复合[59]，电池转换效率可提高至 11.2%[60]。而以 Zn_2SnO_4 作为电子传输层的钙钛矿太阳电池，其转换效率也只有 6.6%[61]。另外，如 SnO_2、Nb_2O_5、In_2O_3 和 $SrTiO_3$ 等氧化物曾经被证实可用作染料敏化电池的光电极[57,61]，虽然它们在染料敏化电池中的性能不如 TiO_2，但也可以给钙钛矿光伏电池的电子传输材料研究提供参考。

（2）有机小分子电子传输材料[45,50]

有机电子传输材料也可以应用在钙钛矿太阳电池中，但由于溶解 PbI_2 一般使用 γ 羟基丁酸内酯（GBL）、N,N-二甲基甲酰胺（DMF）和二甲基亚砜（DMSO）等溶剂，它们对很多有机物有不错的溶解性，很容易破坏有机纳米级电子传输层,所以有机小分子电子传输材料大多沉积在钙钛矿光吸收层上面形成倒置结构的钙钛矿太阳电池,最常见的材料是富勒烯和它的衍生物。富勒烯及其衍生物具有高度的亲电能力,同时其 LUMO 能级一般都是介于钙钛矿的导带和金属电极功函数之间,可以降低钙钛矿和金属电极之间的能垒,$PC_{60}BM$、$PC_{70}BM$、ICBA、C_{60} 等都是文献中报道的电子传输层。其中 $PC_{60}BM$ 是一种在聚合物太阳电池中最常用的电子受体材料,其 LUMO 能级与钙钛矿的导带匹配得比较好,也是钙钛矿太阳电池中用得最多的电子传输层。此外,富勒烯及其衍生物还具有很好电子迁移率,有报道在经胺基改性 Si/SiO_2 表面上生长的 C_{60} 制备出的有机场效应晶体管(OFET),电子迁移率达 $0.3\ cm^2/(V\cdot s)$[62],而利用分子束外延制备的 C_{60} 薄膜的电子迁移率高达 $0.56\ cm^2/(V\cdot s)$[63]。Wang 等[64]采用 ICBA/C60 双层结构电子传输层制备的钙钛矿太阳电池,得到了最高 12.2% 的效率和 80% 的填充因子。Xiao 等[65,66]在 $ITO/PEDOT:PSS/CH_3NH_3PbI_3/PC_{60}BM/C_{60}/BCP/Al$ 结构上改进了钙钛矿层的制备工艺,使用分步旋涂法得到光电转化效率为 15.3% 的平面异质结钙钛矿太阳能电池,溶剂退火后效率可提高到 15.6%,且电池效率更稳定。

7.2.4.2 空穴传输材料[50,67]

空穴传输材料是构成高效钙钛矿太阳能电池的重要组分之一。尽管有文献报道过无空穴传输层的钙钛矿太阳电池,但是基本上所有的高效率钙钛矿太阳能电池都会使用空穴传输层。在钙钛矿和金属电极之间应用合适的空穴传输材料,可以改善肖特基接触,以形成欧姆接触,促使电子和空穴在钙钛矿/空穴传输层界面分离,减少电荷复合,同时有效地传输空穴并阻挡电子的传输,从而提高电池性能。理想的空穴传输材料应该有高空穴迁移率,HOMO 能级应该在 $-5.1\sim-5.3$ eV 之间,这是因为空穴传输材料的 HOMO 能级要在钙钛矿的价带能级之上才有利于空穴由钙钛矿层向空穴传输层转移,Polander 等[68]研究表明空穴传输材料的 HOMO 能级低于 -5.3 eV 会严重影响电池的转换效率,而 HOMO 能级过高也会使开路电压降低。此外,空穴传输材料稳定的热力学和光学性质有助于提高电池的稳定性。

对于正置结构钙钛矿太阳电池,空穴传输层是在钙钛矿光活性层上旋涂制备的。常用的空穴传输层是 Spiro-OMeTAD、PTAA、P3HT、CuSCN、CuI 等,如图 7-11 所示。倒置结构钙钛矿太阳电池一般都是在透明导电氧化物 ITO 基底上制备的,而 ITO 的功函数是 4.7 eV,钙钛矿材料的价带一般都是低于 −5.3 eV 的,这样就会导致能级的不匹配。能级的不匹配容易引起钙钛矿与 ITO 的非欧姆接触,会对器件的开路电压以及整体性能造成不利的影响。目前文献中报道的空穴传输层的材料有聚(3,4-乙烯基二氧噻吩):聚(苯乙烯磺酸盐)(PEDOT:PSS)、氧化石墨烯(GO)和氧化镍(NiO)等。其中,PEDOT:PSS 是用得最多的一种材料,它是导电聚合物 PEDOT 的水相分散体,加入 PSS 是为了提高 PEDOT 在水中的分散性,PEDOT 与 PSS 按照不同配方得到的产品会具有不同的导电率。PEDOT:PSS 可以改善 ITO 电极表面粗糙不平的状况,同时还可以降低 ITO 与钙钛矿光活性层之间的势垒,起到空穴传输的作用[50]。目前文献报道的空穴传输材料有很多,一般可以分为有机空穴传输材料和无机空穴传输材料两类。

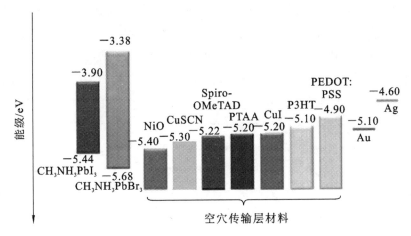

图 7-11 常见空穴传输材料的 HOMO(价带)能级示意图

(1) 有机空穴传输材料[8,67]

应用于钙钛矿太阳电池的有机空穴传输材料有很多,如 Spiro-

OMeTAD、PTAA、P3HT 和 PEDOT：PSS 等。Spiro-OMeTAD 是最早应用于钙钛矿电池中的小分子空穴传输材料,未掺杂的 Spiro-OMeTAD 的空穴迁移率和电导率都较低,数量级分别为 10^{-4} cm^2/V·s 和 10^{-5} S/cm。通过掺杂 4-叔丁基吡啶和二(三氟甲基磺酸酰)亚胺锂,前者可以有效抑制电荷复合,后者的引入会使空穴传输层载流子密度增大,形成 p 掺杂,极大地提高空穴传输层的空穴迁移率和电导率。2012 年 Grätzel 等[31]首次使用 Spiro-OMeTAD 作为固态空穴传输材料,制备了效率为 9.7% 的第一块全固态钙钛矿太阳电池,并且具有较好的稳定性。2014 年 Yang 等[39]使用锂和钴共掺杂的 Spiro-OMeTAD 作为空穴传输材料,制备的 ITO/致密 TiO$_2$/CH$_3$NH$_3$-PbI$_{3-x}$Cl$_x$/Spiro-OMeTAD/Au 结构的平面异质结钙钛矿电池效率达到 19.3%。尽管基于 Spiro-OMeTAD 的钙钛矿太阳电池效率很高,但其合成复杂,电导率较低,与某些有机-无机杂化钙钛矿材料能级不匹配,并且价格昂贵,因此,研究人员必须寻找其他廉价高效的空穴传输材料来代替 Spiro-OMeTAD。

P3HT 作为聚合物空穴传输材料,和 Spiro-OMeTAD 一样,其电导率仍然太低,只有 1.56×10^{-4} S/cm。为了提高电导率,Chen 等[69]使用多壁碳纳米管(MWNTs)和 P3HT 混合,利用 P3HT 和 MWNTs 的 π-π 相互作用,使得材料中的 P3HT 可以牢固地吸附在 MWNTs 的侧壁上。MWNTs 的另一个作用是增加 MWNTs 周围的 P3HT 的结晶性,以提高 P3HT 自身的电荷传导性。由此,P3HT/MWNTs 体系比 P3HT 电导率提高了一个数量级,达到 1.79×10^{-3} S/cm。P3HT/MWNTs 组分作为空穴传输材料制备的太阳能电池的性能得到显著提高,达到 6.45%。Guo 等[70]使用掺杂离子型 Li-TFSI 和中性的 D-TBP 的 P3HT 作为空穴传输材料,制备了 ITO/TiO$_x$/CH$_3$NH$_3$-PbI$_{3-x}$Cl$_x$/掺杂 P3HT/Ag 结构的平面异质结型钙钛矿电池。Li-TFSI 增大了载流子密度,D-TBP 增强了 P3HT 聚合物长链的有序性,最终基于这种三组分空穴传输层结构的电池效率达到了 12.4%。Seok 等[71]对比研究了 P3HT、PCPDTBT、PCDTBT 和 PTAA 四种聚合物空穴传输材料,其中 PTAA 性能最好,由其制备的钙钛矿太阳电池光电转换效率达到 9.1%。Park 等[72]也开发了一种共轭聚合物材料（PDPPDBTE）作为空穴传输材料应用于钙钛矿电池中，也取得了非常好的效果，其能量转换效率已经超过了基于 Spiro-OMeTAD 制备的电池效率。中科院大连化物所张文华研究团队[73]将共轭聚合物 PCBTDPP 作为新型高效空穴传输材料应用到钙钛矿太阳电池，也表现出与 Spiro-OMeTAD 相当的性能。

PEDOT：PSS 空穴传输材料常用于倒置结构的钙钛矿太阳电池中。You 等[74]使用 PEDOT：PSS 作为空穴传输材料，在玻璃/ITO 的刚性基底上制备了结构为 ITO/PEDOT：PSS/$CH_3NH_3PbI_{3-x}Cl_x$/PCBM/Al 的倒置钙钛矿电池，光电转换效率为 11.2%，在聚对苯二甲酸乙二酯（PET）/ITO 柔性基底上制备的钙钛矿电池效率为9.2%。Seo 等[75]采用类似的 ITO/PEDOT：PSS/$CH_3NH_3PbI_3$/PCBM/（LiF/Al）结构，制备活性面积为 0.09 cm^2 的电池效率为 14.1%，使用相同工艺制备的活性面积为 6 cm^2 的电池转换效率达到了 8.7%。Chiang 等[76]采用室温下两步法制备钙钛矿层得到结构为 ITO/PEDOT：PSS/$CH_3NH_3PbI_3$/$PC_{71}BM$/Ca/Al 的倒置钙钛矿电池，光电转换效率为 16.31%。

（2）无机空穴传输材料[77]

应用于钙钛矿太阳电池的无机空穴传输材料有 CuI、CuSCN、NiO 和 GO 等。相比于有机空穴传输材料，这些无机 p 型半导体材料相对廉价，并且具有空穴迁移率高和带隙宽等特点，因此具有一定的应用前景。

CuI 和 CuSCN 空穴传输材料常应用于正置结构的钙钛矿太阳电池中。Christians 等[77]首次以 CuI 作为空穴传输材料制备的 $CH_3NH_3PbI_3$ 钙钛矿太阳电池的光电转换效率达到 6%。相比 Spiro-OMeTAD 空穴传输层，阻抗谱测试表明 CuI 制备的电池具有较低的复合电阻，器件内电荷复合较多，致使其开路电压较低。CuI 电导率比 Spiro-OMeTAD 电导率高 2 个数量级，因而 CuI 制备的器件有较高的填充因子。CuSCN 空穴迁移率较高，达到 0.01～0.1 $cm^2/V \cdot s$，并且在可见和近红外光区光吸收较弱。Ito 等[78]将 CuSCN 作为空穴传输材料制备的 FTO/致密 TiO_2/介孔 TiO_2/$CH_3NH_3PbI_3$/CuSCN/Au

介观钙钛矿电池,最高效率达到 4.86%。随后 CuSCN 被应用到 FTO/TiO$_2$/CH$_3$NH$_3$PbI$_{3-x}$Cl$_x$/CuSCN/Au 平面异质结钙钛矿太阳电池中[79],通过优化制备工艺,电池效率达到 6.4%。Qin 等[80] 使用两步法沉积 CH$_3$NH$_3$PbI$_3$,以 CuSCN 作为空穴传输材料制备的介观结构钙钛矿电池的光电转换效率最高达到 12.4%。

　　NiO 和 GO 空穴传输材料常应用于倒置结构的钙钛矿太阳电池中。Subbiah 等[81] 使用 NiO 作为空穴传输材料,制备了最高效率为 7.3% 的 FTO/NiO/CH$_3$NH$_3$PbI$_{3-x}$Cl$_x$/PCBM/Ag 倒置结构钙钛矿太阳电池。Jeng 等[82] 以 NiO$_x$ 代替 PEDOT:PSS 作为空穴传输材料制备了 ITO/NiO$_x$/CH$_3$NH$_3$PbI$_3$/PCBM/BCP/Al 的电池结构。通过紫外-臭氧处理,调节 NiO$_x$ 的功函数以使之与钙钛矿的能级匹配(−5.4 eV);通过调节旋涂 NiO$_x$ 转速,增加其覆盖率以减少钙钛矿层与 ITO 之间的直接接触,所得电池的最高效率达到 7.8%。Zhu 等[83] 使用溶胶-凝胶工艺制备的 NiO 纳米晶作为倒置结构钙钛矿电池的空穴传输层,制备的电池结构为 FTO/NiO/CH$_3$NH$_3$PbI$_3$/PCBM/Au。NiO 纳米薄膜具有波纹状表面,从而有利于在 NiO 薄膜上形成连续致密、结晶性良好的 CH$_3$NH$_3$PbI$_3$ 薄膜。研究发现 NiO/CH$_3$NH$_3$PbI$_3$ 界面处空穴提取和传输能力比 PEDOT:PSS 有机层的强。NiO 纳米膜厚度为 30~40 nm 时,器件性能最好,此时 NiO 纳米膜的功函数为 −5.36 eV,电池效率达到 9.11%。Wang 等[84] 同样使用 NiO 作为钙钛矿电池的空穴传输材料,制备了结构为 FTO/NiO/CH$_3$NH$_3$PbI$_3$/PCBM/BCP/Al 的倒置电池,光电转换效率达到 9.51%。Wu 等[85] 首次使用 GO 作为倒置钙钛矿电池的空穴传输材料,制备的电池结构为 ITO/GO/CH$_3$NH$_3$PbI$_{3-x}$Cl$_x$/PCBM/ZnO/Al,电池效率最高为 12.4%。XRD 测试表明 GO 膜上制备的钙钛矿薄膜结晶性得到了显著增强,且有明显的(110)面取向,GO 膜的存在还增加了钙钛矿薄膜的覆盖率,同时更有利于空穴的提取。

　　以上无机空穴传输材料在钙钛矿电池中的应用,为钙钛矿电池的商业化途径提供了新的选择。

7.2.5 电极材料[8,50]

钙钛矿太阳电池中的电极是整个光伏器件结构中重要的组成部分。一般地,电极材料需要考虑的一个重要因素是功函数,功函数值对器件电子或空穴的收集能力会产生很大的影响。空穴的收集能力取决于阳极材料的功函数与空穴传输材料的价带(或 HOMO)值之差,而电子的收集能力取决于阴极材料的功函数与电子传输材料的导带(或 LUMO)值之差。对于正置钙钛矿太阳电池,最常用的阳极材料为功函数值高的金属 Au 和 Ag,阴极材料为 FTO。对于倒置钙钛矿太阳电池,最常用的阳极材料为 FTO 和 ITO,阴极材料为功函数值低的金属 Al,同时,Au 和 Ag 等金属,其化学性质稳定,也可以作为阴极收集电子。

然而,Au 和 Ag 是贵金属,价格昂贵且储量有限,增加了电池的生产成本,限制了未来大规模产业化发展。此外,Ag 背电极还容易被有机-无机钙钛矿腐蚀,从而影响钙钛矿太阳电池的长期稳定性。为了提高电池的稳定性以及降低成本,研究人员在钙钛矿电池中选用碳背电极取代 Au 电极,也取得了较高的光电转换效率和较好的稳定性。

7.2.6 有机金属卤化物钙钛矿的合成

有机金属卤化物钙钛矿材料具有广谱吸收、光吸收系数高、载流子输运特性好、激子寿命长且束缚能低等优点,其作为太阳电池的光活性层能有效地吸收紫外-可见-近红外光谱的光子来激发形成电子-空穴对(激子),从而可以实现与硅太阳电池相匹敌的光电转换效率[86]。研究表明,制备结晶性强、表面致密均匀的钙钛矿薄膜是制备高效太阳电池的关键。钙钛矿太阳电池发展到今天,钙钛矿材料的溶液合成法在一直不断地发展改进。目前,主要有四种典型的钙钛矿薄膜制备方法:一步法、两步法、双源共蒸发法和气相辅助溶液法,如图 7-12所示。

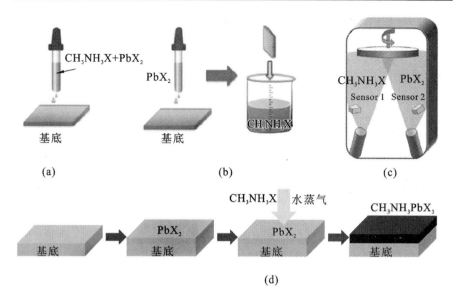

图 7-12　四种典型的钙钛矿薄膜制备方法示意图

(a) 一步法；(b) 两步法；(c) 双源共蒸发法；(d) 气相辅助溶液法

(1) 一步法[50,71,74]

一步法是最简单的钙钛矿薄膜的制备方法，如图 7-12(a) 所示。通常是将 PbX_2、CH_3NH_3X 等物质按照一定的摩尔比，加入到高沸点的极性溶剂[如氮氮二甲酰胺(DMF)、γ-丁内酯(GBL)、二甲基亚砜(DMSO)等]中，进行较长时间的加热搅拌，使其形成澄清的钙钛矿前驱体溶液，然后采用旋涂方法均匀地涂在电子传输层或空穴传输层上面，再进行加热以除去残留溶剂后，即可获得结晶性强的钙钛矿薄膜。

(2) 两步法[35,50,87]

两步法一般是先把 PbX_2 加入到高沸点极性溶剂（如 DMF、DMSO 等）中，配制成澄清的溶液。随后旋涂一层 PbX_2 薄膜作为钙钛矿的前驱体，再用 CH_3NH_3X 的异丙醇溶液浸泡处理，利用其相互之间的化学反应来形成钙钛矿薄膜，其基本制备过程如图 7-12(b) 所示。与一步法相比，两步法可以更好地监控 PbX_2 进入纳米多孔网格，能够更好地控制钙钛矿形貌，极大地提高钙钛矿电池性能的可重复性。

(3) 双源共蒸发法[36,50]

双源共蒸发法分别对 PbX_2 和 CH_3NH_3X 固体进行加热蒸发，完全依靠气体的扩散反应来形成钙钛矿薄膜,如图 7-12(c)所示。这种方法主要依靠控制 PbX_2 和 CH_3NH_3X 的蒸发速率来控制钙钛矿的成分组成,可以获得表面均匀、薄膜覆盖率很高的钙钛矿薄膜。

（4）气相辅助溶液法[37,50]

气相辅助溶液法是一种将溶液旋涂与气相沉积相结合的方法,如图 7-12(d)所示。即先旋涂一层 PbX_2 的薄膜作为钙钛矿前驱体,再对 CH_3NH_3X 固体进行加热蒸发,使其蒸气慢慢扩散、渗透并与 PbX_2 进行结合形成钙钛矿薄膜。气相辅助溶液法制备的钙钛矿薄膜比溶液法制备的钙钛矿更加平整、粗糙度更低、晶粒尺寸更大。

7.2.7 钙钛矿太阳电池面临的问题与展望[48,86]

目前,实验室小面积钙钛矿电池的光电转换效率已经突破 20%,大面积钙钛矿电池国际公认最高效率达到 15%,已经达到了商业化晶硅电池的指标。钙钛矿太阳电池制备工艺简单、成本低廉,具有商业化的潜力。但其实现大规模产业化仍然面临诸多的问题:

（1）电池的稳定性问题。有机金属卤化物钙钛矿材料对湿度和温度极其敏感,在潮湿和高温环境下容易分解,即使经过封装,电池在空气中效率衰减也较严重。

（2）环境污染问题。目前广泛使用的高效钙钛矿中含有毒元素 Pb,其制备过程中有时还会用到具有毒性的有机溶剂,这些都会造成环境污染并引起健康问题。利用同族的电子结构与 Pb 类似的 Sn 和 Ge 可以代替 Pb,但目前以无铅钙钛矿为光吸收层制备的电池效率还不是很高。

（3）大面积制备问题。目前获得的高效钙钛矿太阳电池,其活性面积都很小。在溶液法制备大面积钙钛矿薄膜的过程中,由于晶粒的无序生长会导致晶粒大小和缺陷、薄膜的连续性和均匀性等不可控,导致电池面积增大时,其光电转换效率大幅度下降。

（4）理论研究相对滞后。由于有机无机杂化钙钛矿体系的特殊性,目前钙钛矿电池的实验现象及机理仍然缺乏深入的理论解释,一些理论研究还存在相互矛盾的结论;载流子在界面上的分离、注入和复合等动力学过程至今还不太清楚。

综上所述,研究均匀制备大面积钙钛矿薄膜的新工艺以及开发低成本、高稳定、高效率和环境友好的新型钙钛矿太阳电池是下一步亟待解决的问题。

7.3 表面等离子体激元增强太阳电池光吸收

7.3.1 引言

目前太阳能光伏发电成本同火电、水电等相比还很高,因此提高转换效率和降低成本将是太阳电池制备中考虑的两个主要因素。对于硅系太阳电池,其转换效率相对较高,但受硅材料价格及相应烦琐的电池工艺影响,晶硅电池成本居高不下,要想大幅度降低其成本是非常困难的。为了节省高质量材料以及降低生产成本,发展高效率薄膜太阳电池将成为太阳电池研发的重点方向和主流。对所有薄膜太阳电池而言近带隙光吸收都较弱,因此,增强太阳光的充分吸收对提高新型薄膜电池的光电转换效率有着十分重要的作用。

对传统的晶体硅太阳电池,可通过化学腐蚀的方法在硅片表面制备金字塔结构(即绒面结构),或者在硅片表面制备减反射膜以减少太阳光的反射,增强太阳光的吸收和利用。但这些方法对新型薄膜太阳电池不太适用,通常人们采用绒面透明导电膜和高效背反射层来加长入射光在薄膜太阳电池内的光程,增强电池的光吸收[88,89]。近年来,人们对金属纳米颗粒激发表面等离子体激元增强硅薄膜电池、有机半导体太阳电池、染料敏化太阳电池光吸收,提高电池转换效率进行了大量研究[90-93]。入射光照射到金属表面,自由电子在电磁场的驱动下在金属和介质界面上发生集体振荡,产生表面等离子体激元,它们能够在金属纳米颗粒周围或者在平坦的金属表面传播。贵金属(如金、银、铜等)纳米颗粒激发的表面等离子体共振频率主要在电磁光谱的可见光或红外区,因此可以利用表面等离子体激元增强太阳电池光吸收。纳米银由于在可见光范围内具有最小的吸收系数,有望成为薄膜太阳电池陷光结构的主要材料[94]。由于表面等离子体激元具有独特的光学特性,在太阳能电池方面有着重要的应用前景。本节主要介绍表面等离子体增强太阳电池光吸收的原理及研究成果[95]。

7.3.2 表面等离子体激元增强光吸收原理

表面等离子体激元有两种形式:局域表面等离子体激元(Localized Suface Plasmon ,LSP)和表面等离子体极化激元(Surface Plasmon Polariton ,SPP)。在入射光的照射下,在金属纳米颗粒或者金属表面具有微结构或缺陷的情况下,会形成局域化的表面等离子体共振,如图 7-13 所示。金属纳米颗粒在可见光范围表现出很强的宽带光吸收特征,其实质是由于费米能级附近导带上的自由电子在电磁场的作用下发生集体振荡,共振状态下电磁场的能量被有效地转换为金属自由电子的集体振动能[96]。金属纳米颗粒表面的等离子体共振将会被局限在纳米颗粒表面,称为 LSP 共振。当介质中的球形金属纳米颗粒的直径 d 与入射光的波长 λ 满足 $d=\lambda$ 时,纳米颗粒与入射光的相互作用可以采取静电偶极子近似[97],此时介质球的极化率可表示为:

$$\alpha = 4\pi a^3 \frac{\varepsilon_m - \varepsilon_d}{\varepsilon_m + 2\varepsilon_d} \tag{7-1}$$

式中 a——金属纳米颗粒半径(nm);

ε_m——颗粒的介电常数;

ε_d——颗粒周围介质的介电常数。

当 $|\varepsilon_m + 2\varepsilon_d|$ 最小时,极化率达到最大值,从而形成共振增强,共振频率 ω_{spr} 满足关系式:$\mathrm{Re}[\varepsilon_m(\omega)] = -2\varepsilon_d$。

假设金属颗粒的介电常数可以用 Drude 模型描述:

$$\varepsilon_m(\omega) = 1 - \frac{\omega_p^2}{\omega^2 + i\omega\gamma} \tag{7-2}$$

式中 ω_p——等离子体频率(Hz);

ω——入射光的角频率(Hz);

γ——阻尼系数(1/s)。

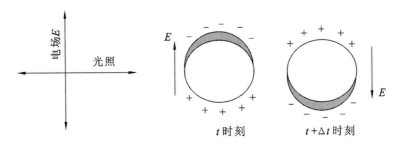

图 7-13 球形颗粒形成局域化表面等离子体激元共振[94]

当球型金属纳米颗粒与入射光相互作用产生表面等离子体共振时,其表面等离子体共振频率 ω_{spr} 可表示为:

$$\omega_{spr} = \frac{\omega_p}{\sqrt{1+2\varepsilon_d}} \tag{7-3}$$

从上式可以看出,表面等离子体共振频率对电介质环境有很大的依赖关系。当纳米颗粒周围的介质的 ε_d 增大时,其共振频率 ω_{spr} 出现红移。此外表面等离子体共振频率还与纳米颗粒的材料、形状、尺寸以及颗粒之间的距离密切相关[94]。

在准静态近似下,共振增强极化将引起金属纳米颗粒周围的电场增强,其大小随离开金属表面的距离迅速衰减。此外,共振增强极化还伴随着金属纳米颗粒对光的散射和吸收效率的增强,通过计算可以得到散射截面 C_{sca} 和吸收截面 C_{abs}[97],其值为:

$$C_{sca} = \frac{2\pi}{\lambda} \text{Im}[\alpha] \tag{7-4}$$

$$C_{abs} = \frac{1}{6\pi}\left(\frac{2\pi}{\lambda}\right)^4 |\alpha|^2 \tag{7-5}$$

上面两式说明,在偶极子等离子体共振时,金属纳米颗粒的吸收和散射都得到了共振增强。对于 $a \ll \lambda$ 的金属纳米颗粒,$C_{abs} \propto a^3$,$C_{sca} \propto a^6$。比光波长更小的金属颗粒(尺寸 $a < 50$ nm)更易于吸收光波,因此在金属颗粒中消光主要由吸收支配。这种吸收散热特性常应用于太阳能玻璃、纳米平版印刷和热治疗等[98,99]。然而,随着金属颗粒尺寸增加到 100 nm 左右,消光主要由散射支配,我们可以利用这种性质把金属纳米颗粒集成在薄膜太阳电池中来增强光吸收。但是,当

金属颗粒尺寸太大,将会导致延迟效应和高阶多极激励模式的增加,金属颗粒的有效散射又将减小[100]。因此,为了最大限度增强金属颗粒光散射,需要优化设计半导体吸收层中金属纳米颗粒的尺寸。

此外,当入射光照射到有金属膜结构的器件时,在金属膜和介质界面上也能产生表面等离子体共振,形成 SPP 模。SPP 是金属表面自由电子与电磁场相互作用产生的沿金属表面传播的电子疏密波。根据麦克斯韦电磁场方程结合边界条件,可以计算得出金属与介质平坦界面上传播的 SPP 的色散关系[96]:

$$k_{spp} = k_0 \left(\frac{\varepsilon_d \varepsilon_m}{\varepsilon_d + \varepsilon_m} \right)^{1/2} \tag{7-6}$$

式中介质介电常数 ε_d 是一实数,而金属的介电常数 ε_m 是复数。当金属依赖频率的介电常数 ε_m 的实部与介质材料的介电常数 ε_d 在绝对值上相等,而符号相反时,在金属和介质材料的界面将产生 SPP。可见光照射到银表面产生的 SPP 能沿表面传播 $10 \sim 100 \mu m$,对于近红外光能传播 1 mm。SPP 具有表面局域和近场增强两个独特的性质[94]。如图 7-14 所示,SPP 垂直于表面的场分布,在金属和介质中均随离表面距离的增加而呈指数形式衰减,因此在界面上是高度局域的。表面等离子体共振效应使局域场强度比入射场强度高出几个数量级。表面等离子体共振时,入射光的大部分能量耦合到表面等离子体波,反射光的能量急剧减少,这可应用在太阳电池中促进光吸收。

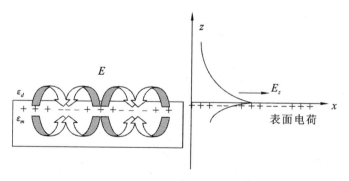

图 7-14 金属-介质界面上极化电荷分布和电场示意图[94]

7.3.3　表面等离子体激元增强太阳电池光吸收研究进展

与传统晶体硅太阳电池相比,高效薄膜太阳电池半导体吸收层更薄,为了尽可能多地吸收太阳光和增强光电流,必须采用陷光技术。由于金属表面等离子体激元具有独特的光学特性,很多研究小组从理论和实验上研究了利用金属纳米结构体系促进太阳电池光敏材料的光吸收,并得到显著的光电流增强的效果。金属微纳结构激发表面等离子体激元增强光吸收主要有三种机理[90-91,101]:(1)金属纳米颗粒散射,如图 7-15(a)所示;(2)近场增强,如图 7-15(b)所示;(3)SPP 模增强光吸收,如图 7-15(c)所示。目前,前两种机理广泛应用于无机、有机光伏器件陷光,而通过 SPP 模增强光吸收的光伏器件相对较少。

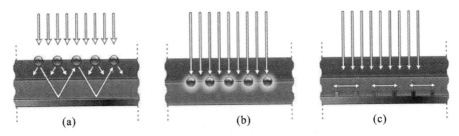

图 7-15　薄膜太阳电池表面等离子体陷光示意图[101]

（1）金属颗粒散射

表面等离子体共振时,金属纳米颗粒散射截面远大于其几何截面[90]。例如,共振时空气中银纳米颗粒散射截面大约是其几何截面的 10 倍。金属纳米颗粒散射对半导体陷光非常重要。一般更大尺寸的颗粒更有利于光散射,例如,直径为 100 nm 的银颗粒反照率[$C_{sca}/(C_{sca}+C_{abs})$]超过 90%。当金属颗粒位置靠近两种介质的分界面时,从金属颗粒散射的光线将优先入射到介电常数高的介质中[102]。散射光以一定倾角在半导体中传播,有效增加了光程。假如太阳电池有金属背反射接触,光线经过电池表面反射遇到纳米颗粒,部分光线又以同样的散射机理再次进入电池中。结果,入射光将在半导体薄膜中来回传播,增长光线有效传播路径的长度,从而增强电池光吸收。2006

年,Derkacs 等人[103]研究将 50～100 nm 金纳米颗粒沉积在薄膜非晶硅太阳电池的 ITO 层上,金纳米颗粒用作亚波长散射元件将来自太阳光自由传播的平面波耦合和限制在非晶硅太阳电池吸收层内,短路电流增加 8.1%,电池效率增加 8.3%。

2007 年,Pillai 等人[100]将银颗粒沉积在 1.25 μm SOI 太阳电池[图 7-16(a)]和平面硅基电池[图 7-16(b)]上,实验发现在近红外区光电流都得到增强。沉积 16 nm 质量厚度银颗粒的 SOI 太阳电池在 1050 nm 入射波长时光电流增加接近 16 倍,同样厚度银颗粒的平面硅基电池对于 1200 nm 入射波长光电流增加 7 倍。随着质量厚度增加,颗粒易于失去球形而变得扁平。球形颗粒红移较小,但是当颗粒变得越扁平红移就越大,且表面等离子体共振峰变得越宽。因此,随着银颗粒质量厚度从 12 nm 增加到 16 nm,光散射逐渐增强,电池在整个太阳光谱范围内吸收更多太阳光,实验中这两种电池在整个太阳光谱范围内分别获得 33% 和 19% 的光电流增长。2008 年,Moulin 等人[104]报道将长 300 nm、高 50 nm 的椭圆形银纳米颗粒集成在薄膜微晶硅太阳电池背面的 glass/Ag/TCO 层上,如图 7-17(a)所示。为了避免 TCO 层陷光,又将银直接沉积在玻璃上,如图 7-17(b)所示。在两种结构中,由于背接触的银纳米颗粒光散射,增加了光线在电池中的光程,减少了光反射,增强了微晶硅光吸收,从而在长波范围内提高了电池相应的量子效率。2009 年,Maria Losurdo 等人[105]在 a-Si：H(n)/c-Si(p)异质结太阳电池上溅射沉积为 20 nm 金纳米颗粒,发现短路电流增强 20%,功率输出增加 25%,填充因子提高 3%。随着颗粒从 20 nm 增加到 30 nm,金纳米颗粒光散射增强,偶极子表面等离子体共振模红移从 572 nm 变化到 578 nm,增强了异质结太阳电池光吸收,提高了太阳电池性能。

此外,2008 年,Derkacs 等人[106]研究发现纳米颗粒散射也提高了 InP/InGaP 量子阱太阳电池的性能,使用银和金颗粒,效率分别提高了 17% 和 1%。Nakayama 等人[107]将银纳米颗粒沉积在薄膜 GaAs 太阳电池上,增强了电池光吸收,导致电池的短路电流增加 8%,电池效率和填充因子也相应得到提高。实验结果发现电池性能提高依赖于纳米颗粒

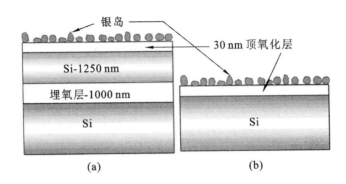

图 7-16　硅电池结构[100]

(a)SOI 太阳电池；(b)平面硅基电池

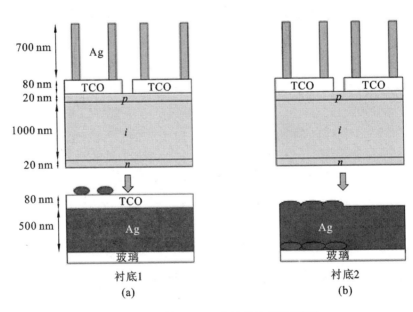

图 7-17　两种 μc-Si:H 电池结构示意图[104]

的大小尺寸和密度。2010 年，Imongen M. Pryce 等人[108]在 2.5 nm 单结 InGaN 量子阱光伏器件表面上沉积 100 nm 银纳米颗粒阵列，如图 7-18 所示。在 AM1.5 光谱下，对 200 nm 厚 p-GaN 发射层银纳米颗粒阵列太阳电池，短路电流从 0.223 mA/cm² 增大到 0.237 mA/cm²，增强了 6%，电池的外量子效率增强至 54%。电流增强是银纳米颗粒增加光散射、陷光和提高电池表面载流子收集效率的共同结果。

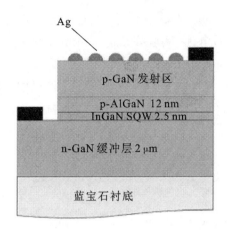

图7-18　GaN/InGaN/GaN 量子阱太阳电池结构示意图[109]

（2）近场增强

半导体材料中的微小纳米颗粒（直径 5～20 nm）可以作为入射太阳光的有效亚波长天线，实现近场增强，将表面等离子体波近场耦合到半导体层，增加有效吸收截面。为了使天线能够有效地转换能量，半导体材料吸收率必须很高，否则吸收的能量将耗散在金属的欧姆阻尼中[101]。因此，微小金属纳米颗粒激发表面等离子体激元局域场增强常应用在有机、染料敏化太阳电池和直接带隙无机太阳电池中。

2000 年，Westphalen 等人[109]报道了银簇集成在 ITO-锌酞化青染料（ZnPc）太阳电池上，结构如图 7-19（a）所示。实验发现有 5 nm Ag 的 ZnPc 电池比没有金属颗粒的 ZnPc 电池消光增强，如图 7-19（b）所示，这是因为在金属纳米颗粒周围，表面等离子体激元共振引起很强的局域场增强，从而增强了半导体材料周围的光吸收，提高了短路电流。2004 年，Rand 等人[110]研究使用微小的银纳米颗粒（直径 5 nm）嵌入到超薄有机太阳电池中，光照射下，金属纳米颗粒表面产生局域表面等离子体激元共振，形成近场增强效应，在有机薄膜叠层太阳电池结附近促进了半导体光吸收，增加了电子-空穴对的产生，提高了电池的效率。2007 年，Konda 等人[111]通过金纳米颗粒表面等离子体激元激发增强了 n-CdSe/p-Si 异质结二极管光电流。2008 年，Morfa 等人[112]报道，对于沉积银纳米颗粒层的有机体异质结太阳电池效率增强了

1.7倍。2001年,Wen等人[113]研究表面等离子体效应用于增强染料敏化TiO$_2$薄膜太阳电池,实验发现,3.3 nm银颗粒在可见光区域增强了光响应,增大了电流密度,当银颗粒增大到6 nm,电流密度反而下降。实验表明更小尺寸的金属纳米颗粒周围局域场更强,半导体材料吸收更多能量。利用相似的结构,2008年,Hägglund等人[114]通过金纳米颗粒表面等离子体激元增强局域场,提高了染料敏化太阳电池载流子产生率。

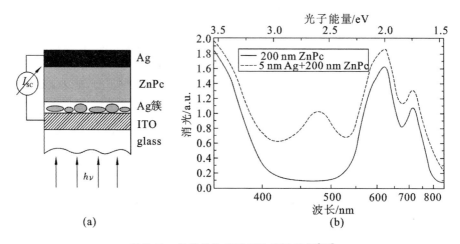

图 7-19　样品结构示意图和实验结果[110]

（3）表面等离子体极化激元

人们在利用金属纳米颗粒光散射和近场增强促进太阳电池光吸收的同时,对表面等离子体极化激元(SPP)应用于光伏器件也开展了研究。在半导体吸收层背面镀上金属膜,入射光激发的SPP沿金属和半导体界面传播,SPP的场分布在金属和半导体中呈指数形式衰减,并且在界面上是高度局域的,因此SPP在半导体吸收层能有效地陷光和导光。2008年,Ferry等人[115]提出在硅层下方设计金属亚波长的沟槽结构,如图7-20所示。入射光激发沿金属和硅界面传播高度局域的SPP模,沟槽附近局域场增强,提高了电池光吸收。对于150 nm厚的硅层,100 nm宽、50 nm深的银沟槽结构太阳电池,模拟分析得到共振峰移到580 nm,且在长波(1100 nm)处吸收增强因子约为2.5。

2009 年，Biswas 等人[116]根据理论上优化参数通过光刻法在 c-Si 上形成表面等离子体光子晶体格子，然后通过热蒸发、溅射和 PECVD 技术沉积了具有周期银背反射层的 a-Si：H 薄膜太阳电池，如图 7-21 所示。入射光照射到太阳电池，光波经周期银背反射层在银和 a-Si：H 界面处激发形成 SPP 模，把光能量耦合到高度局域的场能量，增强了电池的光吸收。实验发现在波长 720 nm 附近外量子效率增强 8 倍，并且在波长 760 nm 附近观察到二次共振，外量子效率增强约 6 倍。2009 年，Jin-A Jeong 等人[117]在体异质结有机太阳电池的薄膜衬底上沉积 ITO-Ag-ITO 多层电极，实验结果表明太阳电池电流密度增加了，从而提高了电池转换效率，原因是优化的银膜表面等离子体激元共振和减反射大大增大了光透过率。实验还发现银膜厚度对光透过率有很大影响。

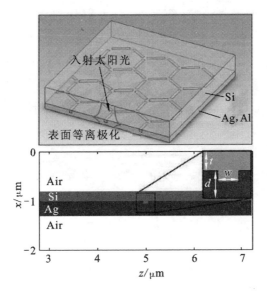

图 7-20　金属亚波长沟槽结构式太阳电池[115]

（4）理论模拟

关于表面等离子体激元增强太阳电池性能的研究，研究人员还进行了大量的理论工作。2008 年，Lu Hu 等人[118]根据推广的米氏散射理论和偶极子近似分析了嵌入球形银颗粒的硅中表面等离子体激元

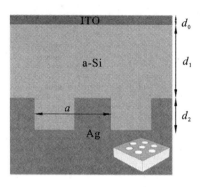

图 7-21　a-Si：H 太阳电池结构示意图[116]

增强光吸收。计算结果表明对于 10 nm 银颗粒在共振频率附近硅的光吸收增强到 50 倍。分析还表明表面等离子体场集中在颗粒周围球形壳层中，当壳层厚度是颗粒半径 0.26 倍时局域场增强到最大。R. Najjar 等人[119]通过多重多极子法（MMP）对背反射层沉积半径 20 nm 银颗粒的 a-Si：H 太阳电池进行了模拟，发现在波长 700 nm 附近 a-Si：H 电池光吸收大大增强。

2008 年，Catchpole 等人[120]使用时域有限差分（FDTD）方法和完全匹配层边界条件模拟计算了光正入射银纳米颗粒的散射分布，图 7-22 曲线给出的是不同形状、尺寸的银纳米颗粒散射比（散射进入电池的能量占总散射能量的比）与波长的关系，其中不同形状、尺寸的银纳米颗粒沉积在 10 nm SiO_2 和 Si 衬底之间。从图 7-22 中可以看出直径 100 nm 圆柱形和半球形颗粒（图中未标出直径）散射比远高于直径 100 nm、150 nm 球形颗粒散射比，并且球形颗粒散射比随直径增大显著减小。圆柱形、半球形颗粒高散射比是由于它们到衬底的平均间隔比球形颗粒更小，能更多地有效耦合散射光进入硅材料。理论模拟发现太阳电池陷光效应在表面等离子体共振波长附近最显著，并且可以通过改变周围介质的介电常数来调节。

2009 年，Ragip A. Pala 等人[121]根据周期性边界条件和完全匹配层边界条件，采用时域有限差分（FDTD）法对图 7-23(a)所示的薄膜太阳电池进行了全场电磁模拟。在模拟中设银带阵列厚度 $t=60$ nm，宽 $w=80$ nm，横向周期 $p=310$ nm，距硅薄膜间距 $s=10$ nm。图 7-23(b)表示无金属结构时的场分布；图 7-23(c)和图 7-23(d)表示两种不同入射波长时银带周围场增强分布。从图中可以看出对于 650 nm 入射波，场集中增强出现在银带附近，并且部分场进入硅层；而对于 505 nm 波长，银带能有效地陷光进入硅层。相对无金属结构时，这两种波长情

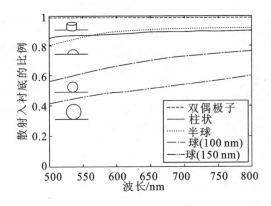

图 7-22　不同形状、尺寸的 Ag 纳米颗粒散射比与波长的关系[120]

况下硅薄膜实际光吸收分别增强 5 倍和 7 倍。硅薄膜电池模型结构中 5 个参数(t,w,p,s,a)都会对电池的能量转换效率产生影响。图 7-23(e)表示有/无银带情况下短路电流密度与波长的关系,其中银带阵列周期为 $p=295$ nm,从图中可以清楚看出有银带时出现 TM、TE 模耦合和表面等离子体共振。图 7-23(e)中插图表示归一化短路电流密度与阵列周期的关系,在阵列周期为 295 nm 时,归一化短路电流密度接近 143%,即短路电流增强 43%。当阵列周期增大时,归一化短路电流密度又回到 100%。

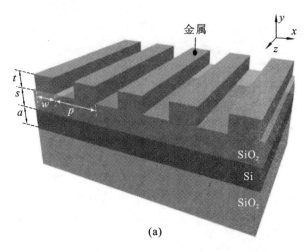

(a)

图 7-23　硅薄膜电池结构示意图和模拟结果[121]

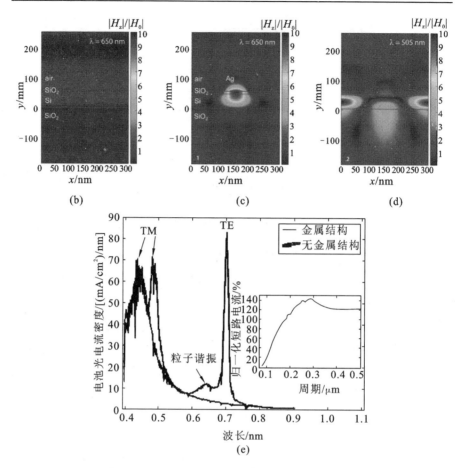

续图 7-23　硅薄膜电池结构示意图和模拟结果[121]

　　综上所述,理论模拟分析和实验研究结果均表明,可以利用金属纳米颗粒光散射、近场增强以及高度局域的 SPP 模增强光伏器件半导体层光吸收,提高太阳电池转换效率。由于表面等离子体激元共振频率受纳米颗粒材料、尺寸、形状、颗粒间距及周围介质性质等因素影响,通过控制这些参数来调节共振频率或等离子体激元传播特性,设计出更加高效的太阳电池,还需要对金属纳米结构激发表面等离子体激元增强太阳电池光吸收的物理机理进行深入研究。随着表面等离子体光子学理论的深入研究和微细加工技术的发展,更廉价、更高效的薄膜太阳电池将走向光伏市场。

参 考 文 献

[1] 芮一川. 基于一维纳米结构单元的染料敏化太阳能电池电极材料设计、制备与性能研究[D]. 上海：东华大学, 2014.

[2] 马廷丽, 云斯宁. 染料敏化太阳能电池[M]. 北京：化学工艺出版社, 2013.

[3] 李伟, 顾得恩, 龙剑平. 太阳能电池材料及其应用[M]. 成都：电子科技大学出版社, 2014.

[4] O'Regan B, Grätzel M A. Low-cost, high-efficiency solar cell based on dye-sensitized colloidal titanium dioxide films [J]. Nature, 1991, 353：737-740.

[5] Nazeeruddin M K, Kay A, Rodicio L, et al. Conversion of light to electricity by cis-X2bis (2, 2'-bipyridyl-4, 4'-dicarboxylate) ruthenium(II) charge-transfer sensitizers (X = Cl^-, Br^-, I^-, CN^-, and SCN^-) on nanocrystalline titanium dioxide electrodes [J]. J. Am. Chem. Soc. , 1993, 115(14)：6382-6390.

[6] Bach U, Lupo D, Comte P, et al. Solid-state dye-sensitized mesoporous TiO_2 solar cells with high photon-to-electron conversion efficiencies[J]. Nature, 1998, 395：583-585.

[7] Green M A, Emery K, Hishikawa Y, et al. Solar cell efficiency tables (Version 44)[J]. Prog. Photovolt：Res. Appl. , 2014, 22：701-710.

[8] 周华伟. 高效低成本氧化钨及碳电极材料的开发及在新型薄膜太阳能电池中的应用研究[D]. 大连：大连理工大学, 2014.

[9] Jiu J T, Iaoda S, Wang F M, et al. Dye-sensitized solar cells based on a single-crystalline TiO_2 nanorod film[J]. J. Phys. Chem. B, 2006, 110 (5)：2087-2092.

[10] Myahkostupov M, Zamkov M, Castellano F N. Dye-sensitized photovoltaic properties of hydrothermally prepared TiO_2

nanotubes[J]. Energy Environ. Sci. ,2011,4:998-1010.

[11] Kokubo H, Ding B, Naka T, et al. Multi-core cable-like TiO$_2$ nanofibrous membranes for dye-sensitized solar cells [J]. Nanotechnology,2007,18:165604.

[12] Zhu K, Neale N R, Miedaner A, et al. Enhanced charge-collection efficiencies and light scattering in dye-sensitized solar cells using oriented TiO$_2$ nanotubes arrays[J]. Nano Lett, 2007, 7 (1): 69-74.

[13] 高瑞. 染料吸附后的界面修饰与复合敏化及其光伏特性的研究 [D]. 北京:清华大学,2013.

[14] Memarian N, Concina I, Braga A, et al. Hierarchically assembled ZnO nanocrystallites for high-efficiency dye-sensitized solar cells [J]. Angew. Chem. ,2011,51:12529-12533.

[15] Law M, Greene L E, Johnson J C, et al. Nanowire dye-sensitized solar cells[J]. Nat. Mater. ,2005,4:455-459.

[16] Xu C K, Shin P, Cao L L, et al. Preferential growth of long ZnO nanowire array and its application in dye-sensitized solar cells [J]. J. Phys. Chem. C,2010,114(1):125-129.

[17] Xu C K, Wu J M, Desai U V, et al. Multilayer assembly of nanowire arrays for dye-sensitized solar cells[J]. J. Am. Chem. Soc. ,2011,133(21):8122-8125.

[18] Nazeeruddin M K, De Angelis F, Fantacci S, et al. Combined experimental and DFT-TDDFT computational study of photoelectrochemical cell ruthenium sensitizers[J]. Journal of the American Chemical Society,2005,127(48):16835-16847.

[19] Grätzel M. Recent advances in sensitized mesoscopic solar cells [J]. Acc. Chem. Res. ,2009,42(11):1788-1798.

[20] Nazeeruddin M K, Pechy P, Renouard T, et al. Engineering of efficient panchromatic sensitizers for nanocrystalline TiO$_2$-based solar cells[J]. J. Am. Chem. Soc. ,2001,123 (8):1613-1624.

[21] Zakeeruddin S M, Nazeeruddin M K, Humphry-Baker R, et al. Design, synthesis, and application of amphiphilic ruthenium polypyridyl photosensitizers in solar cells based on nanocrystalline TiO_2 films[J]. Langmuir, 2002, 18 (3): 952-954.

[22] Mathew S, Yella A, Gao P, et al. Dye-sensitized solar cells with 13% efficiency achieved through the molecular engineering of porphyrin sensitizers [J]. Nature Chemistry, 2014, 6 (3): 242-247.

[23] Zhang G, Bala H, Cheng Y, et al. High efficiency and stable dye-sensitized solar cells with an organic chromophorefeaturing a binary π-conjugated spacer[J]. Chemical Communications, 2009, 16: 2198-2200.

[24] Zeng W, Cao Y, Bai Y, et al. Efficient dye-sensitized solar cells with an organic photosensitizer featuring orderly conjugated ethylenedioxythiophene and dithienosilole blocks [J]. Chem. Mater. , 2010, 22(5): 1915-1925.

[25] Zhao Y, Zhu K. Charge transport and recombination in perovskite ($CH_3 NH_3$) PbI_3 sensitized TiO_2 solar cells[J]. J. Phys. Chem. Lett. , 2013, 4(17): 2880-2884.

[26] 张太阳, 赵一新. 铅卤钙钛矿敏化型太阳能电池的研究进展[J]. 化学学报, 2015, 73: 202-210.

[27] Yella A, Lee H W, Tsao H N, et al. Porphyrin-sensitized solar cells with cobalt (II/III)-based redox electrolyte exceed 12 percent efficiency[J]. Science, 2011, 334: 629-634.

[28] Uchida S, Kubo T, Segawa H. Nano-clay electrolyte for high performance dye-sensitized solar cells[J]. The Electrochemical Society Meeting, 2012: 2861.

[29] Fang X M, Ma T L, Guan G Q, et al. Effect of the thickness of the Pt film coated on a counter electrode on the performance of a dye-sensitized solar cell [J]. Journal of Electroanalytical

Chemistry,2004,570 (2):257-263.

[30] Kojima A, Teshima K, Shirai Y, et al. Organometal halide perovskites as visible-light sensitizers for photovoltaic cells[J]. J. Am. Chem. Soc. ,2009,131 (17):6050-6051.

[31] Kim H S, Lee C R, Im J H, et al. Lead iodide perovskite sensitized all-solid-state submicron thin film mesoscopic solar cell with efficiency exceeding 9%[J]. Sci. Rep. ,2012,2:591.

[32] Lee M M,Teuscher J,Miyasaka T,et al. Efficient hybrid solar cells based on meso-superstructured organometal halide perovskites[J]. Science,2012,338:643-647.

[33] Ball J M,Lee M M,Hey A,et al. Low-temperature processed meso-superstructured to thin-film perovskite solar cells [J]. Energy Environ. Sci. ,2013,6:1739-1743.

[34] Etgar L,Gao P,Xue Z,et al. Mesoscopic $CH_3NH_3PbI_3/TiO_2$ heterojunction solar cells [J]. J. Am. Chem. Soc. , 2012, 134 (42):17396-17399.

[35] Burschka J,Pellet N,Moon S J,et al. Sequential deposition as a route to high-performance perovskite-sensitized solar cells[J]. Nature,2013,499:316-319.

[36] Liu M,Johnston M B,Snaith H J. Efficient planar heterojunction perovskite solar cells by vapour deposition[J]. Nature,2013,501: 395-398.

[37] Chen Q,Zhou H,Hong Z,et al. Planar heterojunction perovskite solar cells via vapor-assisted solution process[J]. J. Am. Chem. Soc. ,2014,136 (2):622-625.

[38] Jeon N J,Noh J H,Kim Y C,et al. Solvent engineering for high-performance inorganic-organic hybrid perovskite solar cells[J]. Nat. Mater. ,2014,13:897-903.

[39] Zhou H,Chen Q,Li G,et al. Interface engineering of highly efficient perovskite solar cells[J]. Science,2014,345:542-546.

［40］Jeon N J，Noh J H，Yang W S，et al. Compositional engineering of perovskite materials for high-performance solar cells［J］. Nature，2015，517：476-480.

［41］Kim H S，Im S H，Park N G. Organolead halide perovskite：new horizons in solar cell research［J］. J. Phys. Chem. C，2014，118 (11)：5615-5625.

［42］姚鑫，丁艳丽，张晓丹，等. 钙钛矿太阳电池综述［J］. 物理学报，2015，64 (3)：038805.

［43］魏静，赵清，李恒，等. 钙钛矿太阳能电池：光伏领域的新希望［J］. 中国科学：技术科学，2014，44：801-821.

［44］王娜娜，司俊杰，金一政，等. 可溶液加工的有机-无机杂化钙钛矿：超越光伏应用的"梦幻"材料［J］. 化学学报，2015，73，171-178.

［45］丁雄傑，倪露，马圣博，等. 钙钛矿太阳能电池中电子传输材料的研究进展［J］. 物理学报，2015，64 (3)：038802.

［46］杨旭东，陈汉，毕恩兵，等. 高效率钙钛矿太阳电池发展中的关键问题［J］. 物理学报，2015，64 (3)：038404.

［47］Zhang W H，Cai B. Organolead halide perovskites：a family of promising semiconductor materials for solar cells［J］. Chin. Sci. Bull. ，2014，59 (18)：2092-2101.

［48］王福芝，谭占鳌，戴松元，等. 平面异质结有机-无机杂化钙钛矿太阳电池研究进展［J］. 物理学报，2015，64 (3)：038401.

［49］Jeng J Y，Chiang Y F，Lee M H，et al. $CH_3NH_3PbI_3$ perovskite/fullerene planar-heterojunction hybrid solar cells［J］. Adv. Mater. ，2013，25：3727-3732.

［50］夏飞. 通过修饰电子传输层提高钙钛矿太阳能电池的性能研究［D］. 合肥：中国科学技术大学，2015.

［51］Kavan L，Grätzel M. Highly efficient semiconducting TiO_2 photoelectrodes prepared by aerosol pyrolysis［J］. Electrochimica acta，1995，40 (5)：643-652.

[52] Stranks S D, Eperon G E, Grancini G, et al. Electron-hole diffusion lengths exceeding 1 micrometer in an organometal trihalide perovskite absorber[J]. Science, 2013, 342 (6156): 341-344.

[53] Wojciechowski K, Saliba M, Leijtens T, et al. Sub-150℃ processed meso-superstructured perovskite solar cells with enhanced efficiency[J]. Energy & Environmental Science, 2014, 7 (3): 1142-1147.

[54] Yella A, Heiniger L P, Gao P, et al. Nanocrystalline rutile electron extraction layer enables low-temperature solution processed perovskite photovoltaics with 13.7% efficiency[J]. Nano Letters, 2014, 14 (5): 2591-2596.

[55] Kumar M H, Yantara N, Dharani S, et al. Flexible, low-temperature, solution processed ZnO-based perovskite solid state solar cells [J]. Chemical Communications, 2013, 49 (94): 11089-11091.

[56] Liu D, Kelly T L. Perovskite solar cells with a planar heterojunction structure prepared using room-temperature solution processing techniques[J]. Nature Photonics, 2014, 8 (2): 133-138.

[57] Zheng H D, Tachibana Y, Kalantar-zadeh K. Dye-sensitized solar cells based on WO$_3$[J]. Langmuir, 2010, 26: 19148.

[58] Mahmood K, Swain B S, Kirmania A R, et al. Highly efficient perovskite solar cells based on a nanostructured WO$_3$-TiO$_2$ core-shell electron transporting material[J]. J. Mater. Chem. A, 2015, 3: 9051.

[59] Sakai N, Miyasaka T, Murakami T N. Efficiency enhancement of ZnO-based dye-sensitized solar cells by low-temperature TiCl$_4$ treatment and dye optimization[J]. J. Phys. Chem. C, 2013, 117: 10949.

［60］ Oh L S，Kim D H，Lee J A，et al. Zn_2SnO_4-based photoelectrodes for organolead halide perovskite solar cells［J］. J. Phys. Chem. C，2014，118：22991.

［61］ Yong S M，Nikolay T，Ahn B T，et al. One-dimensional WO_3 nanorods as photoelectrodes for dye-sensitized solar cells［J］. J. Alloys Compd. ，2013，547：113.

［62］ Haddon R C，Perel A S，Morris R C，et al. C60 thin-film transistors［J］. Appl. Phys. Lett. ，1995，67：121.

［63］ Kobayashi S，Takenobu T，Mori S，et al. Fabrication and characterization of C60 thin-film transistors with high field effect mobility［J］. Appl. Phys. Lett. ，2003，82：4581.

［64］ Wang Q，Shao Y C，Dong Q F，et al. Large fill-factor bilayer iodine perovskite solar cells fabricated by a low-temperature solution-process［J］. Energy Environ. Sci. ，2014，7：2359.

［65］ Xiao Z G，Bi C，Shao Y C，et al. Efficient，high yield perovskite photovoltaic devices grown by interdiffusion of solution-processed precursor stacking layers［J］. Energy Environ. Sci. ，2014，7：2619.

［66］ Xiao Z G，Dong Q F，Bi C，et al. Solvent annealing of perovskite-induced crystal growth for photovoltaic-device efficiency enhancement［J］. Adv. Mater. ，2014，26：6503.

［67］ 宋志浩，王世荣，肖殷，等. 新型空穴传输材料在钙钛矿太阳能电池中的研究进展［J］. 物理学报，2015，64（3）：033301.

［68］ Polander L E，Pahner P，Schwarze M，et al. Hole-transport material variation in fully vacuum deposited perovskite solar cells［J］. APL Materials，2014，2：081503.

［69］ Chen H W，Pan X，Liu W Q，et al. Efficient panchromatic inorganic-organic heterojunction solar cells with consecutive charge transport tunnels in hole transport material［J］. Chem. Commun. ，2013，49：7277.

[70] Guo Y L,Liu C,Inoue K,et al. Enhancement in the efficiency of an organic-inorganic hybrid solar cell with a doped P3HT hole-transporting layer on a void-free perovskite active layer[J]. J. Mater. Chem. A,2014,2:13827.

[71] Heo J H,Im S H,Noh J H,et al. Efficient inorganic-organic hybrid heterojunction solar cells containing perovskite compound and polymeric hole conductors[J]. Nature Photonics,2013,7 (6):486-491.

[72] Kwon Y S,Lim J,Yun H J,et al. A diketopyrrolopyrrole-containing hole transporting conjugated polymer for use in efficient stable organic-inorganic hybrid solar cells based on a perovskite[J]. Energy & Environmental Science,2014,7 (4):1454-1460.

[73] Cai B,Xing Y,Yang Z,et al. High performance hybrid solar cells sensitized by organolead halide perovskites [J]. Energy & Environmental Science,2013,6 (5):1480-1485.

[74] You J B,Hong Z R,Yang Y M,et al. Low-temperature solution-processed perovskite solar cells with high efficiency and flexibility[J]. ACS Nano 2014,8:1674-1680.

[75] Seo J,Park S,Kim Y C,et al. Benefits of very thin PCBM and LiF layers for solution-processed p-i-n perovskite solar cells[J]. Energy Environ. Sci. ,2014,7:2642.

[76] Chiang C H,Tseng Z L,Wu C G. Planar heterojunction perovskite/PC71BM solar cells with enhanced open-circuit voltage *via* a (2/1)-step spin-coating process [J]. J. Mater. Chem. A,2014,2:15897.

[77] Christians J A,Fung R C,Kamat P V. An inorganic hole conductor for organo-lead halide perovskite solar cells. improved hole conductivity with copper Iodide[J]. J. Am. Chem. Soc. ,2014,136:758.

[78] Ito S, Tanaka S, Vahlman H, et al. Carbon-double-bond-free printed solar cells from $TiO_2/CH_3NH_3PbI_3/CuSCN/Au$: structural control and photoaging effects[J]. Chem. Phys. Chem. ,2014,15:1194.

[79] Chavhan S, Miguel O, Grande H J, et al. Organo-metal halide perovskite-based solar cells with CuSCN as the inorganic hole selective contact[J]. Mater. Chem. A,2014,2:12754.

[80] Qin P, Tanaka S, Ito S, et al. Inorganic hole conductor-based lead halide perovskite solar cells with 12. 4% conversion efficiency [J]. Commun. ,2014,5:3834.

[81] Subbiah A S, Halder A, Ghosh S, et al. Inorganic hole conducting layers for perovskite-based solar cells[J]. Phys. Chem. Lett. ,2014,5:1748.

[82] Jeng J Y, Chen K C, Chiang T Y, et al. Nickel oxide electrode interlayer in $CH_3NH_3PbI_3$ perovskite/PCBM planar-heterojunction hybrid solar cells [J]. Adv. Mater. , 2014, 26:4107.

[83] Zhu Z L, Bai Y, Zhang T, et al. High-performance hoe-extraction layer of sol-gel-processed NiO nanocrystals for inverted planar perovskite solar cells [J]. Angew. Chem. Int. Ed. , 2014, 46:12779.

[84] Wang K C, Jeng J Y, Shen P S, et al. p-type Mesoscopic nickel oxide/organometallic perovskite heterojunction solar cells[J]. Sci. Rep. ,2014,4:4756.

[85] Wu Z W, Bai S, Xiang J, et al. Efficient planar heterojunction perovskite solar cells employing graphene oxide as hole conductor[J]. Nanoscale,2014,6:10505.

[86] 关丽,李明军,李旭,等. 有机金属卤化物钙钛矿太阳能电池的研究进展[J]. 科学通报,2015,60:581-592.

[87] 薛启帆,孙辰,胡志诚,等. 钙钛矿太阳电池研究进展:薄膜形貌

控制与界面工程[J].化学学报,2015,73:179-192.

[88] Haase C,Stiebig H. Thin-film silicon solar cells with efficient periodic light trapping texture [J]. Appl. Phys. Lett. ,2007,91:061116-061118.

[89] Sai H,Fujiwara H,Kondo M,et al. Enhancement of light trapping in thin-film hydrogenated microcrystalline Si solar cells using back reflectors with self-ordered dimple pattern[J]. Appl. Phys. Lett. ,2008,93:143501.

[90] Catchpole K R,Polman A. Plasmonic solar cells[J]. Optics express,2008,16(26):21793-21800.

[91] Pillai S,Green M A. Plasmonics for photovoltaic applications [J]. Solar Energy Materials and Solar Cells,2010,94(9):1481-1486.

[92] Ferry V E,Verschuuren M A,Li H B,et al. Light trapping in ultrathin plasmonic solar cells [J]. Opt. Express,2010,18:A237-245.

[93] Lee H C,Wu S C,Yang T C,et al. Efficiently harvesting sun light for silicon solar cells through advanced optical couplers and a radial p-n junction structure [J]. Energies,2010,3(4):784-802.

[94] Pillai S. Surface plasmons for enhanced thin-film silicon solar cells and light emitting diodes[D]. Sydney,Australia:University of NewSouth Wales,2007,28-72.

[95] 陈凤翔,汪礼胜,祝霁泾. 表面等离子体激元增强薄膜太阳电池研究进展[J].半导体光电,2011,32(2):158-164.

[96] 王振林. 表面等离激元研究新进展[J]. 物理学进展,2009,29(3):287-324.

[97] Bohren C F,Huffman D R. Absorption and scattering of light by small particles[M]. New York:Wiley-Interscience,1983.

[98] Cortie M B. The weird world of nanoscale gold[J]. Gold Bull,

2004,37:1-2.

[99] Pissuwan D,Valenzuela S,Cortie M B. Therapeutic possibilities of plasmonically heated gold nanoparticles [J]. Trends Biotechnol,2006,24(2):62-67.

[100] Pillai S,Catchpole K R,Trupke T,et al. Surface plasmon enhanced silicon solar cells[J]. J. Appl. Phys. ,2007,101:093105.

[101] Atwater H A, Polman A. Plasmonics for improved photovoltaic devices[J]. Nature Materials,2010,9:205-213.

[102] Mertz J. Radiative absorption,fluorescence,and scattering of a classical dipole near a lossless interface: a unified description [J]. J. Opt. Soc. Am. B. ,2000,17:1906-1913.

[103] Derkacs D,Lim S H,Matheu P,et al. Improved performance of amorphous silicon solar cells via scattering from surface plasmon polaritons in nearby metallic nanoparticles[J]. Appl. Phys. Lett. ,2006,89:093103.

[104] Moulin E, Sukmanowski J, Luo P, et al. Improved light absorption in thin-film silicon solar cells by integration of silver nanoparticles[J]. J. Non-Cryst. Solids,2008,354 :2488-2491.

[105] Losurdo M, Giangregorio M M, Bianco G V, et al. Enhanced absorption in Au nanoparticles/a-Si:H/c-Si heterojunction solar cells exploiting Au surface plasmon resonance[J]. Solar Energy Materials & Solar Cells,2009,93:1749-1754.

[106] Derkacs D,Chen W V,Matheu P M,et al. Nanoparticle-induced light scattering for improved performance of quantum-well solar cells[J]. Appl. Phys. Lett. ,2008,93:091107.

[107] Nakayama K,Tanabe K,Atwater H A. Plasmonic nanoparticle enhanced light absorption in GaAs solar cells[J]. Appl. Phys. Lett. ,2008,93:121904.

[108] Pryce I M, Koleske D D, Fischer A J, et al. Plasmonic nanoparticle enhanced photocurrent in GaN/InGaN/GaN

quantum well solar cells [J]. Appl. Phys. Lett. , 2010, 96:153501.

[109] Westphalen W, Kreibig U, Rostalski J, et al. Metal cluster enhanced organic solar cells[J]. Sol. Energy Mater. Sol. Cells. , 2000,61:97-105.

[110] Rand B P, Peumans P, Forrest S R. Long-range absorption enhancement in organic tandem thin-film solar cells containing silver nanoclusters [J]. J. Appl. Phys. , 2004, 96 (12): 7519-7526.

[111] Konda R B, Mundle R, Mustafa H, et al. Surface plasmon excitation via Au nanoparticles in n-CdSe/p-Si heterojunction diodes[J]. Appl. Phys. Lett. ,2007,91:191111.

[112] Morfa A J, Rowlen K L, Reilly T H, et al. Plasmon-enhanced solar energy conversion in organic bulk heterojunction photovoltaics[J]. Appl. Phys. Lett. ,2008,92:013504.

[113] Wen C, Ishikawa K, Kishima M, et al. Effects of silver particles on the photovoltaic properties of dye-sensitized TiO_2 thin films [J]. Sol. Energy Mater. Sol. Cells. ,2001,61:339-351.

[114] Häglund C, Zach M, Kasemo B. Enhanced charge carrier generation in dye sensitized solar cells by nanoparticle plasmons[J]. Appl. Phys. Lett. ,2008,92:013113.

[115] Ferry V E, Sweatlock L A, Pacifici D, et al. Plasmonic nanostructure design for efficient light coupling into solar cells [J]. Nano Lett. ,2008,8 (12):4391-4397.

[116] Biswas R, Zhou D, Curtin, et al. Surface plasmon enhancement of optical absorption of thin film a-Si：H solar cells [C]. Photovoltaic Specialists Conference (PVSC),2009 34th IEEE: 000557-000560.

[117] Jeong J A, Kim H K. Low resistance and highly transparent ITO-Ag-ITO multilayer electrode using surface plasmon

resonance of Ag layer for bulk-heterojunction organic solar cells[J]. Solar Energy Materials & Solar Cells, 2009, 93: 1801-1809.

[118] Hu L, Chen X, Chen G. Surface-plasmon enhanced near-bandgap light absorption in silicon photovoltaics[J]. Journal of Computational and Theoretical Nanoscience, 2008, 5: 2096-2101.

[119] Najjar R, Quesnel E, Baclet N, et al. Improvement of energy conversion efficiency of amorphous silicon thin-film solar cells through plasmon effect[C]. Proceedings of the MIDEM 2009 Conference, 2009, 281-286.

[120] Catchpole K R, Polman A. Design principles for particle plasmon enhanced solar cells [J]. Appl. Phys. Lett. , 2008, 93:191113.

[121] Pala R A, White J, Barnard E, et al. Design of plasmonic thin-film solar cells with broadband absorption enhancements[J]. Advanced Materials, 2009, 21(34):3504-3509.

8 光伏发电系统的设计及应用

光伏发电系统是指采用太阳能作为能源的供电系统。单个太阳电池往往因为输出电压太低、输出电流不合适,晶体硅电池本身无法抵御外界恶劣条件,实际应用中需对单体太阳电池进行串、并联,并加以封装,外接电线,成为作为光伏电源使用的独立的太阳电池组件(Solar Module,也称光伏组件)。光伏组件输出功率从零点几瓦到数百瓦不等,若干光伏组件经串、并联后组成太阳电池方阵(Solar Array,也称光伏方阵)。光伏方阵输出功率从数瓦到数十千瓦不等。作为一个完整的光伏发电系统,还需要有控制器、逆变器、蓄电池、熔断器等一整套"平衡系统"[1](Balance of System)与太阳电池组件或方阵相配才能正常工作。与传统火力发电、水力发电和核能发电相比,光伏发电具有无污染、发电过程不消耗矿物能源、发电系统规模可大可小、设备可模块化、单体构件质量轻、运输和施工方便、维护使用便捷等优点,但光伏发电也面临成本需进一步下降才能提高市场竞争力的问题。

按照光伏系统是否聚光,光伏发电系统可分为聚光发电系统和非聚光发电系统两大类[2]。聚光电池转换效率高,但系统中需要长期稳定可靠的聚光器和跟踪器,而且还需要考虑散热问题,增加了系统的复杂性,也增加了光伏系统的造价和运营维护费,成本高出非聚光发电系统30%以上,目前除特殊场合外应用较少。

而依据与常规电网是否并网,光伏发电系统可分为独立光伏发电系统(也称离网发电系统)、并网光伏发电系统和混合光伏发电系统。

本章首先介绍光伏发电系统的太阳能组件和方阵、配套系统等,然后重点介绍离网发电系统的设计原则以及一些应用案例。

8.1 光伏发电系统的组成

8.1.1 太阳电池组件

太阳电池组件是将太阳光能直接转变为直流电能的阳光发电装置,它是太阳能供电系统中的主要部分,也是太阳能供电系统中价值最高的部件。根据用户对功率和电压的不同要求,制成太阳电池组件单个使用,也可以数个太阳电池组件经过串联(以满足电压要求)和并联(以满足电流要求),形成供电阵列提供更大的电功率,如图 8-1 所示。太阳电池组件具有高面积比功率、长寿命和高可靠性的特点,在20 年使用期限内,输出功率下降一般不超过 20%。

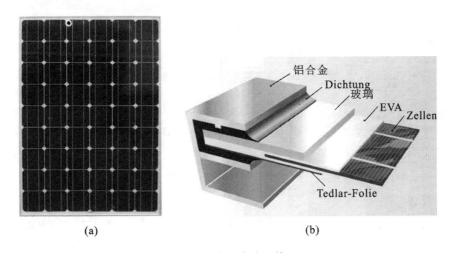

(a) (b)

图 8-1 太阳电池组件

由于大面积硅片比较脆,易破裂,而且单体太阳电池的输出电压仅在 0.6V 左右,作电源用必须将若干单体电池串、并联后并严密封装成组件。组件工作寿命的长短与封装材料、封装工艺有密切的关系,有时易被忽视。平板式太阳组件的封装工艺流程如图 8-2 所示。

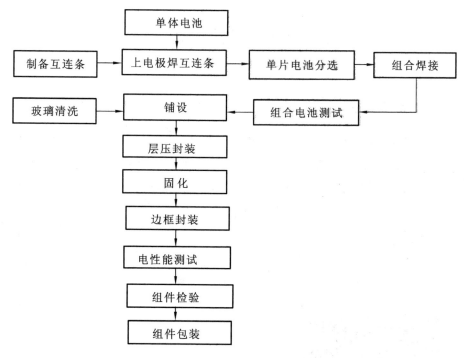

图 8-2　平板太阳电池组件封装工艺流程

兆瓦级太阳电池方阵的电气连接图如图 8-3 所示。将太阳电池组件串、并联组成方阵时,应考虑太阳电池串、并联所需注意的原则,并应特别注意如下各点:

① 串联时需要工作电流相同的组件,并为每个组件并接旁路二极管;

② 并联时需要工作电压相同的组件,并在每一条并联线路串接阻塞二极管;

③ 尽量考虑组件互联接线最短的原则;

④ 严格防止个别性能变坏的太阳电池组件混入太阳电池方阵。

图 8-4 为同样 32 块太阳电池组件分别用 4 并 8 串方式组成的方阵,但有(a)纵联横并和(b)横联纵并两种不同的电气连接方式。从图中可以看到,当遇到局部阴影时,(a)中连接的总电压下降,输出电量也大幅下降,系统有可能不能正常工作;而(b)中连接的总电压保持不

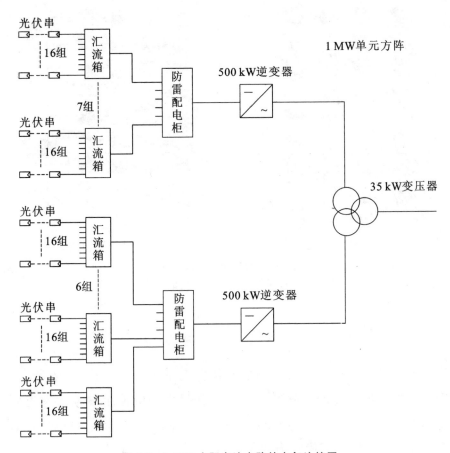

图 8-3   1 MW 太阳电池方阵的电气连接图

变,虽然少了一组电流,但系统能正常工作。

　　一般来说,太阳电池组件的发电量随着日照强度的增加而按比例增加,随组件表面的温度升高而略有下降。太阳电池组件通常用峰值功率 W_p 表示,是指在 AM 1.5 光谱下,光强 1 kW/m^2,组件表面温度为 25 ℃时的 $I_{max} \times V_{max}$ 的值。

　　随着温度的变化,电池组件的电流、电压、功率也将发生变化,组件串联设计时必须考虑电压负温度系数。

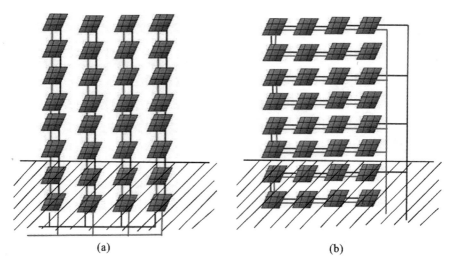

图 8-4　太阳电池组件方阵

(a)纵联横并；(b)横联纵并

8.1.2　太阳电池支架

太阳电池组件支架是太阳能光伏发电系统中为了摆放、安装、固定太阳电池板设计的特殊的支架。在获得太阳电池组件最大发电效率的前提下，光伏支架结构必须牢固可靠，能承受如大气侵蚀、风荷载和其他外部效应。它应具有可靠的安装，能以最小的安装成本实现最大的使用效果，易维修，几乎免维护。好的光伏支架应考虑以下因素[3]：

a. 材料的强度需抵御至少三十年的气候因素影响；

b. 在暴风雪或台风等极端恶劣天气下仍不受影响；

c. 支架带有槽轨设计，以放置电线，防止电击；

d. 造价合理，便于安装；

e. 电力设备需安装在非暴露环境且便于定期维护。

太阳电池组件支架可分为：固定式支架和跟踪式支架（单轴/双轴）。固定式支架在安装之后，太阳电池板的朝向和倾斜角度就固定了，需要时可以人工手动调整，太阳电池板的受光面和入射光线角度随着时间不断变化,太阳能利用率较低,但支架成本低,后期维护量小,应用依然比较广泛。跟踪式支架可以很好地控制太阳电池板的朝向和倾斜角度,让支架动起来,动的方向可以选择两个维度,从东往西或者从南往北,或者两个维度都动。可以连续动的支架就是跟踪器。根据动的形式不同,也就形成了不同的跟踪器,如图 8-5 所示。图中从左到右依次为双轴跟踪支架、平单轴跟踪支架、斜单轴跟踪支架。

图 8-5 光伏跟踪支架

单轴跟踪器就是组件固定在一个轴上,随着轴的连续转动,来追随太阳的移动,从而获得更多光辐射。由于从南往北的俯仰角方向的转动方式的辐照增加不多(通常不高于 10%),故单轴跟踪器通常选择从东往西的方位角的转动。

转动轴与地平面平行的就称为平单轴,平单轴相比固定倾角的方式可以增加发电量 15% 左右,在纬度低的地方,通常可以增加接近 20% 的发电量,在高纬度地区,增加的发电量就较少,因此平单轴一般用于低纬度(纬度小于 30°)地区。

转动轴和水平面呈一定角度的称为斜单轴,类似于最佳倾角,斜单轴可以比平单轴增加更多的发电量,相比固定倾角增加年发电量

25％左右。纬度越高,通常增加的发电量越多,斜单轴用于高纬度(纬度大于 30°)地区更佳。

用两个轴实现两个维度的转动,是获得最大发电量的方式,双轴跟踪器就是在俯仰角和方位角两个方向上跟踪太阳的运动,使组件表面始终与光线的直射方向垂直,以获得最大的辐照,实现发电量的最大化。双轴跟踪器比固定倾角的方式可以增加 35％左右的发电量。

由于固定支架的倾角是按照全年总和的辐照值最大来选定的,实际上每周、每月、每个季度、每半年都有相应的最佳倾角,如果在相应时间段选择相应的最佳倾角,可以获得比年度最佳倾角更多的发电量,因此倾角可调的固定支架也可以增加发电量,按照每个月或者季度调整支架的倾角,可以增加 5％左右的年发电量,由于倾角的调整需要手动,工作量较大,大型电站通常是每个季度调整一次角度。

采用跟踪器要在两个维度上避免相邻跟踪阵列的遮挡,势必要增加相邻阵列之间的距离,相比固定支架的安装方式,斜单轴的跟踪电站要增加 30％的占地面积,双轴跟踪电站增加约 50％的占地面积,平单轴跟踪电站增加的最少,通过减小早晚跟踪角度,以降低阴影影响,平单轴在高纬度地区甚至可以减小占地面积,但是这相应地要牺牲一定比例的发电量。

由于跟踪器需配备相应的驱动系统和控制系统,单位组件容量需要的支架的重量也会增加,使用跟踪器会增加成本,但是和增加的发电量相比,增加的成本还是相对较低的,因此采用跟踪器可以提高整体的投资回报率。

为了降低使用了跟踪器的电站投资成本,可以将跟踪器做得更大,以分摊单位容量的驱动系统和跟踪系统,从而降低跟踪器的单位成本,大型的联动平单轴和斜单轴就应运而生。联动就是通过连接杆在东西方向将每个轴连接在一起,从而实现一个驱动系统带动多个轴转动,目前最大规模的联动跟踪系统可以带动 1000 个以上的组件,单套跟踪器的容量达到 300 kW。

以上几种跟踪器的综合比较结果见表 8-1。

表 8-1 不同跟踪器的性能对比

跟踪器形式	发电量增加	占地面积增加	适用地点
倾角可调	约 5%	约 2%	
平单轴	约 15%		纬度 30°以下
斜单轴	约 25%	约 30%	纬度 30°以上
双轴	约 35%	约 50%	

8.1.3 蓄电池组

蓄电池组的主要任务是贮能,以便在夜间或阴雨天保证负载用电。对于蓄电池的种类,目前市场上的主流产品可分为四种:铅酸蓄电池、镍镉蓄电池、镍氢蓄电池和锂离子蓄电池。蓄电池能够反复充放电,符合经济实用原则,这是最大的优点,同时具有电压稳定、供电可靠、方便移动等优点,被广泛应用在发电、变电等领域。

蓄电池的外观如图 8-6 所示。常见的技术指标参数如下[4]:

图 8-6 铅酸蓄电池

① 蓄电池的容量

蓄电池在一定放电条件下所能给出的电量称为蓄电池的容量,常用 C 表示。然而,蓄电池作为电源,由于其端电压是个变值,用安·时(A·h)表示蓄电池的电源特性,更为准确。蓄电池容量的定义为:

$$Q = \int_0^t i \, \mathrm{d}t \tag{8-1}$$

　　理论上，t 可以趋于无穷；实际上，当蓄电池端电压低于终止电压仍继续放电，可能损害蓄电池，故对 t 值有限制。终止电压指当蓄电池端电压低于这一规定电压时，蓄电池无法正常工作。

　　蓄电池容量可分为理论容量、额定容量、实际容量等。理论容量指将活性物质的质量按法拉第定律计算得到的最高理论值。实际容量是指蓄电池在一定条件下所能输出的电量，等于放电电流与放电时间的乘积，其值小于理论容量。额定容量也称标称容量，是指按国家相关标准，保证蓄电池在一定的放电条件下应该放出的最低限度的容量。固定型蓄电池一般采用 10 h 率所放出的容量为蓄电池的额定容量，并用来标定蓄电池的型号。

　　为比较不同系列的蓄电池，常采用比容量的概念，即单位体积或单位质量蓄电池所能给出的电量，分别称为体积比容量和质量比容量。其单位分别为（A·h）/L 或（A·h）/kg（安·时/千克）。

　　在恒流放电的情况下，蓄电池容量为：

$$Q = It \qquad (8-2)$$

式中　Q——蓄电池放出的电量（C）；

　　　I——放电电流（A）；

　　　t——放电时间（h）。

　　容量概念的实质是蓄电池能量转换的表示方式。例如，蓄电池的端电压为 12 V，在实际使用时近乎保持不变，蓄电池输出能量为 $W = IVt$，因此 6 A·h 的蓄电池从能量效果可理解为以 6 A 电流放电持续 1 h 或以 1 A 电流放电持续 6 h。

　　② 蓄电池的电压

　　a. 开路电压。蓄电池在开路状态下的端电压称为开路电压。蓄电池的开路电压等于蓄电池在断路时（即没有电流时）蓄电池的正极电位与负极电位之差。开路电压用 V_k 表示，有：

$$V_k = E_z - E_f \qquad (8-3)$$

式中　E_z——蓄电池正极电位（V）；

　　　E_f——蓄电池负极电位（V）。

　　b. 工作电压。指蓄电池接通负载后在放电过程中显示的电压，

又称负载电压、放电电压或工作电压,常用

$$V = V_k - I(R_0 + R_j) \tag{8-4}$$

式中　I——蓄电池放电电流(A);

　　　R_0——蓄电池的欧姆电阻(Ω);

　　　R_j——蓄电池的极化电阻(Ω)。

c. 初始电压。蓄电池在放电初始的工作电压称为初始电压。

d. 充电电压。在蓄电池充电时,外加电源加在蓄电池两端的电压。

e. 浮充电压。蓄电池的浮充电压是充电器对蓄电池进行浮充电时设定的电压值。蓄电池要求充电器应有精确而稳定的浮充电压值,浮充电压越高则储能越大,质量差的蓄电池浮充电压值一般较小。

f. 终止电压。终止电压是蓄电池放电时电压下降到不能再继续放电时的最低工作电压。以额定电压 12 V 的蓄电池为例,终止电压约为 10.8 V。

③ 蓄电池充放电曲线

胶体阀控密封式铅酸蓄电池具有蓄能大、安全、密封性能好、寿命长、免维护等优点,在太阳能光伏系统中被大量使用。20 世纪 60 年代中期,美国科学家马斯对蓄电池的充电过程进行了大量的实验研究,并提出了以最低出气率为前提的蓄电池可接受的充电曲线,如图 8-7 所示。实验表明:如果充电电流按这条曲线变化,可大大缩短充电时间,并且对蓄电池的容量和寿命也没有影响,原则上把这条曲线称为最佳充电曲线。

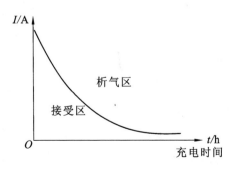

图 8-7　蓄电池的最佳充电曲线

　　从图 8-7 中可以看出：在充电过程中，蓄电池所能承受的充电电流随着充电时间的延长在不断地减小，根本原因是蓄电池内部产生了极化电阻从而阻碍了充电反应。在密封式蓄电池充电过程中，内部产生了氧气和氢气，当氧气不能被及时吸收时，便堆积在正极板（正极板产生氢气），使电池内部压力加大，电池温度上升，同时缩小了正极板的面积，表现为内阻上升，即所谓的极化现象。当蓄电池电压小于某一个阈值的时候，极化现象并不明显，在未出现极化现象之前使用大电流对蓄电池进行充电，当蓄电池端电压达到某一定值后，需逐渐减小充电电流，使得充电电流与蓄电池可接受充电电流曲线图相对吻合。

　　胶体阀控密封式铅酸蓄电池充放电电压特性如图 8-8 所示。蓄电池的充电过程有 3 个阶段：初期（MA），电压快速上升；中期（AB 和 BC），电压缓慢上升，延续时间较长；从 C 点开始为充电末期，电压开始急剧上升；接近 D 点时，蓄电池中的水被电解，应立即停止充电，防止损坏蓄电池。所以对蓄电池充电，通常采用的方法是在初期、中期快速充电，恢复蓄电池的容量；在充电末期采用小电流长期补充电能。

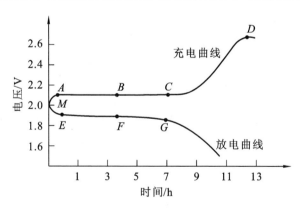

图 8-8　胶体阀控密封式铅酸蓄电池的充放电特性

　　蓄电池的放电过程主要有 3 个阶段：开始阶段（ME），电压下降较快；中期（EF 和 FG），电压缓慢下降且延续较长的时间；在最后阶段（G 点后），放电电压急剧下降，应立即停止放电，否则将给蓄电池造成不可逆转的损坏。因此，如果对蓄电池充放电控制方法不合理，不仅降低充电效率，还会大幅缩短蓄电池的工作寿命，增加光伏系统运行成本。

在蓄电池的充放电过程中,除了设置合理的充放电阈值外,还要对充放电阈值进行适当的温度补偿,并设置必要的过充电和过放电保护。

以胶体阀控密封式铅酸蓄电池为例,当充电电压高于保护电压(12 V蓄电池组的保护电压为15 V)时,自动关断对蓄电池的充电;此后当电压低于保护电压时,蓄电池进入浮充状态;当蓄电池低于维护电压(12 V蓄电池组的维护电压为13.2 V)时,浮充关闭,进入均充状态;当蓄电池电压低于终止电压(12 V蓄电池组的终止电压为10.8 V)时,需自动关闭负载,以保护蓄电池不受损害。若出现过放,则应先进行提升充电,使蓄电池的电压恢复到提升电压后再保持一段时间,防止蓄电池出现硫化。

④ 放电时率和放电倍率

蓄电池放电时率是以放电时间长短来表示蓄电池放电的速率,即蓄电池在规定的放电时间内,以规定的电流放出的容量,放电时率可用下式来确定:

$$T_k(\text{小时}) = \frac{C_k}{I_k} \tag{8-5}$$

式中　$T_k(T_{10}, T_3, T_1)$——10、3、1小时放电率(h);

$C_k(C_{10}, C_3, C_1)$——10、3、1小时率放电容量(A・h);

$I_k(I_{10}, I_3, I_1)$——10、3、1小时率放电电流(A)。

放电倍率(X)是放电电流为蓄电池额定容量的倍数,即

$$X = \frac{I}{C} \tag{8-6}$$

式中　I——放电电流(A);

C——蓄电池的额定容量(A・h)。

为了对容量不同的蓄电池进行比较,放电电流不用绝对值(A)表示,而是用放电倍率表示。20 h制的放电倍率就是$C/20 = 0.05C$,单位为A。以日本汤浅的NP6-12型蓄电池为例,6 A・h的容量在20 h制的放电倍率,即0.3 A的电流。

⑤ 能量和比能量

a. 能量。蓄电池的能量是指在一定放电制度下,所能给出的电能,通常用W表示,单位W・h。蓄电池的能量分为理论能量和实际

能量,理论能量可用理论容量和电动势的乘积表示,而蓄电池的实际能量为一定放电条件下的实际容量与平均工作电压的乘积。

b. 比能量。蓄电池的比能量是单位体积或单位质量的蓄电池所给出的能量,分别称为体积比能量和质量比能量,单位为(W·h)/L和(W·h)/kg。

⑥ 功率和比功率

a. 功率。蓄电池的功率是指在一定放电制度下,单位时间所能给出的电能,通常用 P 表示,单位为瓦(W)。蓄电池的功率分为理论功率和实际功率,理论功率为放电电流与电动势的乘积,而蓄电池的实际功率为一定放电条件下的放电电流与平均工作电压的乘积。

b. 比功率。蓄电池的比功率是单位体积或单位质量的蓄电池所输出的功率,分别称为体积比功率和质量比功率,单位为 W/L 和 W/kg。比功率是蓄电池重要的性能技术指标,蓄电池的比功率大,表示它承受大电流放电的能力强。

⑦ 循环寿命

循环寿命又称使用周期,是指蓄电池在一定的放电条件下,蓄电池容量降到某一规定值前所经历的充放电次数。

⑧ 自放电

蓄电池的自放电是指蓄电池在开路搁置时的自动放电现象。蓄电池发生的自放电将直接减少蓄电池可输出的电量,使蓄电池容量降低。自放电的产生主要是由于电极在电解液中处于热力学的不稳定状态,蓄电池的两个电极各自发生氧化还原反应的结果。在两个电极中,负极的自放电是主要的,自放电的发生使活性物质被消耗,转变成不能利用的热能。自放电的大小,可以用自放电率来表示,即以规定时间内蓄电池容量降低的百分数来表示:

$$Y = \frac{C_1 - C_2}{C_1 \times T} \times 100\% \tag{8-7}$$

式中　C_1,C_2——蓄电池搁置前、后的容量;

　　　T——搁置的时间。

蓄电池自放电速率的大小是由动力学的因素决定的,主要取决于电极材料的本性、表面状态、电解液的组成和浓度、杂质含量等,也与搁置环境的温度、湿度有关。

⑨ 内阻

蓄电池的内阻是指电流通过蓄电池内部时受到的阻力,包括欧姆内阻和极化内阻,极化内阻又分为电化学极化内阻和浓度极化内阻等。由于内阻的存在,蓄电池的工作电压小于标定的电动势。

欧姆内阻是由蓄电池板栅、活性物质、隔膜和电解液产生的,虽然遵循欧姆定律,但也随着蓄电池荷电状态的改变而变化;而极化内阻则随电流密度增大而增大,但不呈线性关系。因此,蓄电池的内阻并不是常数,而是在充放电过程中随时间不断地改变。

好的蓄电池和差的蓄电池在内阻上差异很大。好的蓄电池内阻小,能持续大电流放电;而差的蓄电池内阻大,充放电过程中功耗大,蓄电池易发热。另一方面大电流放电时,蓄电池内阻消耗一定电压,蓄电池的端电压下降快,很快就接近终止电压,发电时间短。

在光伏系统中,需要根据系统直流电压等级的要求来配置蓄电池的串、并联数量;尽量配置1~2组蓄电池,可选用大容量的蓄电池,常见的有12 V和2 V系列的蓄电池。蓄电池串、并联时应遵循下列原则:同型号规格、同厂家、同批次、同时安装和使用。

8.1.4 太阳能充放电控制器

太阳能充放电控制器也称"光伏控制器",是光伏发电系统的核心部件之一。图8-9为光伏控制器功能图。

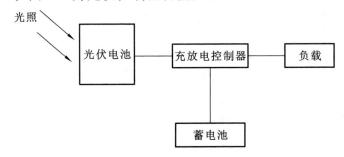

图 8-9 光伏控制器功能图

　　控制器的作用是有光照时,对太阳电池组件所产生的电能进行调节和控制,最大限度地对负载和蓄电池进行充电,同时对蓄电池进行过充电保护;无光照时,控制蓄电池向负载供电并保护蓄电池过放电。太阳电池组件产生的光电流受材料和光照的限制,生成的电流具有波动性,若直接将生成的电流充入蓄电池内或给负载供电,容易造成蓄电池或负载的损害,降低它们的使用寿命。因此,首先将电流送入太阳能控制器,采用一系列专用芯片电路对其进行数字化调节,并加入充放电保护,确保蓄电池和负载的运行安全和使用寿命。

　　充放电控制电路是一个广义的概念,随着应用场合的不同可采用不同形式的电路。如应用在太阳能路灯上时,控制电路就采用集成运放构成的电压滞环比较器或者单片机作为控制电路的核心;对于更大的系统,比如各种太阳光伏电站,其控制器的核心就采用单片机或者数字信号处理芯片。与硬件相对应,不同的控制电路还涉及相对应的软件技术和控制算法。在实际应用中,为了光伏电站的可靠运行,不仅要求硬件的设计要做到可靠、最优、抗干扰能力强,软件设计和控制算法也必须优化,要具有较好的抗干扰能力和一定的容错自恢复能力[3]。

　　控制器可以是单独使用的设备,也可以和逆变器制作成一体化机。大、中型光伏系统用的控制器应具有以下功能:

　　(1) 防止蓄电池过充电和过放电,延长蓄电池寿命。

　　(2) 防止太阳能电池方阵、蓄电池极性反接。

　　(3) 防止负载、控制器、逆变器和其他设备内部短路。

　　(4) 雷击引起的击穿保护。

　　(5) 光伏系统工作状态显示,包括:①蓄电池荷电状态(SOC)显示和蓄电池端电压显示;②负载状态(耗量等)显示;③光伏方阵工作状态(充电电压、充电电流、充电量等)显示;④辅助电源工作状态显示;⑤环境状态(太阳辐射量、温度、风速等)显示。

　　(6) 光伏系统信息(系统发电量、失电量、失电记录、故障记录等)存储。

　　(7) 最优化的系统能量管理(光伏方阵最佳工作点跟踪 MPPT、温度补偿、择优补偿、择优启动特殊负载及后备电源自动切换等)。

　　(8) 光伏系统故障报警。

　　(9) 光伏系统遥测、遥控、遥信等功能。

由于太阳电池的电流和电压并不是线性关系,而且不同的大气条件下,因日照量与温度不同,电池的工作曲线不一样,每一条工作曲线均有一个不同的最大功率点(P_{max}),即太阳电池的最佳工作点。为了提高光伏发电系统的效率,充分利用太阳电池输出的电能,需将太阳电池的工作电压 V 和电流 I 相乘后得到功率 P。判断太阳电池此时是否工作在 P_{max},若不是在 P_{max} 处运行,则需要调整太阳电池的输出电流,再次进行采样,直到太阳电池工作在 P_{max} 点。同时,通过协调太阳能电池输出与铅酸蓄电池储能的关系,可尽量缩短蓄电池充电时间,提高充电效率。最大功率点 P_{max} 追踪主要有以下方法:

① 恒压控制(CVT)最大功率跟踪法

太阳电池的 $I\text{-}V$ 特性如图 8-10 所示。在图 8-10 中,L 是负载特性曲线,交点 a、b、c 对应不同的工作点,可以看到,这些工作点并不对应太阳电池的最大功率点 a'、b'、c',无法充分利用太阳电池提供的最大功率。因此,需要在太阳电池和负载之间加入阻抗变化器,使变换后的太阳电池工作点与 P_{max} 重合,这就是最大功率追踪的目标。

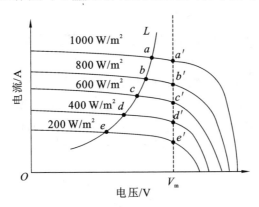

图 8-10 不同光强下太阳电池的 $I\text{-}V$ 特性

根据光伏电池的 $I\text{-}V$ 曲线,在温度恒定的情况下,不同光照强度下,太阳电池的最大功率点的电压值接近某一点固定电压 V_m,因此,只要保证太阳电池输出端的电压为常数,且等于某一日照强度下 P_{max} 处的电压,即可大致保证太阳电池处于 P_{max},将最大功率追踪简化为恒电压(CVT)追踪,此即 CVT 的理论依据。

CVT 方法是将太阳电池的端电压稳定于某个特定值来确定系统

功率点,控制简单、可靠性高、稳定性好,易于实现,比一般光伏发电系统可多获得 20% 的电能。但这种方法忽视了太阳能电池的输出特性在很大程度上受到环境温度的影响。以单晶硅太阳电池为例,环境温度每升高 1 ℃,其开路电压 V_{oc} 下降 0.3%～0.5%。同时,温度对于太阳能电池的短路电流也有一定的影响。所以对于一年四季或晨午温差较大的地区,CVT 跟踪方法的精度相对较低[5]。

② 扰动观察法(Perturbation and Observation Method)

扰动观察法也是一种易实现的常用方法。当温度和光照强度一定时,它通过周期性地改变太阳电池的输出电压和电流,得到太阳电池当前的输出功率,并与前一时刻的记忆功率进行对比,从而确定电压调整的方向。举例说明:通过对比前后输出功率,若太阳能电池输出功率增大,就以一个固定的变化值在原基础上进行正方向的扰动;若太阳能电池输出功率减小,则向相反的方向进行扰动。这种调节方法主要通过软件实现,其控制精度相比 CVT 方法显著提高。

采用扰动观察法,光伏发电系统的输出功率不断波动、逐渐逼近最大值点,能够追踪到最大功率点。此方法对传感器采集精度要求较低,但是在光照温度较为稳定时,系统的工作功率值会在最大功率点附近振荡,无法稳定工作在 P_{max} 点,存在扰动损失。另外,如图 8-11 所示,曲线 1、2 分别代表光照强度由强变弱的两个 P-V 状态,开始时系统工作功率值为 P_1,工作电压为 V_1,当电压扰动到 V_2 时,若此时光强快速地减弱至曲线 2,系统判断 P_2 小于 P_1,则认为此时扰动方向是远离最大功率跟踪输出点的,系统在此情况下将控制电压回到 V_1,输出

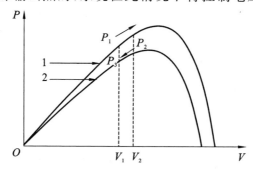

图 8-11　扰动观察法寻求太阳电池最大功率点

功率变为 P_3，功率下降，发生误判[6]。

③ 电导增量法（Incremental Conductance）

由太阳能电池的输出功率和输出电压曲线可知，$P_{\max}$ 点处一阶导数为零。

$$P = IV$$

两端对 V 求导有：

$$\frac{dP}{dV} = \frac{d(VI)}{dV} = I + V\frac{dI}{dV} \tag{8-8}$$

因此，当 $\frac{dP}{dV} = 0$ 时，$\frac{dI}{dV} = -\frac{I}{V}$。电导增量法只需要通过观察 $\frac{dI}{dV}$ 是否等于 $-\frac{I}{V}$ 来决定扰动方向：

a. $\frac{dP}{dV} < 0$ 时，$\frac{dI}{dV} < -\frac{I}{V}$，在 $P_{\max}$ 右边；

b. $\frac{dP}{dV} > 0$ 时，$\frac{dI}{dV} > -\frac{I}{V}$，在 $P_{\max}$ 左边；

c. $\frac{dP}{dV} = 0$ 时，$\frac{dI}{dV} = -\frac{I}{V}$，在 $P_{\max}$ 点。

电导增量法的工作原理如图 8-12 所示。

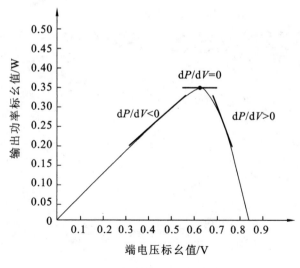

图 8-12 电导增量法的工作原理

采用电导增量法,系统下一时刻的扰动方向仅由当前时刻的负电导值以及电导变化率两个参量确定,与系统之前的工作状态无关。因此,电导增量法适用于光照强度快速变化的场景,其性能优于扰动观察法。通过判断 dI/dV 跟踪最大功率,解决了扰动观察法中在光照强度大幅度变化时,系统在 P_{max} 点不断振荡的问题。此方法的不足之处在于:要计算系统电流和电压的改变量,对传感器的测量精度要求较高,以及存在跟踪速率慢的缺点,难以缩短响应时间[7,8]。

此外,在温差较大的地方,光伏控制器应具备温度补偿的功能。根据系统的直流电压等级和太阳电池组件的功率配置合适的光伏控制器,常见的光伏控制器有 DC12V、DC24V、DC48V、DC110V、DC220V 不同电压等级。

8.1.5　逆变器

将交流电 AC 变换成直流电 DC 称为整流,完成整流功能的电路称为整流电路;而将直流电 DC 变换成交流电 AC 称为逆变,完成逆变功能的电路称为逆变电路。实现逆变过程的装置称为逆变器。由于大部分电器都是按交流电路设计的,因此,光伏逆变器是光伏发电系统中的常见部件,外观如图 8-13 所示。

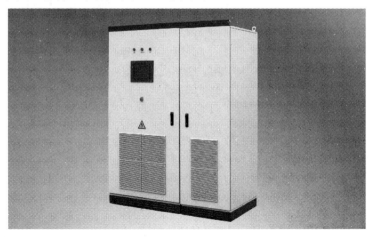

图 8-13　光伏逆变器

逆变器的种类有很多,主要分类如下:

① 按逆变器的输出能量去向分类,分为有源逆变器和无源逆变器。对太阳能光伏发电系统来讲,在并网型光伏发电系统中需要有源逆变器,而在离网型光伏发电系统中需要无源逆变器。

② 按逆变器相数分类,分为单相逆变器、三相逆变器和多相逆变器。

③ 按逆变器输出交流电的频率分类,分为工频逆变器(50~60 Hz)、中频逆变器(几百赫兹至 10 kHz)和高频逆变器(10 kHz 至几兆赫兹)。

④ 按逆变器输出波形可分为:方波逆变器、阶梯波逆变器、正弦波逆变器等。

⑤ 按直流侧储能元件的性质可分为:电压型逆变器、电流型逆变器。

⑥ 按逆变器功率电路的结构形式不同可分为:半桥式逆变器、全桥式逆变器、推挽式逆变器等。

⑦ 按逆变器输出电平的不同可分为:两电平逆变器、多电平逆变器。

逆变器的核心是逆变开关电路,简称逆变电路。它通过半导体开关器件的导通与关断完成逆变的功能。但一个完整的逆变电路,除了主逆变电路外,还有控制电路、输入电路、输出电路、辅助电路和保护电路等,如图 8-14 所示。

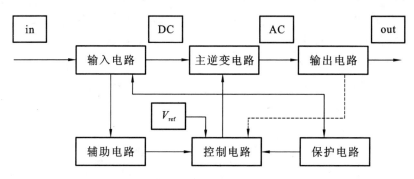

图 8-14　逆变电路基本结构图

各部分电路的主要功能如下:

① 输入电路。输入电路为主逆变电路提供可确保其正常工作的直流电压。

② 输出电路。输出电路对主逆变电路输出的交流电的质量(如波形、频率、电压、电流振幅及相位等)进行修正、补偿和调理,使之满足用户的要求。

③ 控制电路。控制电路为主逆变电路提供一系列的控制脉冲来控制逆变开关的导通和关断,并配合主逆变电路完成逆变功能。在逆变电路中,控制电路与主逆变电路同样重要。

④ 辅助电路。辅助电路将输入电压转换成适合控制电路工作的直流电压。它包括多种检测电路。

⑤ 保护电路。保护电路包括输入过压欠压保护、输出过压欠压保护、过载保护、过流保护、短路保护及过热保护等。

⑥ 主逆变电路。主逆变电路是由半导体开关器件组成的变换电路,它分为隔离式和非隔离式两大类。变频器、能量回馈等都是非隔离式逆变电路,而 UPS、通信基础开关电路等则是隔离式逆变电路。无论是隔离式还是非隔离式主逆变电路,基本上都是由升压电路 Boost 和降压电路 Buck 两种不同的电路拓扑形式组合而成。这些组合在隔离式逆变器主电路中就构成了单端式(正激式和反激式)、推挽式、半桥式和全桥式等形式的电路。这些电路既可以组成单相逆变器,也可组成三相逆变器。

为了提高光伏发电系统的整体性能,保证电站的长期稳定运行,逆变器的性能指标非常重要。评价逆变器的主要指标如下[9]:

① 额定输出电压:在规定的直流输入电压允许波动范围内逆变器应能输出的额定电压值。对输出额定电压值的稳定精度有如下规定:

(a) 在稳态运行时,电压波动范围应有一个限定。例如,其偏差不超过额定值的±3%或±5%。

(b) 在负载突变(额定负载的 0、50%、100%)或有其他干扰因素影响的情况下,其输出电压偏差不应超过额定值的±8%或±10%。

(c) 逆变器应具有足够的额定输出容量和过载能力,以满足最大负荷下设备对电功率的需求。额定输出容量表征逆变器向负载供电的能力。当逆变器的负载不是纯阻性时,也就是输出功率因数小于1时,逆变器的负载能力将小于所给出的额定输出容量值。

（d）在离网型太阳能光伏发电系统中均以蓄电池为储能设备,当标称电压为12 V的蓄电池处于浮充电状态时,端电压可达13.5 V,短时间过充状态下可达15 V。蓄电池带负荷放电终止时端电压可降至10.8 V或更低。蓄电池端电压的起伏可达标称电压的30%左右。这就要求逆变器具有较好的调压性能,才能保证太阳能光伏发电系统为交流负载提供稳定的交流电压。

② 逆变器的输出电压稳定度表征逆变器输出电压的稳压能力,多数逆变器产品给出的是在输入直流电压允许波动范围内该逆变器输出电压的偏差百分数,通常称为电压调整率。高性能的逆变器应同时给出当负载由0～100%变化时,该逆变器输出电压的偏差百分数,通常称为负载调整率。性能良好的逆变器的电压调整率应不大于±3%,负载调整率应不大于±6%。

③ 输出电压的波形失真度。当逆变器输出电压为正弦波时,应规定允许的最大波形失真度（或谐波含量）。通常用输出电压的总波形失真度表示,其值不应超过5%。

④ 额定输出频率。逆变器输出交流电压的频率应是一个相对稳定的值,通常为工频50 Hz,正常工作条件下其偏差应在±1%以内。我国的交流负载是在50 Hz的频率下进行工作的。高质量的设备需要精确的频率,因为频率偏差会引起用电设备的性能下降。

⑤ 负载功率因数。负载功率因数用于表征逆变器带感性负载或容性负载的能力。在正弦波条件下,负载功率因数为0.7～0.9（滞后）,额定值为0.9。逆变器产生的电流与电压间的相位差的余弦值即为功率因数,对于电阻型负载,功率因数为1,但对电感型负载（用户系统中常用负载）,功率因数会下降,有时可能低于0.5。功率因数由负载确定而不是由逆变器确定。

⑥ 额定输出电流（或额定输出容量）表示在规定的负载功率因数范围内,逆变器的额定输出电流。有些逆变器产品给出的是额定输出容量,其单位以V·A或kV·A表示。逆变器的额定容量是当输出功

率因数为 1(即纯阻性负载)时,额定输出电压与额定输出电流的乘积。

⑦ 额定逆变输出效率:等于逆变器输出功率除以输入功率。逆变器的效率会因负载的不同而有很大变化。逆变器的效率值表征自身功率损耗的大小,通常以百分数表示。10 kW 级的通用型逆变器实际效率只有 70%～80%,将其用于太阳能光伏发电系统时将带来总发电量 20%～30% 的电能损耗。对于太阳能光伏发电系统专用逆变器,在设计中应特别注意减少自身功率损耗,提高整机效率,这是提高太阳能光伏发电系统技术经济指标的一项重要措施。在整机效率方面对太阳能光伏发电专用逆变器的要求是:千瓦级以下逆变器额定负荷效率大于或等于 80%～85%,低负荷效率大于或等于 65%～75%;10 kW 级逆变器额定负荷效率大于或等于 85%～90%,低负荷效率大于或等于 70%～80%。容量较大的逆变器还应给出满负荷效率值和低负荷效率值。逆变器效率的高低对太阳能光伏发电系统提高有效发电量和降低发电成本有着重要影响。

⑧ 保护功能。在太阳能光伏发电系统正常运行过程中,负载故障、人员误操作及外界干扰等因素都会引起供电系统过流或短路。逆变器对外部电路的过电流及短路现象最为敏感,是太阳能光伏发电系统中的薄弱环节。因此,逆变器要具有良好的对过电流及短路的自我保护功能。

⑨ 启动特性。它表征逆变器带负载启动的能力和动态工作时的性能,逆变器应保证在额定负载下可靠启动。高性能的逆变器可做到连续多次满负载启动而不损坏功率器件。小型逆变器为了自身安全,有时采用软启动或限流启动。

⑩ 噪声。逆变器中的电子开关、变压器、滤波电感、电磁开关及风扇等部件均会产生噪声。逆变器正常运行时,其噪声应不超过 65 dB。

逆变器选型是根据负载的特性(如阻性、感性或容性)及负载功率大小进行选择的。

8.2　光伏发电系统的设计方法

太阳能光伏发电系统可分为离网型光伏发电系统、并网型光伏发电系统[10]和混合发电系统[11]三类。在并网型光伏发电系统中,发电量和使用量之间没有限制关系,多以可铺设场地来决定光伏系统的容量;而离网型光伏发电系统则根据负载的需求来设计系统。下面以离网型光伏发电系统为例,介绍光伏发电系统设计的一般方法。光伏系统设计需要的基本数据有[12]:

① 确定所有负载的功率及连续工作的时间。

② 确定地理位置,即经、纬度和海拔高度。

③ 确定安装地点的气象资料,即年(或月)太阳能总辐射量或年(或月)平均日照时数、年平均气温和极端气温、最长连续阴雨天数、最大风速及冰雹等特殊气候资料。

(1) 太阳能光伏系统设计方法 1[13]

① 确定负载功率

$$W = \sum I \times h \qquad (8\text{-}9)$$

式中　I——负载电流,(A);

　　　h——负载工作时间,(h)。

② 确定蓄电池容量

$$C = W \times d \times 1.3$$

式中　d——连续阴雨天数(d);

　　　C——蓄电池标称容量(10 h 放电率)。

$$C = \sum I \times h \times d \times 1.3 \qquad (8\text{-}10)$$

③ 确定太阳电池倾斜角

太阳电池倾斜角与纬度的关系见表 8-2。

表 8-2　太阳电池倾斜角与纬度的关系

当地纬度 φ	0°～15°	15°～20°	25°～30°	30°～35°	35°～40°	>40°
太阳电池倾斜角 β	15°	φ	$\varphi+5°$	$\varphi+10°$	$\varphi+15°$	$\varphi+20°$

④ 计算太阳电池在倾斜角 β 下的辐射量

$$S_\beta = S \times \sin(\alpha + \beta) / \sin\alpha \qquad (8\text{-}11)$$

式中　S_β——倾斜角 β 太阳电池太阳能直接辐射分量[(mW·h)/(cm²·d)];

α——正午时太阳高度角，$\alpha = 90° - \varphi \pm \delta$；

φ——纬度；

δ——太阳赤纬角（北半球取＋号），$\delta = 23.45°\sin[(284 + n) \times 360/365]$，$n$ 是从一年开始算起第 n 天的纬度；

S——水平面太阳直接辐射量（参考气象资料）。

$$R_\beta = S \times \frac{\sin(\alpha + \beta)}{\sin\alpha} + D \tag{8-12}$$

式中　R_β——倾斜角 β 太阳电池面上的太阳能总辐射量$[(\text{mW} \cdot \text{h})/(\text{cm}^2 \cdot \text{d})]$；

D——散射辐射量（参考气象资料）$[(\text{mW} \cdot \text{h})/(\text{cm}^2 \cdot \text{d})]$。

⑤ 计算太阳电池电流

$$I_{\min} = W/(T_m \times \eta_1 \times \eta_2) \tag{8-13}$$

$$I_{\max} = W/(T_{\min} \times \eta_1 \times \eta_2) \tag{8-14}$$

上两式中　$I_{\min}$——太阳电池最小输出电流（A）；

T_m——平均峰值日照时数，$T_m = R_\beta/100$，R_β 的单位为 $(\text{mW} \cdot \text{h})/\text{cm}^2$，系数 100 的单位为 mW/cm^2；

η_1——蓄电池充电效率；

η_2——太阳电池表面灰尘遮挡损失；

$I_{\max}$——太阳电池最大输出电流（A）；

$T_{\min}$——最小平均峰值日照时数（h）。

⑥ 确定太阳电池电压

$$V = V_F + V_d \tag{8-15}$$

式中　V_F——蓄电池浮充电压（25 ℃）（V）；

V_d——线路电压损耗（V）。

⑦ 确定太阳电池功率

$$P = I_m \times V/[1 - \alpha(T_{\max} - 25)] \tag{8-16}$$

式中取 $\alpha = 0.5\%$，$T_{\max}$ 为太阳电池最高工作温度。

根据蓄电池容量、充电电压、环境极限温度、太阳电池电压及功率要求，选取合适的太阳电池。

（2）太阳能光伏系统设计方法 2[13]

① 确定安装面日照量 $Q'[(\text{mW} \cdot \text{h})/(\text{cm}^2 \cdot \text{d})]$

　　独立太阳能光伏系统为了尽可能多地接收光照,一般按照当地的纬度设置光伏组件倾角,日照量可用以下公式计算:

$$Q' = Q \times K_1 \times 1.16 \times [\cos|(\varphi-\beta-\delta)|/\cos|(\varphi-\beta)|] \quad (8\text{-}17)$$

式中　Q——水平面的月平均日照量$(cal/cm^2 \cdot d)$;

　　　　K_1——日照修正系数(一般为 0.9);

　　　　1.16——单位变换系数[从 $cal/cm^2 \cdot d$ 变换为 $(mW \cdot h)/(cm^2 \cdot d)$];

　　　　φ——安装场所的纬度;

　　　　β——太阳电池方阵相对于水平面的倾角;

　　　　δ——太阳月平均赤纬度。

　　若只有日照时间的数据,则日照量为:

$$Q = Q_0 \times (a + b \times S/S_0) \quad (8\text{-}18)$$

式中　Q_0——AM0 光强$(1.367\ kW/m^2)$;

　　　　S——被记录的日照时间(从日出到日落)(h);

　　　　S_0——可照时间(从日出到日落)(h),a、b 为两常量,需根据当地气候、纬度、季节而定。

　　② 确定负载的消耗

　　负载消耗按负载的日平均消耗功率计算,为计算日平均消耗功率,以负载的使用时间计算,有

$$P_L = (P_1 \times h_1 + P_2 \times h_2 + \cdots + P_n \times h_n)/24 \quad (n=1,2,\cdots,n) \quad (8\text{-}19)$$

式中　P_n——系统内任一负载的功率;

　　　　h_n——负载的使用时间。

　　③ 确定太阳电池组件容量 $P_m(W)$

　　组件容量按下式计算:

$$P_m = 2400/Q'_{min} \times P_L \times (1/K) \quad (8\text{-}20)$$

式中　Q'_{min}——安装面日照量 Q' 的年最小值$[mW \cdot h/(cm^2 \cdot d)]$;

　　　　P_L——负载的日平均消耗功率(W);

　　　　K——系数($K = K_1 \times K_2 \times K_3 \times K_4 \times K_5 \times K_6 \times K_7 \times K_8 \times K_9$),$K_1$ 为充电效率 0.97,K_2 为电池组件脏污系数 0.9,K_3 为电池温度补偿系数 0.9,K_4 为并联接线损失(12 V 时 K_4 为 0.9,24 V 时 K_4 为 0.95),K_5 为最佳输出补偿

系数 0.9，K_6 为蓄电池充放电效率 0.9，K_7 为驱动器效率（与设备和容量有关），K_8 为变压器效率（与设备和容量有关），K_9 为 DC 线损 0.95。

④ 蓄电池容量 B_c（A·h）

蓄电池容量由以下公式计算：

$$B_c = (P_L \times 24 \times D)/(K_b \times V) \tag{8-21}$$

式中　D——连续阴雨天数（一般在 3～7 d）；

　　　K_b——安全系数（放电深度一般为 70%）；

　　　V——工作电压（V）。

（3）太阳能光伏系统设计方法 3

① 负载消耗容量 P_{AH}

$$P_{AH} = Wh/V \tag{8-22}$$

式中　V——负载额定电压（V）；

　　　W——负载的功率（W）；

　　　h——负载工作的时间（h）。

② 根据每天日照时数 T，计算太阳电池工作电流 I_{PA}

$$I_{PA} = P_{AH}(1+Q_0)/T \tag{8-23}$$

Q_0 为阴雨天富余系数，Q_0 为 0.21～1。

③ 确定蓄电池浮充电压 V_F

铅酸蓄电池单体浮充电压为 2.2 V。

④ 确定太阳电池温度补偿电压 V_T

$$V_T = \frac{2.1}{430(T-25)V_F} \tag{8-24}$$

⑤ 计算太阳电池工作电压 V_p

$$V_p = V_F + V_D + V_T \tag{8-25}$$

其中 V_D 取为 0.5～0.7 V。

⑥ 确定太阳电池方阵输出功率 W_p

$$W_p = I_p \times V_p \tag{8-26}$$

⑦ 根据太阳电池系列产品的 V_p、W_p 等值，选择标准规格的串联电池数和并联电池数。

8.3 光伏发电系统的应用

以下以实际需求为例，介绍如何设计离网型光伏发电系统。现有客户需设计一套离网光伏发电系统，当地的日平均峰值日照时数按照 4 小时考虑，现场负载为 12 盏荧光灯，每盏为 100 W，总功率为 1200 W，每天使用 10 小时，蓄电池按照连续阴雨天 2 天计算，试给出该系统的配置。

选用某公司 180 W 光伏组件，其性能参数如表 8-3 所示。

表 8-3 某公司 180 W 光伏组件性能参数

规格	S-180C		
额定功率 W_p	190 W	185 W	180 W
开路电压 V_{oc}	45.3 V	45.1 V	44.9 V
短路电流 I_{sc}	5.53 A	5.45 A	5.40 A
额定电压 V_m	36.9 V	36.5 V	36.0 V
额定电流 I_m	5.15 A	5.06 A	4.99 A
功率误差	±3%		

AM 1.5,1000 W/m², 25 ℃

短路电流温度系数	+0.038/K
开路电压温度系数	−0.34%/K
最大功率温度系数	−0.47%/K
NOCT	(46±2) ℃
最大系统电压	DC1000 V
最大熔丝电流	10A
抗风强度	2400 Pa
质量	16.3 kg
尺寸	1575 mm×826 mm×46 mm

8.3.1　太阳电池组件设计

太阳电池组件容量计算,参考公式:

$$P_0 = (P \times t \times Q)/(\eta_1 \times T)$$

式中　P_0——太阳电池组件的峰值功率(W_p);

　　　P——负载的功率(W);

　　　t——负载每天的用电小时数(h);

　　　Q——连续阴雨期富余系数(一般为 1.2~2);

　　　η_1——系统的效率(一般为 0.85 左右);

　　　T——当地的日平均峰值日照时数(h)。

根据公式计算:

$$P_0 = (P \times t \times Q)/(\eta_1 \times T)$$
$$= (1200 \times 10 \times 1.2)/(0.85 \times 4) \approx 4.235(kW)$$

太阳电池组件数量:4235/180 ≈ 24(块)

太阳电池组件串联数量:2 块

太阳电池组串数量:12 串

因此,本项目选用 24 块 180 W_p 太阳电池组件,总功率为 4.32 kW,按照 2 块组件串联设计,共 12 串太阳电池串列。

(备注:本系统选用 DC48V 光伏控制器,太阳电池串列分为 4 路接入光伏控制器。)

8.3.2　光伏控制器设计

系统选用 DC48V 光伏控制器进行额定电流计算,参考公式:

$$I = P_0/V$$

式中　I——光伏控制器的控制电流(A);

　　　P_0——太阳电池组件的峰值功率(W_p);

　　　V——蓄电池组的额定电压(V)。

根据公式计算:$I = 4320/48 = 90(A)$,故可选用 1 台 SD48100 光伏控制器,性能参数见表 8-4。

表 8-4 SD48100 光伏控制器性能参数

型号 性能指标	SD48100
额定电压/V	DC48
额定电流/A	100
最大太阳电池组件功率/kW_p	4.8
光伏阵列输入控制路数	4
每路光伏阵列最大电流/A	25
蓄电池过放保护点(可调)	43.2
蓄电池过放恢复点(可调)	49
蓄电池过充保护点(可调)	58V
负载过压保护点(可调)	65V
负载过压恢复点(可调)	60V
空载电流/mA	≤100
电压 光伏阵列与蓄电池/V	0.3
降落 蓄电池与负载/V	0.1
温度补偿系数/(mV/℃)	0~5(可设置)
使用环境温度/℃	-20~+50
使用海拔高度/m	≤5000 (海拔超过1000 m需降额使用)
防护等级	IP20
外形尺寸(宽×高×深,mm)	400×541×222(壁挂式) 482×177×355(卧式)

通常,需要根据系统的电压和控制电流确定光伏控制器的规格型号。而在高海拔地区,光伏控制器需要放大一定的裕量,降容使用。

8.3.3 蓄电池组设计

蓄电池组的容量计算,参考公式:

$$C = (P \times t \times T)/(V \times K \times \eta_2)$$

式中　C——蓄电池组的容量（A·h）；

　　　P——负载的功率（W）；

　　　t——负载每天的用电小时数（h）；

　　　V——蓄电池组的额定电压（V）；

　　　T——连续阴雨天数（一般为 2～3 d）；

　　　K——蓄电池的放电系数,考虑蓄电池效率、放电深度、环境温度、影响因素而定,一般取值为 0.4～0.7,该值的大小应该根据系统成本和用户的具体情况综合考虑；

　　　η_2——逆变器的效率。

根据公式计算:

$$C = (P \times t \times T)/(V \times K \times \eta_2)$$
$$= (1200 \times 10 \times 2)/(48 \times 0.5 \times 0.9)$$
$$\approx 1200 (\text{A} \cdot \text{h})$$

因此,系统需配置的蓄电池组容量为 1200 A·h,同时要满足直流电压 48 V 的要求,可采用 24 只 2 V/1200 A·h 的蓄电池进行串联。

8.3.4　逆变器的选择

逆变器额定容量的计算,参考公式:

$$P_n = (P \times Q)/\cos\theta$$

式中　P_n——逆变器的容量（V·A）；

　　　P——负载的功率（W）,感性负载需考虑 5 倍到 8 倍左右的裕量；

　　　$\cos\theta$——逆变器的功率因数（一般为 0.8）；

　　　Q——逆变器所需的裕量系数（一般选 1.2～5）。

因荧光灯启动冲击电流较大,所以本系统的 Q 取 3,根据公式计算:

$$P_n = (P \times Q)/\cos\theta = (1200 \times 3)/0.8 = 4.5 (\text{kV} \cdot \text{A})$$

故可选择 SN485KSD1 离网型逆变器,性能参数见表 8-5。

表 8-5 SN485KSD1 逆变器性能参数

型号 / 性能指标	SN485KSD1
输入额定电压/V	DC48
输入额定电流/A	116
允许输入电压范围/V	43～70
额定容量/(kV·A)	5
输出额定功率/kW	4
输出额定电压及频率	AC220V,50 Hz
输出额定电流/A	22.7
输出电压精度/V	AC220V±3%
输出频率精度/Hz	50±0.05
波形失真率(线性负载)	≤5%
动态响应(负载 0～100%)	5%
功率因数	0.8
过载能力	120%,10 s
峰值系数	3:1
逆变效率(80%阻性负载)	90%
使用环境温度/℃	−20～50
防护等级	IP20
海拔高度	≤5000 (海拔超过 1000 m 需降额使用)
立式(宽×高×深)/mm	400×750×470

需要注意的是:不同的负载(阻性、感性、容性),启动的冲击电流不一样,选择的裕量系数也不同。在高海拔地区,逆变器需要放大一定的裕量,降容使用。

目前离网光伏发电系统的通信和监控方案可采用以下几种方式:

(1) RS485/232 本地通信(图 8-15);

(2) 以太网远程通信(图 8-16);

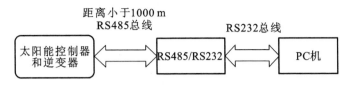

图 8-15　RS485/232 本地通信

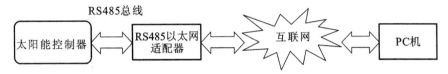

图 8-16　以太网远程通信

（3）GPRS 远程通信（图 8-17）。

图 8-17　GPRS 远程通信

　　系统的通信和监控装置需配置专用监控软件、工业 PC 机、显示器、通信转换设备以及通信电缆。

8.4　光伏发电系统效益分析

　　太阳能光伏系统的应用越来越广泛，那么光伏系统的效益如何？如何对户用光伏发电系统的效益进行预判？以不同地点的两套 5 kW 太阳能光伏系统为例来进行分析。

　　【例 8-1】　河北唐山某村二组的一家民用建筑屋顶上安装了一套 5 kW 的太阳能光伏系统，采用自发自用、余电上网模式，首年发电量是 6865 度，25 年平均年发电量为 6320 度，国家补贴 0.42 元/度，河北省对分布式屋顶电站项目补贴 0.2 元/度，连续 5 年，河北省脱硫电价为 0.3971 元/度。

　　可根据系统发电量和国家政策来做个财务假设，以项目运营期 20 年来算，建设期 1 个月，用户自主全额投资 4 万元，系统效率 80%，民用电价是 0.52 元/度,自发自用比例假设为 40%,系统投资需 4 万元,无贷款,详见表 8-6。

表 8-6 分布式屋顶光伏电站投资收益测算模型 1

项目名称	民用屋顶 5 kW 光伏发电系统(河北唐山)		
序号	项目	数据	单位
1	装机规模	5	kW
2	项目运营期	20	年
	项目建设期	1	月
3	投资方	企业自主投资	
4	首年有效利用小时数	1374	h·年
4.1	最佳倾角小时数	1717	h·年
4.2	系统效率	80	%
5	首年发电量	0.69	万 kW·h
6	电价		
6.1	工业用电/民用电价	0.52	元/(kW·h)
6.2	度电补贴	0.42	元/(kW·h)
6.3	脱硫电价	0.4	元/(kW·h)
6.4	标杆上网电价	0.95	元/(kW·h)
7	自发自用电量比例	40	%
8	电站静态投资	8	元/W
8.1	EPC	8	元/W
8.2	屋顶租赁费用		元/W
8.3	前期费用		元/W
9	贷款假设		
9.1	流动资金贷款利率	0	%
9.2	长期贷款利率	0	%
9.3	贷款比例	0	%
9.4	偿还年限	0	年

续表 8-6

项目名称	民用屋顶 5 kW 光伏发电系统(河北唐山)		
序号	项目	数据	单位
9.5	还款方式	等额本息	
10	铺底流动资金	0	万元
	铺底流动资金单价	0	万元/MW
11	折旧假设		
11.1	固定资产折旧年限	5	年
11.2	固定资产残值率	5	%
12	运行维护费用	0.02	万元/年
	职工工资及福利	0	万元/年
	管理人员	0	人
12.1	运行维护人员	0	人
	管理人员工资	8	万元/人·年
	运行维护人员工资	5	万元/人·年
12.2	维修费	0.02	万元/年
	维修费率	0.4	%
12.3	保险费	0.00	万元/年
	保险费率	0.10	%
12.4	其他费用	0.0	万元/(MW·年)
13	通货膨胀率	3	%
14	设备占静态投资比重	70	%
	税率		
	增值税税率	0	%
	城市维护建设税	5	%
15	教育费附加	5	%
	企业所得税税率	0	%
	法定盈余公积金比例	10	%
16	装机补贴款		万元/MW

假设每年 200 元维修费用,再考虑 3% 的通货膨胀率,经专业的光伏电站投资收益财务模型计算,得出该项目仅仅需要 6 年就可以回收全部投资,详见表 8-7。

表 8-7　光伏电站年收入

年份	电费收入/元	年份	电费收入/元
第 1 年	7320	第 11 年	5540
第 2 年	7180	第 12 年	5510
第 3 年	7120	第 13 年	5480
第 4 年	7060	第 14 年	5460
第 5 年	7030	第 15 年	5430
第 6 年	5680	第 16 年	5400
第 7 年	5650	第 17 年	5380
第 8 年	5620	第 18 年	5350
第 9 年	5500	第 19 年	5320
第 10 年	5570	第 20 年	5300

从光伏电站年收入中可以看出:整套系统在第六年可以回收成本,也就是 4 万元收入已归居民用户所有,后期还有十几年每年 5000 元以上收入,效益非常可观。

【例 8-2】　上海市某民用建筑屋顶上安装了一套 5 kW 的太阳能光伏系统,采用自发自用、余电上网模式,首年发电量是 5412 度,25 年平均年发电量为 4981 度,国家补贴 0.42 元/度,上海市对分布式屋顶电站补贴 0.3 元/度,连续 5 年,上海市脱硫电价为 0.4359 元/度。

同样根据系统发电量和国家政策来做个财务假设,以项目运营期 20 年来算,建设期 1 个月,用户自主全额投资 4 万元,系统效率 80%,上海市民用电价格是 0.612 元/度,自发自用比例假设为 40%,系统投资需 4 万元,无贷款,详见表 8-8。

表 8-8　分布式屋顶光伏电站投资收益测算模型 2

项目名称	某民用光伏屋顶 5 kW（上海市）		
序号	项目	数据	单位
1	装机规模	5	kW
2	项目运营期	20	年
	项目建设期	1	月
3	投资方	企业自主投资	
4	首年有效利用小时数	1082	h·年
4.1	最佳倾角小时数	1353	h·年
4.2	系统效率	80	%
5	首年发电量	0.54	万 kW·h
6	电价		
6.1	工业用电/民用电价	0.61	元/(kW·h)
6.2	度电补贴	0.42	元/(kW·h)
6.3	脱硫电价	0.44	元/(kW·h)
6.4	标杆上网电价	0.95	元/(kW·h)
7	自发自用电量比例	40	%
8	电站静态投资	8	元/W
8.1	EPC	8	元/W
8.2	屋顶租赁费用		元/W
8.3	前期费用		元/W
9	贷款假设		
9.1	流动资金贷款利率	0	%
9.2	长期贷款利率	0	%
9.3	贷款比例	0	%
9.4	偿还年限	0	年
9.5	还款方式	等额本息	
10	铺底流动资金	0	万元

项目名称	某民用光伏屋顶 5 kW（上海市）		
序号	项目	数据	单位
	铺底流动资金单价	0	万元/MW
11	折旧假设		
11.1	固定资产折旧年限	5	年
11.2	固定资产残值率	5	%
12	运行维护费用	0.02	万元/年
12.1	职工工资及福利	0	万元/年
	管理人员	0	人
	运行维护人员	0	人
	管理人员工资	8	万元/(人·年)
	运行维护人员工资	5	万元/(人·年)
12.2	维修费	0.02	万元/年
	维修费率	0.4	%
12.3	保险费	0	万元/年
	保险费率	0.1	%
12.4	其他费用	0	万元/(MW·年)
13	通货膨胀率	3	%
14	设备占静态投资比重	70	%
15	税率		
	增值税税率	0	%
	城市维护建设税	5	%
	教育费附加	5	%
	企业所得税税率	0	%
	法定盈余公积金比例	10	%
16	装机补贴款		万元/MW

假设每年需 200 元维修费用，再考虑 3% 的通货膨胀率，经光伏电

站投资收益财务模型计算,得出该项目仅仅需要 7 年就可以回收全部投资,详见表 8-9。

表 8-9　户用光伏电站年收入

年份	电费收入/元	年份	电费收入/元
第 1 年	6640	第 11 年	4670
第 2 年	6500	第 12 年	4640
第 3 年	6450	第 13 年	4620
第 4 年	6400	第 14 年	4600
第 5 年	6370	第 15 年	4580
第 6 年	4790	第 16 年	4550
第 7 年	4760	第 17 年	4530
第 8 年	4740	第 18 年	4510
第 9 年	4720	第 19 年	4480
第 10 年	4690	第 20 年	4460

　　从表 8-9 可以看出,在上海地区安装同样的 5 kW 太阳能光伏发电系统,可在第七年回收成本,而后期还有十几年每年 4000 元以上收入,效益同样不错。由于唐山地区太阳能资源属于二类地区,光资源较为丰富,而上海地区属于三类地区,光资源较差,而且散射光较多,不利于晶体硅类组件发电,因此,唐山地区安装光伏发电系统较上海地区回收期短,收益率更高。

参 考 文 献

[1] 王长贵,崔容强,周篁.新能源发电技术[M].北京:中国电力出版社,2003.

[2] 施钰川.太阳能原理与技术[M].西安:西安交通大学出版社,2009.

[3] 沈文忠.太阳能光伏技术与应用[M].上海:上海交通大学出版社,

2013.

[4] 周志敏,纪爱华.太阳能 LED 路灯设计与应用[M].2 版.北京:电子工业出版社,2012.

[5] 熊远生,俞立,徐建明.固定电压法结合扰动观察法在光伏发电最大功率点跟踪控制中应用[J].电力自动化设备,2009,29(6):85-88.

[6] 时剑.太阳能最大功率点跟踪控制系统的研究与实现[D].镇江:江苏大学,2009.

[7] Visweswara K. An investigation of incremental conductance based maximum power point tracking for photovoltaic system [J]. Energy Procedia,2014,54:11-20.

[8] Liu Y,Li M,Ji X,et al. A comparative study of the maximum power point tracking methods for PV systems [J]. Energy Conversion & Management,2014,85(9):809-816.

[9] 朱美芳,熊绍珍.太阳电池基础与应用[M].2 版.北京:科学出版社,2014.

[10] 崔容强,赵春江,吴达成.并网型太阳能光伏发电系统 [M].北京:化学工业出版社,2007.

[11] [日] 太阳能发电协会.太阳能光伏发电系统的设计与施工[M].4 版.宁亚东,译.北京:科学出版社,2013.

[12] 杨金焕,于化丛,葛亮.太阳能光伏发电应用技术 [M].北京:电子工业出版社,2009.

[13] 周志敏,纪爱华.太阳能光伏发电系统设计与应用实例[M].2 版.北京:电子工业出版社,2013.